让德育之花在化学教育中绽放

刘 翠 主编

中国海洋大学出版社
·青岛·

图书在版编目(CIP)数据

让德育之花在化学教育中绽放 / 刘翠主编. — 青岛：
中国海洋大学出版社，2019.3
ISBN 978-7-5670-2368-0

Ⅰ．①让…　Ⅱ．①刘…　Ⅲ．①中学化学课—
教学研究　Ⅳ．①G633.82

中国版本图书馆 CIP 数据核字(2019)第 185101 号

让德育之花在化学教育中绽放

出版发行	中国海洋大学出版社
社　　址	青岛市香港东路 23 号　　邮政编码　266071
网　　址	http://pub.ouc.edu.cn
出版人	杨立敏
责任编辑	孟显丽　刘宗寅
电　　话	0532—85901092
电子信箱	1079285664@qq.com
印　　制	青岛国彩印刷股份有限公司
版　　次	2019 年 3 月第 1 版
印　　次	2019 年 3 月第 1 次印刷
成品尺寸	170 mm×230 mm
印　　张	18.5
字　　数	328 千
印　　数	1—1400
定　　价	55.00 元
订购电话	0532—82032573(传真)

发现印装质量问题，请致电 0532—58700168，由印刷厂负责调换。

编委会

序

　　培养什么样的人的问题是教育的首要问题。党的十八大提出,"把立德树人作为教育的根本任务,培养德智体美全面发展的社会主义建设者和接班人"。党的十九大进一步强调,要全面贯彻党的教育方针,落实立德树人根本任务。2018年5月2日,习近平总书记在与北京大学师生座谈时指出:"要把立德树人的成效作为检验学校一切工作的根本标准,真正做到以文化人、以德育人,不断提高学生思想水平、政治觉悟、道德品质、文化素养,做到明大德、守公德、严私德。"习近平总书记的讲话为落实立德树人这一教育的根本任务指明了方向、提供了遵循。

　　把立德树人作为教育的根本任务,深刻地回答了教育事业发展中带有方向性、根本性、全局性、战略性的重大问题,对于我国推进教育现代化、建设教育强国具有重大的现实意义和深远的历史影响。

　　立德树人是一项教育人和培养人的实践活动,其教育内容的实施、教育主体与教育客体之间的互动等都必须通过一定的载体来实现。教学是学校教育的主阵地,学科教学活动是落实立德树人教育任务的主渠道。对于化学教学来说,不仅要向学生传授化学知识与技能,而且要对学生进行爱国主义教育、辩证唯物主义教育、社会责任感教育和优良品德教育等,发展学生的化学学科核心素养,培养学生正确的价值观、必备品格和关键能力。

　　青岛市刘翠名师工作室的老师们选择高中化学课程各模块中具有代表性的课题为研究对象,探讨在不同主题的课堂教学中如何发挥化学学科的德育功能,以便在化学教育中更加有效地落实立德树人教育任务。他们经过三年多的充分研讨、积极探索与反复实践,积累了丰富的经验,取得了显著的成效。在此基础上,他们将自己的体会和做法,以"让德育之花在化学教育中绽放"为题结集出版,以期与大家共勉,共同将这方面的研究引向深入。

　　《让德育之花在化学教育中绽放》一书包括"化学教育与德育""化学教育内容

的德育功能""化学学科德育实施案例"三大部分,全面诠释了高中化学教育中德育的理论与实践。刘翠老师是全国模范教师、山东省特级教师、青岛名师,她勇于改革、锐意创新,以高度的责任感和使命感,带领名师工作室的老师们进行了一系列富有成效的研究,取得了丰硕的成果。我认真地阅读了此书,既为书中关于化学教育中德育的理论分析所吸引,也为书中富有创意的教学实践所感染。

《让德育之花在化学教育中绽放》一书的出版是关于化学学科德育的一大研究成果,为一线老师们提供了有益的借鉴。我衷心地希望老师们认真阅读此书,并结合自己的体会努力进行化学学科德育的理论研究与实践探索,为出色地完成立德树人这一根本教育任务做出更大的贡献。

卢巍

2019 年 2 月 18 日

(卢巍系山东省教育科学研究院化学学科教研员、院学术委员会主任、二级研究员,山东省有突出贡献的中青年专家)

前　言

　　《普通高中化学课程标准(2017年版)》指出:"基础教育课程承载着党的教育方针和教育思想,规定了教育目标和教育内容,是国家意志在教育领域的直接体现,在立德树人中发挥着关键作用。"

　　十年树木,百年树人。教育的目的是为未来培养人才,但是培养什么样的人、如何培养人,一直是教育研究者和实践者在思索和追寻的问题,也是教育的根本问题。普通高中化学课程是与义务教育化学或科学课程相衔接的基础教育课程,是落实立德树人根本任务、发展素质教育、弘扬科学精神、提升学生核心素养的重要载体。为了更好地顺应新时代社会发展的要求,进一步落实立德树人根本任务,青岛市刘翠名师工作室全体成员悉心钻研,精心挑选了高中化学课程中不同模块下的具有代表性的课题,探讨在不同主题的课堂教学中如何发挥化学学科的德育功能。

　　青岛市刘翠名师工作室是青岛市教育局确定的首批及第二批工作室。自首批工作室成立以来,历经6年时间,工作室两届成员多次开展名师开放课、名师公益课堂、送课活动及各种交流活动,在青岛市教科研方面起到较好的引领作用,充分发挥了名师工作室的示范、引领和辐射作用。

　　《让德育之花在化学教育中绽放》一书的出版得到了各级领导的大力支持与帮助,得益于工作室成员的共同努力。感谢青岛市教育局领导及工作室成员所在学校领导的大力支持,感谢青岛市教育局对名师工作室的专项经费支持,感谢王磊、毕华林和卢巍教授以及刘宗寅、乔艳冰等特聘导师的悉心指导。在本书的编写过程中,我们参阅了大量资料,引用了一些图片和文字,在此向有关单位和个人表示衷心的感谢。

　　由于水平有限,书中不足之处在所难免,欢迎广大读者不吝赐教。

目 录

化学反应原理

物质结构与性质

有机化学基础

第一章 化学教育与德育

党的十八大报告明确提出，"把立德树人作为教育的根本任务，培养德智体美全面发展的社会主义建设者和接班人"。立德树人首次被确立为教育的根本任务，这是对党的十七大报告提出的"坚持育人为本，德育为先"教育理念的深化，指明了今后教育改革发展的方向。

党的十九大报告进一步指出，"要全面贯彻党的教育方针，落实立德树人根本任务，发展素质教育，推进教育公平，培养德智体美全面发展的社会主义建设者和接班人"。立德是树人的前提和基础，树人是立德的目的和归宿。立德树人对于我国坚持走中国特色社会主义道路、实现中华民族伟大复兴的中国梦具有重要的意义。

学校教育的根本任务是立德树人。高中阶段是学生形成正确的世界观、人生观和价值观的重要时期，高中教育更应注意立德树人教育任务的落实。高中化学教育作为科学教育的重要组成部分，是落实立德树人任务、弘扬科学精神、提升学生核心素养的重要载体，是对学生进行德育的重要阵地，对于科学文化的传承和高素质人才的培养具有不可替代的作用。

第一节 教育与化学教育

一、教育的本质特征

1. 教育定义的发展

在我国，"教育"一词始见于《孟子·尽心上》："君子有三乐，而王天下不与存焉。父母俱存，兄弟无故，一乐也；仰不愧于天，俯不怍于人，二乐也；得天下英才而教育之，三乐也。"许慎在《说文解字》中解释道，"教，上所施，下所效也""育，养子使作善也"。

"教育"在我国成为常用词汇是19世纪末20世纪初的事情。19世纪末，辛亥革命元老、中国现代教育奠基人何子渊等有识之士开风气之先，排除顽固守旧势力的干扰，成功地创办和推广了新式学堂。随后，清政府迫于形势压力，进行了一系列教育改革，于1905年末废除了科举制，颁布了新学制，在全国范围内推行新式学堂。地方科举停止以后，西学逐渐成为学校教育的主流。

在我国，自古以来学界就很重视对教育及其作用的研究。我国古代伟大的思想家、教育家孔子非常重视教育，他把教育和人口、财富看作立国的三大要素。《礼记·大学》则开宗明义："大学之道，在明明德，在亲民，在止于至善。"

我国现代伟大的文学家、思想家和革命家鲁迅先生认为"教育是要立人"，指出儿童的教育主要是理解、指导和解放。

我国近代教育家、革命家、政治家蔡元培先生（图1-1）认为："教育是帮助被教育的人，给他们能发展自己的能力，完成他的人格，于人类文化上能尽一分子责任；不是把被教育的人，造成一种特别器具，给抱有他种目的的人去应用的，……教育是要个性与群性平均发达的。"我国人民教育家、思想家陶行知先生（图1-2）认为，教育是依据生活、为了生活的"生活教育"，培养有行动能力、思考能力和创造力的人。

图 1-1　蔡元培（1868—1940），我国教育家、革命家、政治家

图 1-2　陶行知（1891—1946），我国人民教育家、思想家

现在，关于教育及其作用的研究仍在继续着，人们对教育的认识越来越深刻。例如，华东师范大学课程教学与比较教育研究所所长、博士生导师、教授钟启泉先生认为："教育是奠定'学生发展'与'人格成长'的基础。"儿童文学作家秦文君先生认为："教育应是一扇门，推开它，满是阳光和鲜花，它能给小孩子带来自信、快乐。"

在西方国家，"教育"一词源于拉丁文 educare，其前缀"e"有"出"的意思，意为"引出"或"导出"，意思就是"通过一定的手段，把某种本来潜在于身体和心灵内部的东西引发出来"。从词源上说，西方"教育"一词有"内发"之意，强调教育是一种顺其自然的活动，旨在把自然人所固有的或潜在的素质，自内而外引发出来，成为现实的发展状态。许多教育家对教育也有自己的阐释，如杜威说"教育即生活"、斯宾塞认为教育的目的就是"为未来完满的生活做准备"。

研究表明，最初东、西方国家对教育本质的理解差异较大。西方国家将教育理解为一种顺其自然的活动，认为人生来就具有无限的潜力，教育的目的就是将这种蕴含在人身上的固有潜力引导、激发出来。由此可见，西方国家主要从个体的角度来理解、定义教育，认为：教育是为个体的成长、发展服务的；教育内容宽泛，涵盖自然科学、社会科学、人文科学等方方面面；在教育方法上注重让学生成为学习的主人，培养学生学习的兴趣，引导他们从做中学，在不断思考、探究的过程中提高创造能力。在东方，我国则主要从社会的角度来理解、定义教育，强调教育要根据一定社会或阶级的要求来塑造人，其最终目的是把受教育者培养成一定社会或阶级所需要的人；教育内容要按照一定社会政治经济制度的要求来选择，在教育方法上强调灌输。

随着人们对教育认识的不断深入和教育水平的不断提高,尤其是信息交流的日益频繁,近现代东、西方国家对教育的普遍认识是教育可分为广义教育和狭义教育。广义教育泛指一切有目的地影响人的身心发展的教育活动。狭义教育是指专门组织的教育活动。人们普遍认为,学校教育是根据一定的社会现实和未来需要,遵循年轻一代身心发展的特点和规律,有目的、有计划、有组织地引导受教育者系统地获得知识技能、陶冶思想品德、实现全面发展的一种活动,以便把受教育者培养成能适应一定社会或阶级的需要并促进社会发展的人;教育过程是培养新一代人准备踏入社会生活的整个过程,通过教育使人类的经验和文明得以继承和发展。

以下是比较常见的对教育定义的描述。

《中国教育辞典》(1928年):"教育之定义,有广、狭两种:从广义而言,凡足以影响人类身心之种种活动,俱可称为教育;就狭义而言,则唯用一定方法以实现一定之改善目的者,是可称为教育。"

《中国大百科全书·教育》(1985年):"从广义上说,凡是增进人们的知识和技能,影响人们的思想品德的活动,都是教育。狭义的教育,主要指学校教育,其含义是教育者根据一定社会(或阶级)的要求,有目的、有计划、有组织地对受教育者的身心施加影响,把他们培养成一定社会(或阶级)所需要的人的活动。"

厉以贤主编的《现代教育原理》(1988年):"什么是教育? 教育是培养人的一种社会活动,它随着人类社会的产生而产生,随着人类社会的发展而发展。"

牛津词典:Education, a process of teaching, training and learning, especially in schools or colleges, to improve knowledge and develop skills.

德国教育学家斯普朗格说:"教育绝非单纯的文化传递,教育之为教育,正是在于它是一种人格心灵的唤醒,这是教育的核心所在。"他认为,教育最终的目的不是传授已有东西,而是把人的创造力诱导出来,将生命感、价值感唤醒。

其中,《中国大百科全书·教育》(1985年)给出的定义目前使用得比较广泛。

2. 教育的本质及功能

本质,指事物本身所固有的,决定事物性质、面貌和发展的根本属性。

存在主义哲学家雅斯贝尔斯指出,教育是人的灵魂的教育,而非理性知识和认识的堆积。教育本身就意味着一棵树摇动另外一棵树,一朵云推动另一朵云,一个灵魂唤醒另一个灵魂。有灵魂的教育意味着追求无限广阔的精神生活,追求人类永恒的精神价值。

马克思主义教育学认为,教育从本质上讲是一种唤醒。教育是人类社会特有的一种社会现象;是人类特有的一种有意识的活动,是人类社会特有的传递经验的形式,是有意识的、以影响人的身心发展为目标的社会活动。

人是社会的一员,不可能离开社会而存在,人的社会化是人的重要标志。因此,教育作为一种社会现象,其本身也要受到社会的制约。教育的根本功能在于将人社会化,使个体具有社会适应性。需要注意的是,人具有独特的个体性,每个人都是特殊的存在。社会化为人在社会中生活提供了条件,而个性化、特殊化则为人自身的不断完善提供了条件。教育在促进人的社会化和个性化的过程中,发挥着极其重要的作用。教育的本质就在于使人在成长过程中不断适应社会的需求,更好地融入社会;同时,保证不失自己的个性,即保持自己不同于他人的独特性。

基于以上认识,教育的主要功能可以做如下概括。

(1)教育最首要的功能是促进个体发展,包括个体的社会化和个性化。

(2)教育最基础的功能是影响社会人才体系的变化,进一步影响社会经济的发展,主要体现在为经济的持续稳定发展提供良好的背景,提高受教育者的潜在劳动能力,使他们形成适应现代经济生活的观念、态度和行为方式。

(3)教育的社会功能是为国家的发展培养人才,满足国家政治发展的需要。

(4)教育最深远的功能是影响文化发展,不仅要传递文化,还要满足文化本身延续和更新的要求。

二、化学教育

1. 化学教育的本质特征

化学科学是一门自然科学,化学教育是一种科学教育。科学教育指的是以基本科学知识为载体,以素质教育为依托,掌握科学思维方法,体验科学探究过程,培养科学精神与科学态度,建立正确的科学知识观与价值观,促进科研能力提升、科学素养发展和科学技术应用的教育。化学教育是化学科学与教育科学融合的产物,中学化学教育则是为基础教育服务的。

要认识化学教育的本质特征,首先要探讨化学学科的本质特征,明确化学学科的本质特征是由什么来决定的。毛泽东同志说过,"科学研究的区分,就是根据科学对象所具有的特殊的矛盾性"。这也就是说,学科的本质特征是由它的研究对象来决定的。不同的学科有着不同的研究对象,不同的研究对象决定了不同的研究方法、手段和过程;非但如此,同一学科的不同分支也有着不同的研究对象和研究方法,如化学学科分支中的无机化学、有机化学、分析化学、物理化学等都有着各自的研究对象和研究方法。

《普通高中化学课程标准(2017年版)》具体描述了化学学科的本质:"化学是在原子、分子水平上研究物质的组成、结构、性质、转化及其应用的一门基础学科,其特征是从微观层次认识物质、以符号形式描述物质、在不同层面创造物质。化学不仅与经济发展、社会文明的关系密切,也是材料科学、生命科学、环境科学、能源科学和信息科学等现代科学技术的重要基础。化学在促进人类文明可持续发展中发挥着日益重要的作用,是揭示元素到生命奥秘的核心力量。"

由此可以看出,根据化学学科的本质特征,高中化学教育的本质就是教师和学生从原子、分子的水平上思考问题,用这种"化学意识"来进行教学和学习,包括在"化学意识"的引导下设计问题、思考问题,在积极主动的探究活动中深刻理解化学学科的本质,形成牢固的化学观念,自觉地从化学视角来观察自然界和人类社会中的现象,熟悉化学科学的研究方法,认识化学科学对于人类的生存与发展所具有的重要意义。

2. 化学教育的价值取向

从哲学的角度来说,价值是客体满足主体需要的程度,是客体与主体之间满足与被满足的关系,是客观事物满足人的需要所产生的一种意义评价。教育价值讨论的是"人的价值"。教育哲学界一般认为,教育价值体系的主体可以分为两大类,即社会主体和个体主体。了解教育价值,首要的是明确教育现象的价值主体和价值客体。对于价值主体,应从社会和个体两个视角加以认识;而价值客体则包括教育环境、教育内容及师生自身的内在客观世界。所以,教育价值指的是在一定社会历史条件下和在具体的教育环境中,教育主体与满足教育主体某种需要的教育客体的属性之间的关系。

(1)"应试教育"之下科学教育价值取向的偏差。

"应试教育"之下科学教育的价值取向基本上指向两个方面:其一是偏狭的理性主义价值观,其二是片面的工具主义价值观。偏狭的理性主义价值观主要表现为:第一,强调科学的学科体系,要求学生认识和理解自然科学学科的概念及符号系统,实现知识的贮存、检索与迁移,重视知识的传授和技能的训练,忽视科学精神、科学态度和科学方法的培养;第二,着眼于培养科学家和专业人才,重视对少数尖子生的拔高而忽视对全体学生的科学素养培养;第三,科学知识的教学被局限于课堂环境中,缺乏与社会实践的联系。为此,过去的中学化学教学大纲,强调的是使学生获得元素化合物知识、化学理论知识以及化学实验的基本技能等。之所以说这样的价值取向是偏狭的理性主义,是因为它把科学仅仅视为知识,只从静态的结果上去认识科学知识的客观性和准确性,缺乏从动态的视角去理解在科学探究过程中为认识规律、追求真理所必备的科学精神、科学态度和科学方法。片面的工具主义价值观则将科学理解为一种工具,而忽视对科学本质和内涵的揭示,其结果是科学知识支配着学生的精神世界,学生缺乏科学的人文精神和高尚的道德品质的滋养。

从科学社会学的角度看,科学的本质主要体现在以下四个方面:一是科学是系统化、理论化的知识体系;二是科学是认识世界的研究活动;三是科学是一种生产力;四是科学是一种社会建制。因此,我们对于科学不仅应从静态与动态的结合上去认识,还应从科学与人、自然、社会之间的关系上去认识。

(2)素质教育下的化学教育价值取向。

① 国家对开展素质教育、实施立德树人工程的要求。我国于 2010 年 7 月正式颁布了《国家中长期教育改革和发展规划纲要(2010—2020 年)》,明确指出坚持以人为本、全面实施素质教育是教育改革发展的战略主题,是贯彻党的教育方针的时代要求,其核心是解决好培养什么人、怎样培养人的重大问题,重点是面向全体学生,促进学生全面发展,着力提高学生服务国家服务人民的社会责任感、勇于探索的创新精神和善于解决问题的实践能力。

2019 年 2 月,中共中央、国务院印发了《中国教育现代化 2035》,中共中央办公厅、国务院办公厅印发了《加快推进教育现代化实施方案(2018—2022 年)》。《中国教育现代化 2035》提出了推进教育现代化的八大基本理念:更加注重以德为先,更加注重全面发展,更加注重面向人人,更加注重终身学习,更加注重因材施教,更加注重知行合一,更加注重融合发展,更加注重共建共享;提出要发展具有中国特色和世界先进水平的优质教育,全面落实立德树人这一根本任务,增强学生的综合素质。因此,立德树人成为我国现阶段教育的本质追求和价值取向。为了具体阐释如何实现立德树人的目标,《加快推进教育现代化实施方案(2018—2022 年)》进一步强调,发展学生的核心素养,各学段、各学科的教育教学都应围绕这一核心主题思考如何有效落实的问题。

高中阶段的学生处于由少年向青年过渡的关键时期,个人品格日渐形成,世界观、人生观、价值观日趋完善,正在为即将踏入社会打好必需的知识和能力基础。高中阶段的学习直接关系到学生能否从一名个体人顺利地成长为一名社会人的问题。化学科学是自然科学的一个重要组成部分。在高中化学教学中,要有效地落实立德树人的要求,首要任务是结合化学学科的独特内涵和自然科学属性,解决好高中化学教学如何促使学生树立正确的价值观、成为全面发展的人的问题。

② 高中化学教育的价值取向。化学教育实施立德树人工程应体现在引导学生形成正确的化学价值观和应用观上,即学生在自己的实际生活中能够正确地运用所学的知识和技能观察问题、分析问题、解决问题,以造福人类、造福社会。而化学学习有助于学生学会学习、学会应用、学会研究,形成对自然科学及其应用的一般观念,培养能力,提升素养,实现全面发展。

基于以上认识,高中化学教育的价值取向应定位为:引导学生走进自然科学情境,在学习过程中求真、向善、寻美,逐渐形成并发展化学学科核心素养。

化学科学在研究、发展、应用的过程中逐渐形成了化学学科的知识体系、基本观念、基本方法和基本思想。高中化学教学,应该尊重并遵循化学科学形成的历史轨迹和规律,带领学生走进化学科学发展的真实情境或模拟情境,学习真实的化学、经历真正的探究,从而形成客观、合理、有价值的知识体系,掌握行之有效的科学方法,构建化学学科的基本观念和基本思想;通过有意义的学习活动,引导学生形成正确的化学价值观与应用观,在遇到和解决新问题时能够选择并实施合理有效的应对策略;引导学生参与化学相关的活动时,不断发现、感受、体验、赞赏、表达并分享化学之美,逐步提高自身的审美能力和个人修养。总之,化学教学要引导学生发展化学学科核心素养,实现立德树人的最终目标。

③ 高中化学的学科核心素养。立德树人、发展学生的核心素养是新时期我国教育的总体战略目标。学生的核心素养指的是学生应具备的、能够适应个人终身发展和社会发展需要的必备品格和关键能力,是对学生的知识、技能、情感、态度、价值观等多方面的综合要求。

关于我国学生发展核心素养的研究成果指出,学生核心素养以培养"全面发展的人"为核心,分为文化基础、自主发展、社会参与三个方面,综合表现为人文底蕴、科学精神、学会学习、健康生活、责任担当、实践创新六大素养,具体细化为国家认同等十八个基本要点(图 1-3)。

基于发展学生核心素养的顶层设计,化学教育要把发展学生的化学学科核心素养作为化学课程设计的依据和出发点,进一步明确高中化学具体的育人目标和任务,加强高中化学学科与其他学段、学科课程的纵向衔接与横向配合。化学学科作为高中课程体系中的重要组成部分,以培养学生的化学学科核心素养为载体来落实教育的总体战略目标。

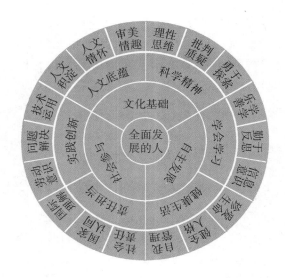

图 1-3　中国学生发展核心素养的三个方面、六大素养、十八个基本要点

《普通高中化学课程标准(2017年版)》指出,化学学科核心素养包括"宏观辨识与微观探析""变化观念与平衡思想""证据推理与模型认知""科学探究与创新意识""科学态度与社会责任"五个方面。"宏观辨识与微观探析""变化观念与平衡思想"是化学的本质的、特征性的基本观念和思想,"证据推理与模型认知"和"科学探究与创新意识"是化学重要的、可借鉴演绎的研究方法,"科学态度与社会责任"则是化学学习最终应达成的情意目标。其中,"科学探究与创新意识"从实践层面激励学生勇于创新;"科学态度与社会责任"进一步揭示了化学学习更高层次的价值追求,是从学科德育的角度来对学生的基本素养提出的要求。具体地说,"科学探究与创新意识"的要求为:"认识科学探究是进行科学解释和发现、创造和应用的科学实践活动;能发现和提出有探究价值的问题;能从问题和假设出发,依据探究目的,设计探究方案,运用化学实验、调查等方法进行实验探究;勤于实践,善于合作,敢于质疑,勇于创新。"而"科学态度与社会责任"的要求为:"具有安全意识和严谨求实的科学态度,具有探索未知、崇尚真理的意识;深刻认识化学对创造更多物质财富和精神财富、满足人民日益增长的美好生活需要的重大贡献;具有节约资源、保护环境的可持续发展意识,从自身做起,形成简约适度、绿色低碳的生活方式;能对与化学有关的社会热点问题做出正确的价值判断,能参与有关化学问题的社会实践活动。"可见,从化学学科核心素养构建的视角看,化学教育要从学科基本观念、基本思想、基本方法方面对学生进行训练和塑造,以达到引导学生形成科学态度和善于承担社会责任的情意追求,从而完善必备品格和关

键能力,实现立德树人的教育目标。

④ 高中化学教学要素的价值取向。基于对高中化学学科的国家课程定位及化学学科核心素养的分析,要有效地实现高中化学教育的价值,需认真分析各教学要素对化学教育价值取向的具体贡献和实际作用,构建合理有效的教学要素价值取向体系,通过各教学要素的价值取向追求来最终实现化学教育的价值取向。

高中化学教学要素的价值取向大致定位如下:

教学目标的价值定位:教学内容、学生实际与化学学科核心素养有机融合。

教学方式的价值定位:教师教学、学生认知、教学内容有机统一。

教学内容的价值定位:知识关联、认识思路与核心观念结构化。

课程资源的价值定位:贴近生活,贴近社会,贴近科学,真实情境的融入。

课堂教学评价的价值定位:视角多元,思路多类,表现多样,教、学、评一体化。

化学教育要面向现代化、面向社会、面向未来。就高中化学教育而言,不仅要关注化学知识、技能的培养,以丰富学生的知识、技能体系;还要关注"学以致用",以培养学生的实践能力与创新精神;更要关注立德树人,以促进学生的全面发展。

当今社会,全球信息化、网络化、智能化、数据化的大潮日趋汹涌,如何培养适应社会发展需要的合格人才成为需要急切解决的问题。化学教育作为普通高中教育的重要组成部分,在新的历史时期必然肩负新的使命和任务,与时俱进地培养社会所需要的优秀人才。

综上所述,现阶段高中化学教育的价值取向是在满足国家与社会对人才的道德、能力、素养的要求的前提下,以学生的生理、心理特征与知识、能力特质为基础,以促进学生的成长和发展为导向,以化学学科独特的育人价值为依据,选择相应的教学资源和教学策略,实现教学效果的最优化,实现立德树人的最终目标。

第二节　学校德育的目标要求与基本内容

"德育"一词,在西方国家,从 19 世纪后半叶就开始使用;而在我国,是在 19 世纪末 20 世纪初才开始引用。中华人民共和国成立后,1988 年召开的全国中小学德育工作会议正式确定统一使用"德育"这一术语。

德育可分为广义的德育和狭义的德育。广义的德育指在政治、思想与道德等方面有目的、有计划地对社会成员施加影响的教育活动,包括社会德育、社区德育、学校德育和家庭德育等。狭义的德育专指学校德育。学校德育是指教育者按照一定的社会(或阶级)要求,有目的、有计划、有系统地对受教育者施加思想、政治和道德等方面的影响,并引导受教育者通过积极的认识、体验与践行,形成一定的社会(或阶级)所需要的品德的教育活动。

习近平总书记多次强调,要着力培养担当民族复兴大任的时代新人。这一重要思想为新时代教育培养什么人、怎样培养人、为谁培养人指明了方向。在 2018 年召开的全国教育大会上,习近平总书记再次强调,我国是中国共产党领导的社会主义国家,这就决定了我们的教育必须把培养社会主义建设者和接班人作为根本任务,培养一代又一代拥护中国共产党领导和中国社会主义制度、立志为中国特色社会主义奋斗终生的有用人才。培养人要在坚定理想信念上下功夫,要在厚植爱国主义情怀上下功夫,要在加强品德修养上下功夫,要在增长知识见识上下功夫,要在培养奋斗精神上下功夫,要在增强综合素质上下功夫。

一、学校德育的目标要求

所谓德育目标就是对德育要培养学生具有何种品质所做出的设想和规定,是德育实践所要达到的境地,是教育过程要培养的品德规格,是所有德育工作的出发点和基准点。

德育目标是德育活动所要达到的预期目的和结果的评价标准,是学生在政治、思想、道德、法治、心理等方面应达到的规格要求。德育目标由受教育者的身心发展特征、德育面对的时代特征和学生思想实际所决定,通过有关课程和活动的实施得以实现。

中小学德育目标可分为总体目标和学段目标。

1. 总体目标

关于中小学德育总体目标,教育部 2017 年 8 月颁布的《中小学德育工作指南》表述为:"培养学生爱党爱国爱人民,增强国家意识和社会责任意识,教育学生理解、认同和拥护国家政治制度,了解中华优秀传统文化和革命文化、社会主义先进文化,增强中国特色社会主义道路自信、理论自信、制度自信、文化自信,引导学生准确理解和把握社会主义核心价值观的深刻内涵和实践要求,养成良好政治素质、道德品质、法治意识和行为习惯,形成积极健康的人格和良好心理品质,促进学生核心素养提升和全面发展,为学生一生成长奠定坚实的思想基础。"

教育的根本任务是立德树人。根据现阶段中小学学生的认知发展和道德发展实际,从社会、道德、法律、政治等方面考虑,为完成这一光荣任务,需要制定具体而细致的德育目标。

(1)加强学生责任意识的培养。

学生作为一个自然人,如何成为一个对家庭、对社会有担当、有责任感的社会人,学校教育发挥着至关重要的作用,完成这一任务也是学校教育的价值体现和历史使命之一。

现在的高中生,正处于世界大变革和发展的关键时期,需要建立规范且成熟的、与社会主义市场经济及法律相配套的社会主义思想道德体系,成为有知识、有见地的社会主义事业的建设者和接班人。这些都需要首先培养学生的责任意识。

培养学生的责任意识就是要引导学生除了对自身负责外,还必须对所处的集体及社会负责,正确处理与他人、集体、社会的关系,有自觉承担相应的社会责任、任务和使命的意识。

学生的责任意识体现在两个层面上:一是对自己的责任感层面,二是对社会的责任感层面。对自己的责任感,包括对自己的生命健康负责,抵制吸烟、酗酒、吸毒等危害生命的行为;对自己的家庭负责,孝敬父母,关爱家人,承担家务,维护家庭和谐;对自己的学校负责,爱护公物,保护环境,关心同学,团结友爱。对社会的责任感,包括在公共生活中,注意卫生习惯,不妨碍他人,不影响公共秩序,有正确的是非、善恶和美丑观念;爱护环境,了解并宣传环境保护,参与植树造林等力所能及的活动,懂得"绿水青山就是金山银山"的道理;积极了解中国的发展历史,体会中华民族发展历程中的艰辛,珍惜今天的美好生活,立志为国家发展而努力;认同祖国的伟大文明,提高文化认同感、民族自豪感,树立为祖国的社会主义现代化而努力学习的责任意识。

（2）引导学生认同并树立"四个自信"。

新时代的高中生，应积极认同"四个自信"，坚定中国特色社会主义道路自信、理论自信、制度自信、文化自信；通过个人的积极努力，树立科学的世界观、人生观和价值观，把个人的前途命运自觉地融入建设中国特色社会主义的伟大事业中。

中学时代，正是学生形成世界观、人生观、价值观的关键时期，要通过各种途径如参观历史博物馆，进行近现代史教育、革命文化教育等，引导学生深入了解中国革命史、中国共产党史、改革开放史和社会主义发展史，认识中国特色社会主义道路是中国的必由之路，建立道路自信；引导学生通过各种形式学习邓小平理论、"三个代表"重要思想、科学发展观、习近平新时代中国特色社会主义思想，对中国特色社会主义理论坚信不疑，建立理论自信；通过思想政治以及时事政策学习等渠道，引导学生深刻了解人民代表大会制度、多党合作和政治协商制度等基本政治制度，加深学生对中国特色社会主义制度的优越性的认识，增强制度自信；通过各种活动，引导学生汲取中华民族优秀传统文化的精华，热爱中华优秀传统文化、革命文化和社会主义先进文化，增强文化自信。

（3）加强德、智、体、美、劳等全方位教育，促进学生全面发展。

学校应全面实施素质教育，提高教育质量，促进学生的全面发展。全面发展包括引导学生养成良好的政治素质、道德品质、法治意识和行为习惯，形成积极健康的人格和良好的心理品质，身心、道德、学业、人格和谐发展。

学校应把社会主义核心价值观教育融入教育教学全过程，培养学生的理想信念和政治素质。中学阶段应按照人与人、人与社会、人与自然的关系维度加强对学生的品德教育，促使学生形成良好的道德品质。

学校应积极开展法治教育，引导学生树立法治观念，养成自觉守法、遇事找法、解决问题靠法的思维习惯和行为方式。

学校应培养学生良好的行为习惯，为其日后的工作、学习和生活奠定良好基础；让学生养成明礼守信、与人为善的生活习惯，养成乐学善学、探索创新的学习习惯，养成热爱劳动、勤俭节约的劳动习惯。

学校应促使学生形成积极健康的人格和良好的心理素质，促进学生身心的和谐发展，为学生的健康成长和幸福生活奠定基础。

2. 高中学段目标

高中生在生理和心理上逐渐成熟，其世界观、人生观、价值观正在形成。他们与小学生和初中生的认知水平与实践能力不同，从而对其的德育目标也应与小学生和初中生有所不同。

《中小学德育工作指南》对高中学段学校德育的目标要求为："教育和引导学生热爱中国共产党、热爱祖国、热爱人民，拥护中国特色社会主义道路，弘扬民族精神，增强民族自尊心、自信心和自豪感，增强公民意识、社会责任感和民主法治观念，学习运用马克思主义基本观点和方法观察问题、分析问题和解决问题，学会正确选择人生发展道路的相关知识，具备自主、自立、自强的态度和能力，初步形成正确的世界观、人生观和价值观。"

在高中学段，学生的品德逐步从建立走向成熟，表现为学生的道德思维能力较强，抽象概括能力、辩证思维能力都得到了较好的发展，思想活动具有独立性、选择性、可塑性等特点。在这个学段，学校德育的一个重要任务是引导学生学会运用马克思主义基本观点和方法来观察问题、分析问题和解决问题，形成正确的世界观、人生观和价值观，形成解决道德问题的方法论。在教育方式上，要注重发展学生的自主学习能力，鼓励学生自主进行价值判断，切实提高学生参与现代社会生活的能力，为其终身发展奠定思想道德基础。

同时，高中德育目标侧重对学生外化行为的要求。随着年龄的增长，学生逐渐建立起积极的道德情感，具备了较高的道德情感水平，能够根据客观事实做出正确的道德判断，并把自己信奉的道德价值转化为道德行为，在品德方面发展自觉性。

二、学校德育的基本内容

学校德育的基本内容是为实现德育目标而确定的特定的教育内容，是学校落实立德树人根本任务的载体。

中学德育包括情感、态度、价值观等方面的教育，主要内容包括理想信念教育、社会主义核心价值观教育、中华优秀传统文化教育、生态文明教育和心理健康教育等。

1. 理想信念教育

《中小学德育工作指南》要求："开展马列主义、毛泽东思想学习教育，加强中国特色社会主义理论体系学习教育，引导学生深入学习习近平总书记系列重要讲话精神，领会党中央治国理政新理念新思想新战略。加强中国历史特别是近现代史教育、革命文化教育、中国特色社会主义宣传教育、中国梦主题宣传教育、时事政策教育，引导学生深入了解中国革命史、中国共产党史、改革开放史和社会主义发展史，继承革命传统，传承红色基因，深刻领会实现中华民族伟大复兴是中华民族近代以来最伟大的梦想，培养学生对党的政治认同、情感认同、价值认同，不断树立为共产主义远大理想和中国特色社会主义共同理想而奋斗的信念和信心。"

热爱祖国是中华民族的优良传统,也是中华民族繁荣富强的原动力。高中生只有了解了在中国的发展历史和政治交替中的各种政治制度,才能深刻地认识中国特色社会主义制度的优越性;只有了解了中国近现代史,才能加深对中国共产党的热爱;只有深入了解了中国的发展历程,才能更真切地认识实现中华民族伟大复兴中国梦的重大意义,也必然会坚定信念,努力学习,树立远大理想,把爱国之情、报国之心、兴国之志转化为具体的爱国行动。

2. 社会主义核心价值观教育

《中小学德育工作指南》要求:"把社会主义核心价值观融入国民教育全过程,落实到中小学教育教学和管理服务各环节,深入开展爱国主义教育、国情教育、国家安全教育、民族团结教育、法治教育、诚信教育、文明礼仪教育等,引导学生牢牢把握富强、民主、文明、和谐作为国家层面的价值目标,深刻理解自由、平等、公正、法治作为社会层面的价值取向,自觉遵守爱国、敬业、诚信、友善作为公民层面的价值准则,将社会主义核心价值观内化于心、外化于行。"

具体地说,首先要求高中生把握价值目标。要引导学生通过对人口、地理、资源、环境等方面知识的学习,了解我国的基本国情和国策;理解中国特色社会主义道路的主要特征,认识社会主义制度的优越性;了解文明发展与社会和谐是实现中华民族伟大复兴中国梦的价值要求,树立社会责任感。

其次,要求高中生理解价值取向。要引导学生理解实现人的全面发展是社会主义的理想价值追求,实现平等是我国社会最重要的伦理价值目标,实现社会公正是中国特色社会主义核心理念的体现,法治是我国社会安定和谐的基本保障;了解我国民事基本法律原则和核心概念,树立尊重所有权的观念,深化对诚信原则的认识;全面认识家庭、婚姻、教育、劳动、继承等与个人成长相关的法律关系;了解我国社会主义法律体系的构成,理解程序正义在实现法治中的作用;树立宪法意识,形成对中国特色社会主义法治道路的认同。

再次,应遵守价值准则。要引导学生了解我国优秀传统文化和中国特色社会主义新文化的主要内涵,文化多样性是世界构成的基本形态;理解文化交流、国际对话的重要意义,增强国际意识;理解诚信既是个人立身处世之本也是国家经济发展之道,友善既是个人道德品质的根本所在也是社会主义核心价值观的基础准则;体验志愿服务精神对个人、社会、国家和世界的意义与价值。

3. 中华优秀传统文化教育

《中小学德育工作指南》要求:"开展家国情怀教育、社会关爱教育和人格修养教育,传承发展中华优秀传统文化,大力弘扬核心思想理念、中华传统美德、中华人文精神,引导学生了解中华优秀传统文化的历史渊源、发展脉络、精神内涵,增强文化自觉和文化自信。"

要引导学生继承中华优秀传统文化、弘扬中华民族精神、发展社会主义先进文化,做中华优秀传统文化和社会主义先进文化的传承者和发展者。

要引导学生树立正确的家国情怀,形成社会关爱意识,养成良好的人格修养;更加全面、准确地认识中华民族的历史传统、文化积淀、基本国情,树立文化自信。

要引导学生树立以"天下兴亡、匹夫有责"为核心的家国情怀,感悟中华文明在世界历史中的重要地位,深入理解中华民族最深沉的精神追求,更加全面、客观地认识国家前途命运与个人价值实现的统一关系,自觉维护国家的尊严、安全和利益。

要引导学生形成以"仁爱共济、立己达人"为重点的社会关爱意识,正确处理个人与他人、个人与社会、个人与自然的关系,形成乐于奉献、热心公益慈善的良好风尚,积极争做高素养、讲文明、有爱心的中国人;感悟传统美德与时俱进的魅力,自觉以中华传统美德律己修身。

要引导学生重视以"正心笃志、崇德弘毅"为重点的人格修养,明辨是非,遵纪守法,坚忍豁达,奋发向上,知荣辱,守诚信,敢创新,培养豁达乐观的人生态度和抵抗困难挫折的能力。

4. 生态文明教育

《中小学德育工作指南》要求:"加强节约教育和环境保护教育,开展大气、土地、水、粮食等资源的基本国情教育,帮助学生了解祖国的大好河山和地理地貌,开展节粮节水节电教育活动,推动实行垃圾分类,倡导绿色消费,引导学生树立尊重自然、顺应自然、保护自然的发展理念,养成勤俭节约、低碳环保、自觉劳动的生活习惯,形成健康文明的生活方式。"

要引导学生形成科学的发展观,遵循自然发展规律,尊重自然,在了解自然、社会的基础上,建立可持续的生产方式和消费方式,形成人与人、人与自然、人与社会的和谐共生;从身边小事做起,自觉建立勤俭、绿色、环保的意识,能够自觉、主动地维护周边的环境。

要引导学生从多个角度认识生态文明,理性认识环境,自觉担当责任;知行合一,从日常生活开始,从身边小事做起,积极参与生态文明建设的各项活动,通过专题调研、社会服务实践,培养"知中国,服务中国"的家国情怀和主人翁意识;尊重自然,顺应自然,将保护自然的生态文明理念贯彻到生活的方方面面,涵养精神,培养素质,引导行动,成长为具有生态文明精神品格和实践能力的一代新人。

5. 心理健康教育

《中小学德育工作指南》要求："开展认识自我、尊重生命、学会学习、人际交往、情绪调适、升学择业、人生规划以及适应社会生活等方面教育，引导学生增强调控心理、自主自助、应对挫折、适应环境的能力，培养学生健全的人格、积极的心态和良好的个性心理品质。"

要引导学生正确、理性地对待自我和社会，学会学习和生活，正确认识自我，提高自我教育能力，增强调控情绪、承受挫折、适应环境的能力，培养健全的人格和良好的个性心理品质。

要引导学生从学习上获得满足感，增进身心发展，积极地排除自己学习上的不良因素，形成良好的学习习惯；能够处理好与他人的人际关系，学会了解他人、关心他人、赞美他人和与人沟通，正确处理与同学之间的关系；形成健康心理，善于自我批评，正确认识自我，及时自我反思，能够根据自我实际制定切实可行的目标并为之努力；理性对待升学、择业、婚姻等，合理进行人生规划，对社会有责任感和勇于担当的精神。

第三节　化学教育中的学科德育与实施途径

《中国教育现代化 2035》指出："全面落实立德树人根本任务,形成高水平人才培养体系,这是教育现代化的核心要求。"

化学教育作为科学教育的一个重要组成部分,不仅对促进高中学生做好知识储备、发展关键能力有着重要作用,对高中学生的道德品质的发展也有着重要作用。德国哲学家、心理学家、科学教育学的奠基人赫尔巴特曾说:"教学如果没有进行道德教育,只是一种没有目的的手段;道德教育如果没有教学,就是一种失去了手段的目的。"

在高中化学教学中,教师应将化学学科的独特内涵和自然科学属性与各部分教学内容的德育功能有机地结合起来,实现学科教育和德育的双丰收。

一、化学教育中的学科德育

学科课程是依据教育目标和受教育者的身心发展水平,从有关学科中选择内容,以学科的逻辑体系将其组织起来形成的课程形态。高中化学教学承担着传承科学文化和培养高素质人才的重要任务。高中化学教师应将德育内容细化并落实到化学教学的各个环节中,渗透到学生的心田里,将立德树人的任务落到实处。

《普通高中化学课程标准(2017 年版)》提炼出化学学科的核心素养,强调化学学科核心素养是学生必备的科学素养,是学生终身学习和发展的重要基础。

学科核心素养是学科育人价值的集中体现,是学生通过学科学习而逐步形成的正确价值观、必备品格和关键能力。高中化学学科核心素养是学生综合素质的具体体现,反映了社会主义核心价值观下化学学科育人的基本要求,全面体现了化学课程学习对学生未来发展的重要价值;其中,不仅仅有对知识、能力的要求,更有对道德品质的要求。

化学学科有着完整的内容体系,其中包含着丰富的德育资源。我国著名化学家戴安邦教授曾寄语同行:"化学教学不仅传授化学知识和技术,更要训练科学思维和方法,还要培养科学精神和品德。"苏联教育家赞可夫也曾指出,教学不仅要发展学生的智力,而且要发展学生的情感、意志品质、性格和集体主义思想。

化学学科的德育资源非常丰富。例如,元素周期律揭示了量变到质变规律、氧化还原反应体现了对立统一规律……这些内容对学生掌握辩证唯物主义观点,建立科学的世界观具有很强的指导作用;化学实验贯穿于整个化学研究与学习过程,是学生形成以事实为依据的科学态度和实事求是、求真求实的科学精神的重要途径;随着工业化的飞速发展,越来越多的环境污染问题显现出来,而解决这些问题离不开化学知识,这对于学生认识珍惜"绿水青山"的重要性、激发学好化学的动机很有帮助;化学家在研究过程中所展现出的坚持不懈、求真务实的精神等会对学生产生积极的影响。因此,在化学教学中充分发挥化学学科的德育功能是十分重要的。

通过以上对高中化学学科核心素养以及化学学科的德育内容和德育可行性的分析,我们可以清晰地概括出高中化学学科德育的含义。高中化学学科德育指的是在高中化学课程中实施的、学生在教师科学指导下积极主动参与的、与化学学科教学活动相融合的德育活动,包括以改善学生德行与人格素养为指向,促使学生科学素养、人文精神及道德品质共同发展的一系列化学教育教学活动。

高中化学学科德育不是外加的、贴标签式的"化学+德育",而是本来就存在于化学教育之中的。化学科学本身蕴含着育人的宝藏,教师应以敏锐的慧眼、高度的责任心将其发掘出来,构建新的高中化学课程体系,使高中化学学科德育无痕地融入化学教学的全过程,引导学生将其化为认知、化为习惯、化为素养。

高中化学学科德育的教学设计,要着眼于学生的全面发展,体现时代性和选择性,凸显化学教学中培养学生化学学科核心素养的德育价值;在课程体系框架内设计一系列层次化、日常化的德育活动,如拓展教材系列、实验系列、课堂教学系列等,从分析各类教学活动如化学概念教学、化学理论教学、物质知识教学、化学实验教学、化学校本课程和化学课外活动等的德育功能入手,提高化学学科德育的教学设计水平。只有通过教学中德育活动的持续开展,才能真正使学生的科学素养和品德素养得到改善并获得长足的发展。因此,如何优化化学学科德育活动的设计是每一位化学教师都应认真考虑的问题。

二、化学教育中的学科德育实施途径

化学教学与德育的融合,可以分别从科学素养、人文精神及道德品质几个方面展开,通过这几个方面的协同作用,培养全面发展的人,实现立德树人的最终目标。

1. 挖掘化学学科内涵，提高学生的科学素养

国际上普遍认为，学科基本科学素养的主要内涵包括三个方面：一是对科学知识（科学术语和科学基本观点）达到基本了解程度；二是对科学方法达到基本了解程度；三是对科学技术对社会和个人所产生的影响达到基本了解程度。

根据有关资料可知，化学学科的科学素养所包含的意义主要表现在以下几个方面。

（1）科学知识方面：

① 了解和运用基本的化学术语；

② 了解常见的化学实验仪器，知道其性能和用途；

③ 能把化学和其他学科的知识相互联系起来；

④ 知道化学学科的主要成就；

⑤ 了解物质分类的多个视角，理解物质及其变化的规律；

⑥ 掌握化学的基本概念、化学原理以及常见的单质和一些重要化合物的知识；

⑦ 掌握物质的结构决定性质、性质决定用途的规律；

⑧ 了解化学原理应用于物质生产的方法。

（2）科学方法和科学探究方面：

① 能够分析出化学中各种量之间的关系，并且能够进行简单的化学计算；

② 能够独立进行一些实验操作，能够设计简单的化学实验以及控制实验的过程，能够完成相应的实验报告；

③ 能够掌握一定的化学探究的实验方法和手段；

④ 能够使用化学语言来表达一些化学问题和化学反应；

⑤ 学会观察、实验、分析、综合、测量、记录、条件控制、分类、类比、假设、归纳、模型化、处理数据等科学研究的一般性方法，以及一些简单的化学科学研究的特殊方法。

（3）科学态度、科学精神、STSE 教育 * 方面：

① 具有保护环境和合理使用资源的意识和责任感；

② 具有可持续发展的观念，形成人与自然和谐发展的理念；

---

*STSE 教育是指科学（Science）、技术（Technology）、社会（Society）、环境（Environment）四者有机结合形成的教育形式，其目的是改变科学和技术分离的状况，凸显科学、技术、社会与环境四者的有机结合，并指明人类的社会责任。

③ 具有尊重事实、积极探究和创新、重视合作的科学精神和科学态度；

④ 具有辩证唯物主义的思想，能够树立科学的世界观、人生观和价值观；

⑤ 具有探究的兴趣、动机以及严谨的科学态度；

⑥ 能够正确认识化学与生活、生产、自然环境、技术以及社会发展的关系。

《普通高中化学课程标准(2017年版)》提出的化学学科核心素养是以上科学素养的集中表述。在实际教学过程中，教师应采取科学的方法和得力的措施，全面发展学生的化学学科核心素养。

2. 拓展化学教学内容，培养学生的人文精神

人文精神是一种普遍存在的人类自我关怀，主要表现为对人的尊严、价值、命运的维护、追求和关切，对全面发展人格的肯定和塑造，主要包括人道主义、求真精神和社会责任三个方面的内涵。

(1) 开展化学史教育，培养学生的人文精神。

化学史是化学家认识、改造世界的奋斗史，本身就蕴含着丰富的人文精神教育素材，因此开展化学史教育是培养学生人文精神的重要渠道。例如，美国现行的国家课程标准就建议在学校科学教育中多利用科学史去说明科学所关注的内容。

化学发展过程中无数充满人文精神的事例可以用作化学学科德育的素材，如：拉瓦锡提出划时代的燃烧理论，扫清了燃素说的影响，化学自此切断了与古代炼丹术的联系，被揭掉了神秘的面纱，进入了以科学实验和定量研究为主要特征的近代化学时期；门捷列夫经过多年的艰苦探索，发现了自然界中一个极其重要的规律——元素周期律，树立起近代化学史上又一座光彩夺目的里程碑，这一规律所蕴藏的丰富而深刻的内涵，对以后整个自然科学的发展都具有普遍的指导意义；居里夫人不畏艰辛，顽强执着地从数吨沥青中提炼出几毫克新发现的元素——镭，她没有为谋取私利而申请专利，反将其方法公开于世以造福人类，她还以纪念祖国波兰的寓意将发现的又一新元素命名为"钋"；2011年诺贝尔化学奖获得者、以色列科学家达尼埃尔·谢赫特曼，不顾冷嘲热讽坚持研究，改变了科学界对固体材料的看法，发现了晶体和非晶体之外的准晶体；中国近代化学工业的奠基人之一、著名的化学家侯德榜，放弃国外的优越条件毅然回国兴办碱业，发明了独特的"侯氏制碱法"，为振兴民族化学工业做出了巨大贡献；中国药学家、2015年度诺贝尔生理学或医学奖获得者屠呦呦，在条件极其艰苦的情况下带领团队进行抗疟药物研究，在历经190次失败后终于利用低温提取、乙醚冷浸等方法从青蒿中提取出对疟疾抑制率达 100％的青蒿素，这一药物在接下来的 40 多年里使超过 600 万的病人逃离了疟疾的魔掌，而年过八旬的她面对荣誉和财富不改本色，继续奋战在科研第一线，并捐赠 200 万元给母校北京大学，设立了"北京大学屠呦呦医学人才奖励基金"……

这些事例不仅充分体现了科学家们的科学态度与科学精神、严谨作风与爱国主义情怀，也有力地说明了在科学探究的过程中没有平坦的大道可走，只有淡泊名利、不辞辛苦、不畏艰险、积极进取的人才能取得最后的成功。因此，在化学教学中，教师既要注意培养学生严谨的科学态度和高尚的科学精神，又要教育他们树立远大的理想和养成艰苦奋斗的优良作风。

（2）结合 STSE 教育，引导学生形成正确的化学科学价值观。

加强高中化学教育中的 STSE 教育是对学生进行人文精神教育的重要途径。

化学是一门实用性很强的自然科学，自形成以来就与人类的生产、生活和社会发展以及后来越来越显著的环境问题有着密切的联系。结合 STSE 教育的化学教育，就是要在当今的社会背景下实现化学知识和化学技术的有机结合，从而更好地服务社会、改善环境。

在高中化学教学过程中，教师一方面要培养学生正确的化学科学价值观，让他们既认识到化学为人类提供衣食住行、促进社会发展的一面，也看到化学制品在生产和使用过程中造成的环境污染、生态灾难以及由此形成的社会伦理问题的一面。

开展高中化学教育中的 STSE 教育，不但能使学生掌握化学知识，熟悉化学技能，知晓化学知识、技能与社会、环境的联系，而且能培养学生正确的化学科学价值观以及运用化学知识分析和解决实际问题的能力，使他们在处理复杂的社会问题时能权衡利弊、准确判断，做出恰当的选择和处理。

（3）通过化学实验教学，培养学生求真求实的人文精神。

化学实验是化学教学的重要组成部分，是培养学生科学素养的重要途径，也是进行科学探究的主要方式。通过化学实验，教师不但可以检验学生掌握化学知识与技能的程度，而且能激发学生学习化学的兴趣，培养学生的创新能力，使他们形成科学的、全面的化学思维模式。

随着普通高中化学课程改革的深化，化学实验不但在培养学生素养和非智力品质方面的教育价值逐渐凸显出来，其在人文素养教育和人文精神培养领域的教育功能也逐渐得到体现。《普通高中化学课程标准（2017 版）》及新版教材中，过去那种死板僵硬的演示实验均被改成具有发现学习、探究学习特征的实验模式或项目式教学模式。《普通高中化学课程标准(2017版)》倡导的是全新的教与学的理念,强调的是学生在实验中的主体地位。对此,教师要善于利用化学实验培养学生获取知识、探究真理的人文精神。在实验开始时,教师要指导学生在充分尊重实验事实的基础上大胆假设、勇于提问,加强师生之间的互动,培养学生自主探究的精神。在实验过程中,教师要引导学生养成勤俭节约、爱护公物的美德。在完成实验后,教师应严格要求学生做好仪器的整理和洗刷工作,养成严谨的科学态度与良好的行为习惯,增强环境保护意识。

3. 融合化学学科知识,全过程提升学生的道德品质

道德品质也称"德性",简称"品德",是个人在道德行为中所表现出来的比较稳定的、一贯的特点和倾向,是一定社会的道德原则和规范在个人思想和行为中的体现。在高中化学教学中,道德品质可以分为促进学生个体性功能发展的道德品质和促进学生社会性功能发展的道德品质。

为促进学生道德品质的发展,教师可以发掘化学学科自身蕴藏的、丰富的德育发展资源,通过化学的教学过程来培养学生的道德品质。

通过化学学习,学生不仅仅应学会知识与技能,更应形成良好的学习习惯和行为习惯,做到关注健康、热爱生活、乐观生活、健康生活、有品质地生活。

在社会道德的发展方面,教师应引导学生在掌握一定的化学知识的基础上形成自我认识,并且能够主动运用化学知识和化学思维来认识、分析社会问题、环境问题,进而加强自身的道德修养并形成正确的世界观、人生观、价值观。

学生通过化学知识的学习,应逐渐了解化学科学不仅可以缓解人类面临的一系列资源匮乏状况并促进经济社会发展,也可以给人类文明发展造成巨大的危害甚至灾难。学生应了解化学应用的双面性,掌握化学学科对个体生命健康发展的意义和应用价值,提高促进社会发展和改进人类生活质量的能力,减少化学对个体生命、人类社会、自然环境等产生的不良影响,坚守良知和道德底线,增强社会责任感和伦理道德意识。具体地说,这方面的教育应包括以下内容。

(1) 认同化学科学对个体生命健康发展的意义和价值,体会化学科学对提高人类生活质量和促进社会发展的重要作用。

(2) 认识到化学科学是一把"双刃剑":化学科学既可以造福人类,也可以给人类造成灾难。因此,要坚守做人良知和道德底线,增强社会责任感和伦理道德意识,在面临和处理与化学有关的社会问题时能进行理性思考和判断,努力成长为爱国、敬业、诚信、友善的社会公民。

（3）初步认识生命活动的化学本质，能够从物质循环、能量转化的角度理解维护个体生命健康、维持生物多样性、保持生态平衡的方法和意义，树立珍爱生命、热爱自然的观念。

化学教师应积极从学生实际和社会发展的需要出发，引导学生体验化学科学探究的过程，学会学习，学会应用，学会研究；启迪学生的科学思维；帮助学生形成关心自然、关心社会、爱护环境、珍惜资源、合理使用化学物质的观念，形成科学的自然观、严谨求实的科学态度以及正确的化学科学价值观和应用观，在自己的实际生活中，能够正确地运用通过化学学习学到的知识、技能解决实际问题，造福社会，造福人类。

第二章 化学教学内容的德育功能

　　化学科学是一门自然科学,它在原子、分子的水平上研究物质的组成、结构、性质、转化与应用。世界是由物质组成的,化学科学则是人类运用知识改造物质世界的主要方法和手段之一。化学科学是一门历史悠久而又富有活力的科学,它与人类的生存与发展有着极其密切的关系,是人类社会文明的重要标志之一。

　　化学学科作为高中阶段重要的基础学科,蕴含着丰富的教育因素。这些教育因素,不仅具有巨大的智力价值,而且具有强大的德育价值,能够引起学生思想品质、人文精神、道德规范、行为习惯等方面的深刻变化,表现出智育性和德育性的统一。因此,普通高中化学课程是落实立德树人根本任务、发展素质教育、弘扬科学精神、提升学生核心素养的重要载体,对于科学文化的传承和高素质人才的培养具有不可替代的作用。

第一节　化学基本概念教学与德育

化学基本概念不仅是学生理解、掌握其他化学知识的工具以及构建化学知识体系、形成良好化学观念的平台，而且是学生发展智力、提高逻辑思维能力、形成科学思想方法体系的前提，以及在实践中发现、分析和解决化学实际问题的基础，因此，化学基本概念教学在化学教学中占有十分重要的地位。

一、化学基本概念

1. 关于概念

《现代汉语词典》(第 7 版)对"概念"的解释是："思维的基本形式之一，反映客观事物的一般的、本质的特征。人类在认识过程中，把所感觉到的事物的共同特点抽出来，加以概括，就成为概念。"德国工业标准 2342 将"概念"定义为"通过使用抽象化的方式从一群事物中提取出来的反映其共同特性的思维单位"。

心理学认为，概念既是人脑对客观事物本质的反映，又是反映对象的本质属性的思维形式；概念既是思维活动的结果和产物，又是思维活动借以进行的工具。

概念是对相同的对象本质特征的一种概括，其语言表达形式是词或词组。概念不仅可以来自直观的对象，也可以来自通过对事物的研究、比较、概括最终得出的对其最本质的认识和理解。

概念皆具有一定的内涵(本质含义)和外延(适用范围)。概念随着社会历史和人类认识的发展而发展。

2. 化学概念

化学概念是对物质或其变化的抽象概括和本质认识，是将化学事实、化学原理经过比较、分析、归纳、综合等过程所形成的理性知识，反映的是化学事实的本质属性。

根据知识的科学属性，通常将中学化学最一般的、应用最普遍的基本概念划分为以下几类。

（1）有关物质分类的概念，如混合物、纯净物质、单质、化合物、电解质(强电解质、弱电解质)、氧化剂和还原剂、分散系(溶液、浊液、胶体)、纳米材料、超分子等。

（2）有关物质组成和结构的概念,如元素、分子(极性分子、非极性分子)、原子(原子核、质子和中子)、离子、化学键(离子键、共价键、配位键、金属键、键角、键能、键的极性)、分子间作用力(范德华力、氢键)、晶体(离子晶体、原子晶体、金属晶体、分子晶体)、同分异构等。

（3）有关元素和物质性质的概念,如电负性、电离能、化合价、酸性、碱性、氧化性、还原性、分子的手性等。

（4）有关物质变化的概念,如化学变化、氧化还原反应、离子反应、可逆反应与化学平衡、有机反应类型(取代、加成、消去、聚合等)、反应的热效应、焓变和熵变等。

（5）有关化学量的概念,如相对原子质量、相对分子质量、物质的量(阿伏伽德罗常数、摩尔质量、气体摩尔体积、物质的量浓度)等。

（6）有关化学用语的概念,如元素符号、化学式、原子结构示意图、电子式、电子排布式、轨道表示式、化学方程式、热化学方程式、离子方程式等。

（7）有关化学实验的概念,如溶解、加热、萃取、鉴别、检验等。

各类化学基本概念反映着各类化学事实与化学原理的最本质的内容,是打开各个化学宝库的金钥匙。以"离子反应"这一概念为例,它的定义为"有离子参与的反应",其实质是"离子参与且有的离子脱离了反应体系"。掌握了这一概念,也就不难理解为什么离子反应要在生成沉淀、气体或难电离的物质时才能发生。由此可以看出,"离子反应"概念是认识离子反应包括判断离子反应能否发生、正确书写离子方程式的根本依据。

二、化学基本概念教学中的德育

化学基本概念教学中的德育主要集中在以下几个方面。

1. 重视观念的形成

观念是人们对于客观事物的比较固定的认识和看法,是经过长年累月的不断积淀自然而然形成的一种无意识的形态。观念是人的思维与行为的标尺、向导和指南,它一旦形成,就会深刻地影响着一个人的生活态度和行为模式。在化学基本概念教学中,教师要引导学生由"以具体知识为本"的学习转向"以观念构建为本"的学习。

中学化学教学应培养的基本观念可以概括为物质观、元素观、微粒观、分类观、结构观、变化观和绿色观七个方面。

（1）物质观。其核心内容为世界是由物质组成的,物质是由不同层次的微粒(原子、分子、离子)构成的;化学科学在分子、原子的层面上研究物质及其变化。例如,理解多样化世界形成的关键在于物质的多样化。物质的组成和结构决定了物质的性质,物质的性质又决定了物质的用途。物质在从一种存在形态转化为另一种存在形态时,新物质就以旧物质做原料而生成,展现出化工生产中原料与产品的关系。

（2）元素观。其核心内容为物质是由元素组成的;物质是多种多样的,但组成它们的元素又是统一的;已知的100多种元素有着一定的相互联系,元素周期律表现出它们性质变化的周期性。元素观回答的是“物质是由什么组成的”这个化学最基本的问题。元素概念是化学科学的重要概念,也是化学科学最基本的概念之一,被称为“化学理论大厦的基石”。在进行元素概念教学的过程中,教师可以从展现元素概念的发展和演化过程入手分析元素概念,通过设计化学史教学活动培养学生的元素观。

（3）微粒观。其核心内容为物质是由原子、分子或离子构成的;构成物质的微粒总是在不断地运动着,微粒之间有一定的距离,微粒之间存在着相互作用。例如,在区分化学变化与物理变化时,关键是认识到物质变化的实质是微粒的运动和变化。物理变化主要是微粒之间距离的变化,化学变化则是微粒内部结构的变化。在化学反应中,分子变而原子不变。例如,认识物质的微观组成时,能够理解原子是构成物质的最基本的粒子。原子既可以直接构成物质,也可以先形成分子或离子再构成物质。原子可以再分为原子核和核外电子;核外电子的能量越高,运动越快,离核越远,越不稳定。

（4）分类观。分类是化学学习与研究中经常使用的一种重要方法。物质及其变化是多种多样的,但都可以以一定的标准进行分类。分类不仅便于学生研究物质及其变化,而且可以使学生更深入地认识物质及其变化的实质。例如,在初中学习的四大基本反应类型的基础上,高中阶段按照化合价是否发生变化,将反应分为氧化还原反应与非氧化还原反应;按照反应中是否有热量的变化,将反应分为吸热反应与放热反应,等等。教学中,教师可以运用不同的分类标准,引导学生从不同的角度(如电子转移、化学键变化等)分析和认识化学变化。例如,在物质分类教学中,从初中阶段将物质分为混合物、纯净物质、单质、化合物(酸、碱、盐、氧化物)发展到高中阶段根据水溶液或熔融状态能否电离将化合物分为电解质与非电解质,这既体现着化学知识的螺旋式上升,又体现了学生思维方式的进一步发展。

（5）结构观。其核心内容为物质的组成和结构决定着物质的性质,物质的性质是物质组成和结构的反映;物质的组成和结构发生变化必然导致其性质发生变化,而通过物质表现出来的性质和发生的变化可以认识和确定物质的组成和结构。例如,有机化合物性质教学中,关于不同烃类物质包括烷烃、烯烃(炔烃)、苯与苯的同系物等的性质的教学,皆从结构入手分析它们性质的相似点与不同点,进而将其扩展到饱和链烃、不饱和链烃、芳香烃的结构与性质的关系上来,凸显了物质结构与性质之间的关系。

(6)变化观。其核心内容为化学变化是有规律的,化学反应是原子的"化分"与"化合",是旧化学键的断裂和新化学键的形成;化学反应有一定的方向和限度,有些反应是可以自发进行的;化学反应中既有物质变化又有能量变化,化学反应遵循质量守恒定律和能量守恒定律。例如,在初中阶段区分化学变化与物理变化的依据是"是否有其他物质生成";而在高中阶段则从旧化学键的断裂和新化学键的形成角度来理解化学反应的实质,而且成键与断键的过程不仅涉及物质变化,还涉及能量变化。这样,也就使学生认识到化学反应的另一分类标准,即从能量变化的角度将反应分为吸热反应与放热反应。

(7)绿色观。其核心内容是正确地认识化学品的两面性:既可造福人类,在其生产或使用过程中又会产生污染影响生态平衡和人类健康,因此应大力提倡绿色化学。绿色观的内容在化学实验教学及物质知识教学中涉及较多。例如,在以氯气为案例进行的研究物质性质的一般程序的教学中,对于氯气这一类有毒气体的尾气处理以及对实验过程中产生的废液等的处理都涉及绿色观。

在进行化学基本概念教学时,教师应注意引导学生将概念学习与有关化学观念的建立有机地联系起来。例如,在进行电解质概念的教学时,教师注意引导学生从原来认知的分类方法入手构建新的分类途径,便会使他们既掌握电解质与非电解质的概念,又进一步理解学习电解质和非电解质知识的价值所在,学会从新的角度对化合物进行分类,加深对物质分类的认识。

2. 凸显思想方法教育

化学基本概念及其形成中蕴含着丰富的化学认知方法和化学思想方法,化学基本概念教学是培养学生思想方法的重要途径。对于化学基本概念,学生尽管从语言表述层面掌握了概念的定义,但如果对其中的化学认识方法、化学思想方法的学习重视不够,则往往难以形成对概念的深刻理解,也难以有效地发展有关的化学学科核心素养。为此,教师应从以下几方面强化学生对化学基本概念的认识。

(1)从内涵和外延的角度认识概念并将其延伸到认识其他事物。

每一个化学概念都有一定的内涵和外延,要想正确认识、准确把握概念,就要深入探讨概念的内涵和外延,善于从宏观深入微观去研究问题,并把宏观现象与微观认识结合起来，突出事物的本质特征。对化学概念内涵和外延的研究有利于学生掌握科学的思想方法，提高分析问题、解决问题的能力。

以"物质的量"这一概念的构建为例。"物质的量"是一个抽象的、难以理解的化学概念，学生学习起来比较困难，更别说从中受到思想方法的熏陶了。但是，引导学生分析其内涵和外延，透过表面的文字表述认识其内在的含义，则会取得较好的教学效果。

"物质的量"这一概念的内涵是"用阿伏伽德罗常数来计量微粒数"，计量标准是阿伏伽德罗常数；外延是各种微粒如原子、分子、离子、电子、中子、质子等或它们的特定集合。"物质的量"把微观量与宏观量联系起来，从而在宏观与微观之间架起一座"桥梁"。这样的学习，会使学生自觉地运用"物质的量"这一概念来分析、解决问题，而不只是机械地运用公式来进行有关量之间的换算。学会从内涵和外延的角度来认识、分析概念，可以促进科学思想方法的形成。

（2）通过概念之间的相互联系，认识和理解"事物是普遍联系的"哲学观点。

世界上的事物是普遍联系的，这从反映事物本质的概念之间的相互联系就可以清楚地看出。还是以"物质的量"这一概念为例。由"物质的量"这一概念衍生出许多概念如摩尔质量、气体摩尔体积、物质的量浓度等，这些被衍生出来的概念之间显然通过"物质的量"这个基本物理量建立起密切的相互联系。例如，在化学电池中，电极上有电子的流出或流入，对电极反应物质的量的计量往往要联系到摩尔质量，对电极反应所产生气体体积的计量往往要联系到气体摩尔体积，对离子导体浓度变化的计量往往要联系到物质的量浓度，等等。通过这样的学习，学生就会自然地认识并掌握"事物是普遍联系的"哲学观点。

（3）建立"物质第一性、意识第二性"的观念。

化学概念同其他概念一样，是人们对物质及其变化的主观抽象和概括，在客观世界中并不存在，客观世界中存在的只是与概念直接或间接对应的实例。

学生在高中阶段学习的化学概念总体上可以分为两类。一类是通过对客观存在的物质及其变化分析、抽象概括出来的，被称为可验证概念，如化合物、离子反应、化学电池等。另一类是通过对一些化学原理推导而形成的，被称为推论式概念，如化合价、电离、电负性、平衡常数等。对于可验证概念，要引导学生运用实验、观察等手段，通过对物质变化现象的分析、比较、抽象、概括等认识过程来形成；而对于推论式概念，尽管难以通过具体的实验、观察来形成，但也要尽量将其应用于实践，通过实例间接地对其进行验证。坚持这样做，就会使学生建立起"物质第一性、意识第二性"的观念，形成有关的科学思想方法。

以"电解质"和"电离"概念的建立为例。在"电解质"这一概念的教学中,教师可引导学生做食盐水、糖水、乙醇溶液的导电性实验并观察和分析实验现象,使他们得知食盐水能够导电而糖水和乙醇溶液不能导电,因而得出结论:可以从溶液能否导电的角度对化合物进行分类——食盐的水溶液能够导电,叫作电解质。而对于"电离"这一概念,学生无法通过实验直接观察到,而只能运用对有关现象进行推导的办法来认识;建立起这一概念后,教师要引导学生用其分析、解决问题,如分析电解食盐水制取烧碱、氢气与氯气,实验室里用酸化的硝酸银溶液来检验氯离子等化学事实,从而加深对"电离"这一概念的理解。

3. 注重理论联系实际的教育

建立起化学概念后,教师不仅要引导学生运用概念来进行学习,以掌握有关的化学知识;而且要引导学生运用有关概念及由此掌握的思想方法来分析、解决实际问题,养成理论联系实际的好习惯。例如,学习了氧化还原反应的概念后,教师要引导学生结合含氯化合物的知识认识 84 消毒液的正确使用方法,并了解洁厕灵与 84 消毒液不能混用的原因,以防范生活中危险事件的发生。再如,学生学习了酸性氧化物的概念后,教师要引导学生认识酸雨的形成、危害及其治理等,以此来加深他们对酸性氧化物这个概念的理解。

总之,促进科学观念的形成、强化科学思想方法的应用、注重理论联系实际等都是化学基本概念教学中德育的重要内容。

第二节　化学基本理论教学与德育

化学基本理论是高中化学知识体系的重要组成部分之一。对化学基本理论的深刻理解，不仅有助于学生更好地利用所学的理论知识系统地认识化学现象、解决化学问题，而且能使学生受到化学理论中蕴含的哲理的熏陶，形成科学的世界观和方法论，促进自己的全面发展。因此，化学基本理论教学在化学教学中占据重要地位。

一、化学基本理论

恩格斯指出："一个民族要想站在科学的最高峰，就一刻也不能没有理论思维。"

理论是指人们由实践概括出来的关于自然界和社会的知识的有系统的结论。它是一个用"概念"组织起来的信息体系，是系统化了的理性认识，可以用来解释客观世界的现象和规律。正确的理论是客观事物的本质和规律的准确反映，它来源于社会实践并指导人们的实践活动。

化学基本理论是指"反映物质及其变化的本质属性和内在规律的化学基本概念和基本原理"。化学基本理论是化学学科的核心内容和架构支撑；其中，化学基本概念是化学基本原理的基础，而化学基本原理是化学基本概念的延伸，两者相辅相成、缺一不可，共同构成了化学理论体系。

理论知识不是分散的、零星的知识，不是个别的、具体性的知识，而是系统的、有意义的知识。化学理论知识通常分为以下五个部分。

（1）物质结构理论。其核心内容为原子结构（原子的组成，核外电子的运动状态和排布规律，原子得失电子的能力与元素性质的关系），化学键（离子键、共价键、配位键、金属键及其对物质性质的影响，键能、键角、键长与分子构型），分子间作用力（范德华力、氢键及其对物质性质的影响），晶体结构（离子晶体、共价晶体、金属晶体、分子晶体及其对物质性质的影响），有机化合物结构特点（碳原子结构特点与成键方式，同分异构现象与同分异构体，同系物与同系列）。

（2）元素周期律与元素周期表。其核心内容为元素周期律，元素周期表的组成与应用（周期、族、分区及元素性质的周期性变化规律，"位""构""性"之间的关系）。

（3）氧化还原理论。其核心内容为氧化还原反应（氧化与还原，氧化剂与还原剂，化合价与电子得失），氧化还原反应的应用（原电池与化学电池，电解，金属腐蚀及其防护，物质的制备等）。

（4）电离理论。其核心内容为电解质（强电解质、弱电解质），电离（电离方程式，弱电解质的电离平衡及平衡常数，从电离的角度认识酸、碱、盐），离子反应（离子方程式及其书写，离子反应发生的条件，盐的水解，难溶电解质的溶解平衡等）。

（5）化学反应规律。其核心内容为反应中的物质与能量变化（质量守恒定律，热效应、焓变与盖斯定律），化学反应方向（化学反应方向的判定），化学反应限度（可逆反应，化学平衡与化学平衡常数），化学反应速率（定义式，影响因素及其作用），化学反应类型（无机反应类型，有机反应类型）。

化学理论知识具有抽象性强、逻辑性强及系统性强的特点，对学生学习的要求较高，常常成为学生学习化学的障碍点。抽象性强主要是指化学理论知识往往包括抽象性的概念如核外电子运动状态、化学平衡、焓变、晶胞等，需要学生提炼出关键信息、抽象出具体的图式来加以理解。逻辑性强主要是指化学理论知识具有严密的逻辑性，学习化学理论知识需要学生具有较强的逻辑思维能力。例如，要从本质上认识元素周期律和元素周期表，就要厘清"位""构""性"之间的逻辑关系，把有关知识由点到面地串联成网，并对陌生元素或者陌生物质进行研究。系统性强主要是指每一种化学理论都含有彼此相关的子系统，有的甚至会给人"眼花缭乱"的感觉。例如，物质结构理论涉及面广、子系统多、掌握起来难度较大。

根据化学基本理论教学的特点，针对学生在学习化学基本理论时经常会出现的学习障碍，在组织化学基本理论教学时，教师应注意以下几点。

（1）重视运用模型、幻灯片、视频等直观教具，充分利用化学实验，帮助学生理解抽象的化学概念。

（2）重视运用归纳和演绎的方法，培养学生的判断能力和推理能力，加深他们对化学基本理论的理解。

（3）引导学生通过化学基本理论的学习树立辩证唯物主义观点，反过来运用辩证唯物主义思想方法来认识化学基本理论。

（4）注重理论联系实际，引导学生利用所学的化学基本理论来分析、解决实际问题，在应用过程中进一步掌握有关的化学基本理论。

以上几点既是帮助学生解决化学基本理论难学问题的有效手段，又是实施化学学科德育的重要渠道，在教学中教师应予以重视。

二、化学基本理论教学中的德育

1. 物质结构理论的德育功能

《普通高中化学课程标准(2017年版)》在"宏观辨识与微观探析"化学学科核心素养的培养方面,要求学生"能从元素和原子、分子水平认识物质的组成、结构、性质和变化,形成'结构决定性质'的观念;能从宏观和微观相结合的视角分析与解决实际问题"。

无论是原子核外的电子层数和最外层电子数决定元素原子得失电子的能力的大小,金属键的强弱决定金属晶体熔点的高低,电解质溶解时电离出的阴、阳离子决定其水溶液具有导电性,原子组合方式的变化决定化学键的类型等,还是有机化合物的官能团决定其化学特性,烯烃分子中的双键决定其能发生加成反应,不对称碳原子决定其分子具有手性等,都是"结构决定性质"的具体表现。结构决定性质,性质是结构的外部表现,这是结构和性质之间的辩证关系,是一种重要的化学观念。这种观念的建立,有助于学生透过现象看本质,抓住事物的内在结构和外在性质之间的辩证关系来分析问题、解决问题。

实际上,对化学上结构和性质之间辩证关系的认识完全可以拓展到对自然界和人类社会中"结构与功能"辩证关系的理解上。

世间任何事物都具有一定的系统性,任何系统又都具有一定的结构。所谓结构,是指系统内诸要素连接的方式,它具有以下特征。

(1)稳定性。结构是一种事物内在关系中相对不变的部分,决定着事物的不同类型。

(2)有序性。结构作为要素之间相互联系的方式具有一定的规则,受一定规律的支配,同时决定着系统的有序性。

(3)层次性。不同层次有不同的结构。结构与结构之间形成一个由低级到高级、由简单到复杂的发展系列。

结构的类型是多种多样的,我们可以按照不同特征,从不同角度对结构进行分类:按照系统运动形式的不同,结构可以分为机械结构、物理结构、化学结构、生物结构、社会结构、思维结构;按照系统与环境关系的不同,结构可以分为封闭结构、开放结构;按照系统活动方式的不同,结构可以分为平衡结构、耗散结构,耗散结构又可分为稳定结构、超稳定结构、多元稳定结构等。

《自然辩证法》关于自然系统结构与功能的规律指出:系统的结构是决定系统整体功能的内在根据,而系统功能则是一定结构的外在表现。在要素既定的条件下,一般来说,有什么样的结构就有什么样的功能。

既然系统的结构决定着系统的功能,这就要求我们在考察系统时必须注意考察系统的结构,并追求建立优化结构,使系统发挥出最佳的功能;同时,我们还可以根据系统的内部结构来推测和预见它的功能,也可以根据所需要的系统功能来调整系统的结构。这种结构功能方法在现代科学认知中具有极其重要的作用。

为了进一步引导学生理解结构与性质之间的辩证关系,强化"结构决定性质,性质是结构的外部表现"的化学观念,高中化学课程设置了"物质结构与性质"模块。该模块引导学生揭示物质构成的奥秘,形成最基本、最核心的微粒观,初步建立与现代科学相适应的微观研究思想,为科学素养的发展打下良好的理论基础。通过对微观结构的研究来解释宏观化学性质是"物质结构与性质"课程模块的重要任务,其德育发展点主要集中在"内因是依据,外因是条件,外因通过内因起作用""透过现象看本质"以及"以假说与实验验证相结合的方式形成科学认识、判断的思路与方法"等观点上。

人类对物质及其结构的认识是逐渐深化的。从道尔顿的原子论、汤姆逊的"葡萄干布丁"原子结构模型、卢瑟福的核式原子结构模型、玻尔的核外电子分层排布的原子结构模型到现今的量子力学原子结构模型,仅对物质的组成微粒的认识和研究就跨越了几个世纪。这一过程,饱含着科学家们锲而不舍、勇往直前的进取精神和务实求真、严谨缜密的科学态度,充分体现了真理只是相对的、人的认识是在不断发展的规律,值得学生好好学习。我国科学家在结构研究中也做出了杰出贡献,如我国在世界上首次合成了牛胰岛素并测定了胰岛素的结构、徐光宪院士提出的核外电子排布的"$n+0.7l$"规则得到世界科学界的公认等。化学教学应借此弘扬爱国主义精神,引导学生树立民族自豪感。

"物质结构与性质"课程模块的教学拥有丰富的德育发展点,对发展学生的化学学科核心素养有着非常重要的作用。

2. 元素周期律的德育功能

元素周期律的发现可谓化学史上的重大发现。元素周期律揭示了元素之间的内在联系,反映了原子结构与元素性质之间的内在联系,在自然科学研究、社会实践等方面具有重要的指导意义。元素周期表是元素周期律的具体表现形式。

元素周期律的德育功能主要体现在以下几方面。

(1)事物是普遍联系的。

已知的 100 多种元素能够组成一张元素周期表,而且做到有规律的排布,说明这 100 多种元素彼此之间是相互联系的,由此也可推论到世界上的事物是普遍联系的。

（2）结构决定性质，性质反映结构。

元素性质的周期性变化是由元素原子结构的周期性变化决定的，这充分体现了"结构决定性质，性质反映结构"的化学观念。

（3）世界上的事物的发展变化是有一定规律的。

元素周期律反映的元素性质随着原子序数的递增而呈现周期性变化的规律，是量变质变规律的最好例证。

量变质变规律是唯物辩证法的三大规律之一，它揭示了事物由于内部矛盾所决定的由量变到质变再到新的量变的发展过程。

① 量变是指事物数量的增减、场所的变更，是一种渐进的、不显著的变化，并不改变事物的根本性质，体现了事物发展过程的连续性和稳定性。事物发展过程中的统一、平衡、相持和静止等都是事物处在量变过程中的表现。

② 质变是一事物变为他事物的根本性变化，是突破了"度"的变化，又称飞跃、突变或革命。判断事物是处于量变阶段还是质变阶段的根本依据是看事物的变化是否超出了"度"的界限。质变不仅可以完成量变，而且为新的量变开辟道路。

③ 量变和质变是由事物内部矛盾双方通过斗争发生地位变化而引起的。当矛盾双方的斗争没有引起对方主次地位的改变时，事物处于量变阶段。当矛盾双方通过斗争使对方的主次地位发生改变时，原有的对立统一体被破坏，事物便发生质变。总之，量变是质变的必要准备，质变是量变的必然结果。

④ 尽管区别量变和质变的标志是"度"，在"度"以内的变化属于量变，突破"度"的变化属于质变，但应注意的是，量变与质变没有绝对的界限，世界上没有纯粹的量变和纯粹的质变。

量变质变规律可以帮助人们更好地把握和调控事物的发展。

① 做事情注意分寸，坚持适度原则。

一定的范围或限度之内的量变能使事物保持固有的性质，所以当需要事物性质保持稳定时就必须把事物的变化控制在一定的范围或限度之内。

② 不失时机地实现事物的飞跃和发展。

质变是量变的必然结果，这一规律不以人的意志而转移。事物的发展最终是要通过质变来实现的，没有质变就不会有发展。因此，当量变已经达到一定程度时，为改变事物的固有性质，要不失时机地突破其范围或限度，促成事物质变。

③ 重视量的积累，做好促成事物质变的准备。

任何事物的发展都必须首先从量变开始,没有一定程度的量的积累,就不可能有事物性质的变化、实现事物的飞跃和发展。

（4）科学发现是科学态度、创新精神和辛勤劳动的结晶。

化学元素周期律的发现是 19 世纪自然科学的重大成就之一。它不仅对自然科学特别是化学科学的发展以及对辩证唯物主义自然观的确立和发展产生了巨大影响,而且对于弘扬科学精神也发挥了重要作用。这一规律发现的前前后后,包括法国化学家拉瓦锡、德国药物学家培顿科弗、法国化学家尚古多、英国化学家欧德林、英国化学家纽兰兹、俄国化学家门捷列夫、德国化学家迈尔等在内的科学家们表现出追求真理,坚持真理,不惧冷嘲热讽、舆论非难和权威打压的科学精神,给后人以极为深刻的启示。

（5）科学理论对科学研究、生产实践具有巨大的指导作用。

元素周期律揭示了元素之间的内在联系,反映了元素性质的递变规律及其与原子结构的关系,在哲学、自然科学、生产实践等方面具有重要的指导意义。

① 哲学方面:元素周期律从自然科学方面有力地论证了事物变化的量变质变规律;元素周期表把各种元素纳入一个系统内,反映了元素之间的内在联系,打破了"元素是孤立存在的"这种形而上学的观点。

② 自然科学方面:元素周期律为发展物质结构理论提供了客观依据,是化学、物理学、生物学、生命科学、地球科学等自然科学研究的重要工具。

③ 生产实践方面:启发人们在元素周期表中一定的区域内寻找有关元素和物质用于生产实践。例如,农药多数是含 Cl,P,S,N 或 As 等元素的化合物;半导体材料都是由元素周期表里金属元素与非金属元素接界处的元素,如 Ge,Si,Ga 或 Se 等组成的;过渡元素对许多化学反应有良好的催化性能,可以在过渡元素中寻找性能优良的催化剂;地球上化学元素的分布跟它们在元素周期表里的位置有着密切的联系从而为探矿提供了指导,等等。

④ 元素周期表是学习化学的一种重要工具。

我们可以利用元素的性质、元素在元素周期表中的位置和元素的原子结构三者之间的密切关系,指导学生的化学学习和研究。

3. 氧化还原理论的德育功能

氧化与还原是互相对立的矛盾双方,它们既互相对立又互为依存,没有氧化就没有还原,没有还原也就没有氧化,双方斗争的结果是共同形成了氧化还原反应这个矛盾统一体。对于氧化剂和还原剂来说,它们也为互相对立的双方,通过对电子的争夺引发了氧化还原反应。在原电池中,正极反应物和负极反应物也是互相对立的矛盾双方,在两极上分别发生还原反应和氧化反应,共同组成了电池反应。总体来说,氧化还原反应是氧化与还原通过电子的得与失的"斗争"所形成的"统一"。氧化还原理论是对立统一规律在化学科学中的生动体现,对于学生理解对立统一规律并用其分析、解决实际问题有着极大的帮助。

对立统一规律是唯物辩证法的三大规律(对立统一规律、量变质变规律、否定之否定规律)之一,矛盾分析法是认识世界和改造世界的根本方法。

对立面的斗争和统一是矛盾双方固有的属性。统一和斗争是存在于矛盾运动过程中的两种不可分割的基本关系。对立面的斗争性即矛盾的斗争性,是矛盾双方相互排斥、相互否定的属性。在相互斗争中,对立面相互依存、相互渗透;斗争的结果,可以使双方相互转化、相互过渡而实现对立面之间的内在统一。统一是以对立面的差别和对立为前提的,没有离开对立面之间斗争的统一;也就是说,对立面的相互斗争创造着双方相互依存的形式,又在所创造的形式内为破坏这种形式而创造条件。统一受着斗争的制约,统一又制约着斗争,具体的统一性规定着斗争的具体性质、具体形式和界限等。对立面的相互统一使矛盾统一体保持相对稳定的状态,也就使双方的斗争具有确定的内容和形式,并使斗争的成果得以巩固。

对立统一规律揭示了自然界、人类社会和人类思维等领域里任何事物都包含着内在的矛盾性,事物的内部矛盾推动着事物发展的规律。掌握了对立统一规律,就可以更深刻地认识自然界及人类社会的发展变化,形成科学的世界观。因此,利用氧化还原理论对学生进行德育教育是化学教学的一项重要任务。

4. 电离理论的德育功能

电离理论是围绕电离而展开的。碱和盐熔融时能导电是因为原本不能自由移动的离子在碱和盐熔融时发生电离变成了能够自由移动的离子;酸溶液能导电是因为极性分子在水分子的作用下发生电离而产生了能够自由移动的离子;电解则是电解质溶液(或熔融状态的电解质)里存在着的能够自由移动的离子,在电流的作用下定向移动并发生有关反应的结果——这其中都蕴含着内外因辩证关系原理。

在唯物辩证法中,内外因辩证关系原理强调矛盾是事物发展的动力,内因指事物的内部矛盾,外因指事物的外部矛盾,事物的发展是内外因共同发生作用的结果,二者同时存在、缺一不可。在事物发展的过程中,内因是事物发展的根据,它是第一位的,决定着事物发展的基本趋向;外因是事物发展的外部条件,它是第二位的,对事物的发展起着加速或延缓的作用,外因必须通过内因起作用。这正如毛泽东同志在《矛盾论》中指出的,"事物发展的根本原因,不是在事物的外部而是在事物的内部,在于事物内部的矛盾性。任何事物内部都有这种矛盾性,因此引起了事物的运动和发展。事物内部的这种矛盾性是事物发展的根本原因,一事物和他事物的互相联系和互相影响则是事物发展的第二位的原因"。

5. 化学反应规律的德育功能

化学反应规律的德育功能主要表现在以下几方面。

(1) 物质是不灭的,能量是守恒的。

在化学反应中,尽管发生了物质和能量的变化,但物质是不灭的,能量是守恒的。这不仅是化学变化所遵循的规律,也是自然界中的变化所遵循的普遍规律。

(2) 事物的发展遵循内外因辩证关系原理。

化学反应能否发生(向哪个方向进行)是由反应物本身的结构(内因)决定的,反应条件(外因)只能加速或延缓反应的进程而不能决定反应能否发生,反应条件的作用是通过反应物来实现的。化学反应有快有慢,是由反应物(内因)本身的性质决定的,反应条件(外因)可以通过对反应物的作用来提升或降低化学反应速率。这些都是内外因辩证关系的例证。

(3) 运动是绝对的,静止是相对的。

化学反应具有一定的限度,可逆反应在一定的条件下可以达到化学平衡状态。化学平衡(静止)是暂时的、相对的,此时正、逆反应(运动)仍在进行,因此当条件改变时化学平衡就会移动,并在新的条件下建立起新的平衡。除了化学平衡外,弱电解质的电离平衡、盐的水解平衡、难溶电解质的沉淀溶解平衡等也是如此。平衡是自然界里和人类社会中普遍存在的现象。

总之,化学基本理论是建立在辩证唯物主义哲学基础之上的。化学基本理论与辩证唯物主义哲学观点相辅相成、融为一体,化学基本理论是认识和理解辩证唯物主义哲学观点的平台。因此,利用化学基本理论引导学生掌握辩证唯物主义观点并用其认识自然界和人类社会的发展规律是化学教学的重要任务。

第三节　具体物质知识教学与德育

一、高中化学的具体物质知识

高中化学的具体物质知识包括(无机)元素化合物知识和有机化合物知识。(无机)元素化合物知识包括非金属元素(碳、氮、硫、氯、硅等)及其化合物知识和金属元素(钠、镁、铝、铁、铜等)及化合物知识等。有机化合物知识包括烃、烃的衍生物、糖、蛋白质、核酸及合成高分子知识等。

1. 《普通高中化学课程标准(2017 年版)》规定的常见的无机物及其应用的内容

(1)元素与物质。

认识元素可以组成不同种类的物质,根据物质的组成和性质可以对物质进行分类;认识同类物质具有相似的性质,一定条件下各类物质可以相互转化;认识元素在物质中可以具有不同价态,可通过氧化还原反应实现含有不同价态同种元素的物质之间的相互转化;认识胶体是一种常见的分散系。

(2)金属及其化合物。

结合真实情境中的应用实例或通过实验探究,了解钠、铁及其重要化合物的主要性质,了解它们在生产、生活中的应用。

(3)非金属及其化合物。

结合真实情境中的应用实例或通过实验探究,了解氯、氮、硫及其重要化合物的主要性质,认识这些物质在生产中的应用和对生态环境的影响。

(4)物质性质及物质转化的价值。

结合实例认识金属、非金属及其化合物的多样性,了解通过化学反应可以探索物质性质、实现物质转化,认识物质及其转化在自然资源综合利用和环境保护中的重要价值。

2. 《普通高中化学课程标准(2017 年版)》规定的常见有机化合物及其应用的内容

(1)典型有机化合物的性质。(必修)

认识乙烯、乙醇、乙酸的结构及其主要性质与应用。结合典型实例认识官能团与性质之间的关系,知道氧化、加成、取代、聚合等有机反应类型。知道有机化合物之间在一定条件下是可以相互转化的。

（2）有机化学研究的价值。（必修）

知道合成新物质是有机化学研究价值的重要体现。结合实例认识高分子、油脂、糖类、蛋白质等有机化合物在生产、生活中的重要应用。

（3）烃及其衍生物的性质与应用。（选择性必修）

① 烃的性质与应用。

认识烷烃、烯烃、炔烃和芳香烃的组成和结构特点。比较这些有机化合物的组成、结构和性质的差异。了解烃类在日常生活、有机合成和化工生产中的重要作用。

② 烃的衍生物的性质与应用。

认识卤代烃、醇、醛、羧酸、酯、酚的组成和结构特点、性质、转化关系及其在生产、生活中的重要应用，知道醚、酮、胺和酰胺的结构特点及其应用。

（4）生物大分子。（选择性必修）

认识糖类和蛋白质的组成和性质特点。了解淀粉和纤维素及其与葡萄糖的关系，了解葡萄糖的结构特点、主要性质与应用。知道糖类在食品加工和生物能源开发上的应用。认识氨基酸的组成、结构特点和主要化学性质，知道氨基酸和蛋白质之间的关系，了解氨基酸、蛋白质与人体健康的关系。了解脱氧核糖核酸、核糖核酸的结构特点和生物功能。认识人工合成多肽、蛋白质、核酸等的意义，体会化学科学在生命科学发展中所起的重要作用。

（5）合成高分子。（选择性必修）

认识塑料、合成橡胶、合成纤维的组成和结构特点。了解新型高分子材料的优异性能及其在高新技术领域中的应用。

（6）有机化合物的安全使用。（选择性必修）

结合生产、生活实际了解某些烃、烃的衍生物对环境和健康可能产生的影响，体会“绿色化学”思想在有机合成中的重要意义，关注有机化合物的安全使用。

3. 《普通高中化学课程标准（2017 年版）》对“化学与社会发展”的内容要求

（1）化学促进可持续发展。

认识到化学科学与技术对我国生产发展、生活富裕、生态良好的文明发展道路将发挥重要作用，树立建设美丽中国、为全球生态安全做出贡献的信念。

结合实例认识化学科学与技术合理使用的重要性。认识到化学科学与技术的不断创新和发展是解决人类社会发展中遇到的问题、实现可持续发展的有效途径。结合实例认识化学原理、化工技术对于节能环保、清洁生产、清洁能源等产业发展的重要性。建立“绿色化学”的观念，形成资源全面节约、能源循环利用的意识。

（2）化学科学在材料科学、人类健康等方面的重要作用。

知道金属材料、无机非金属材料、高分子材料等常见的材料类型，结合实例认识材料组成、性能及应用之间的联系。体会化学科学发展对于药物合成的重要意义，初步建立依据物质性质分析健康问题的意识。

（3）化学在自然资源和能源综合利用方面的重要价值。

结合合成氨、工业制硫酸、石油化工等实例了解化学在生产中的具体应用，认识化学工业在国民经济发展中的重要地位。以海水、金属矿物、煤、石油等的开发利用为例，了解依据物质性质及其变化综合利用资源和能源的方法。认识化学对于构建清洁低碳、安全高效的能源体系所能发挥的作用，体会化学对促进人与自然和谐相处的意义。

（4）化学在环境保护中的作用。

认识物质及其变化对环境的影响，依据物质的性质及其变化认识环境污染的成因、主要危害及其防治措施，以酸雨的防治和废水处理为例，体会化学对环境保护的作用。了解关于污染防治、环境治理的相关政策、法规，强化公众共同参与环境治理的责任。

（5）化学应用的安全与规则意识。

认识经济发展与环境保护等的关系。树立自觉遵守国家关于化学品应用、化工生产、环境保护、食品与药品安全等方面法律法规的意识。

具体物质知识是中学化学知识的骨架和基础，具体物质知识的教学承载着落实 STSE 教育的重要功能。

具体物质知识能够为学生学习化学概念、化学基本原理及化学实验提供认知平台，是学生发展化学学科核心素养的重要载体。

具体物质知识与人类生产和生活密切相关，体现出化学科学具体的实用性价值。这其中蕴含着丰富的德育因素，为化学教学提供了广阔的德育空间。

二、具体物质知识的德育功能

具体物质知识的德育功能主要表现在以下几方面。

1. 世界是物质的，物质及其运动是客观存在的

例如，对氧气、氢气、氯气、二氧化碳、铁及其合金、硫酸、烧碱、天然气、石油、聚乙烯塑料、蛋白质等的学习，可以使学生充分认识到世界是物质的，物质世界是一种客观存在；通过对碳元素在自然界中的循环、氮元素及其化合物的转化关系（图2-1）、"铁三角"关系（图2-2）、含有氯元素的物质之间的相互转化（图2-3）、烃及其衍生物之间的转化等的研究，可以使学生清楚地认识到物质是相互联系的、彼此之间是可以相互转化的、物质之间的转化是遵循一定规律的；对工业上利用氮气与氢气合成氨、84 消毒液的制取与应用、自然界溶洞的形成、青蒿素的提取与应用等的学习，可以使学生进一步认识到物质处于不断地运动之中,物质及其变化规律是可以被认识的。

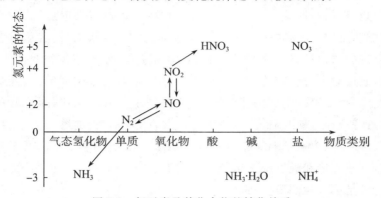

图 2-1　氮元素及其化合物的转化关系

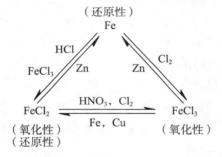

图 2-2　"铁三角"关系

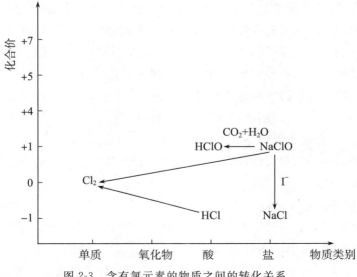

图 2-3　含有氯元素的物质之间的转化关系

2. 物质是第一性的，意识是第二性的

物质与意识的辩证关系包括两方面的内容：一是物质决定意识，二是意识对物质具有能动作用。"物质决定意识"即物质是意识的先决条件，物质对意识起主导作用；所有的意识都直接或间接来源于物质，物质制约着意识的变化和发展。

例如，通过对当时已知的 60 多种元素及其化合物性质的研究，门捷列夫才认识到元素之间存在着一定的相互联系，从而发现了元素周期律；阿伦尼乌斯等科学家通过对溶液导电性的研究，认识到有些物质（电解质）的溶液能够导电、有些物质（非电解质）的溶液不能导电，在此基础上提出了电离学说。离开了对具体物质的研究，这些理论和观点都不可能建立起来。这些事例充分说明了"物质是第一性的，意识是第二性的"这一重要的哲学观点。

3. 运用具体物质知识指导生产与生活实践

具体物质知识与生产和生活息息相关，最容易被应用到实践中对生产、生活进行指导。实际上，在化学教学中注意引导学生将所学习的具体物质知识运用到分析和解决来自生产、生活的实际问题中，不仅可以帮助学生加深对所学知识的理解，更重要的是能够强化学生的"理论来源于实践、理论指导实践"的科学观念，使他们形成"知行合一"的良好习惯。

在化学教学中，引导学生将具体物质知识应用到实践中的途径是很多的。例如，在"探秘 84 消毒液"的教学中，教师可以引导学生从为学校游泳池制订消毒方案的真实情境入手，课前调查学校游泳池的消毒剂的使用情况，课后优化学校游泳池消毒方案，运用所学的关于次氯酸钠的知识来解决真实的化学问题；在"探秘膨松剂"的教学中，提出总任务"如何蒸出一锅好吃的大馒头"后，教师可于课前引导学生到食堂调查，了解馒头的制作过程，到超市观看食品配料表上的成分，运用所学的关于碳酸氢钠的知识来解决实际问题；在"乙醇性质"的教学中，教师可以提供驾驶员酒后驾车的资料并布置课后作业，引导学生进行社会调查，进一步认识过度饮酒的危害，并运用所学知识撰写研究报告，等等。将具体物质知识应用于实践中，可以使学生真切体会到所学知识并不是假、大、空的，而是与社会生产和生活紧密联系并且对实践具有重要指导作用的，从而进一步增强学生的责任感和使命感。

4. 弘扬爱国主义精神

在具体物质知识的教学中，结合我国化学研究和化工生产的重要成就大力弘扬爱国主义精神，可以增强学生作为中国人的自豪感，使他们为祖国的飞速发展而骄傲；并立志好好学习，将来为祖国的现代化建设做出更大的贡献。

公元 800 年,唐朝茅华在世界上第一个发现了氧气,世界纪录协会确定的世界上最早发现氧气的人就是唐朝茅华,他比英国的普利斯特里(1774 年)和瑞典的舍勒(1773 年)发现氧气约早 1000 年;公元 700～800 年唐朝孙思邈在《丹经内伏硫黄法》中记载了黑火药的三组分(硝酸钾、硫黄和木炭),火药于 13 世纪传入阿拉伯,14 世纪才传入欧洲;公元前 600 年我国已掌握冶铁技术,比欧洲早了 1900 多年,而且公元前 200 年我国就炼出了球墨铸铁,领先英、美等国家 2000 年;我国是世界上最早发现漆料和制作漆器的国家,用漆、制漆约有 7000 年历史;我国化学家侯德榜学习成绩优异,在美国进行科研时接到范旭东的邀请函,便放弃优厚的待遇毅然回国,献身祖国的制碱事业,由其创设的"侯氏制碱法"享誉中外;屠呦呦成功地提取青蒿素,与同事们研制的治疗疟疾的药物拯救了成千上万人的生命,从而获得诺贝尔生理学或医学奖;我国科学家利用限域效应机理,在铂表面构建了具有配位不饱和的亚铁纳米结构催化剂,不仅成功实现了真实操作条件下质子交换膜燃料电池氢气中微量一氧化碳的完全脱除,而且发展出了"界面限域催化"的概念;在可持续发展理念的指导下,我国科学家对绿色溶剂——离子液体的基础物理化学性质进行了深入的研究,成功地利用天然、价廉、可再生的原料制备了多种离子液体,同时在二氧化碳的转化,分子氧和过氧化氢的绿色氧化,纤维素、木质素、糖类等生物质的转化等方面取得了很好的进展;"煤制乙二醇"等产业化示范装置的平稳顺利运行和成功试车投产,奠定了我国在世界煤基化工产业中的领先地位,对于实施以煤代油战略和保障国家能源安全具有重要意义……这些成就都是对学生进行爱国主义教育的生动内容。

5. 研究物质、创造新物质表现出科学家崇高的科学精神

从古代四大发明到现代社会的通信和航天技术的迅速发展,都依赖于化学强大的研究物质、创造新物质的能力,也离不开科学家崇高的科学精神。

例如,"探苯"之路十分艰难,对从法拉第发现苯、米希尔里制得苯、日拉尔得到苯的分子式、凯库勒确定苯的结构式的探究苯的结构的漫长历史道路的展现,可以使学生受到不畏艰难、锲而不舍的科学精神的熏陶,并且从其中体会到化学科学的社会价值。

6. 增强生态环境保护意识,建设美丽中国

生态环境保护、建设美丽中国是同心共筑中国梦的重要目标,是改善民生、顺应广大人民群众意愿的民生工程,也是我国的一项基本国策。我们周围的环境面临着各种各样的问题,比如大气、土壤和水等生态环境受到的污染日益严重。在关于具体物质知识的教学中,应注重利用对具体物质性质的探究增强学生的环境保护意识和可持续发展意识。

例如,在关于氯气的教学中,通过对氯气尾气的处理培养学生的绿色环保意识,同时将教学拓展到生产和生活中对其他有毒或有害物质的处理,培养学生对社会性问题的处理能力;在关于氮的循环的教学中,通过使用微型注射器来探究一氧化氮和二氧化氮的性质以尽量减少污染物的生成,通过视频展现氮氧化物引起的酸雨和光化学烟雾对人们生活的严重影响,对学生进行生态环境保护教育,等等。

教师只要对具体物质知识内容进行挖掘,就可以找到许多关于生态环境保护的德育发展点,从而增强学生"保护生态环境、建设美丽中国"的意识。

7. 对伪劣化学品说不,注重科学伦理道德

化学可以创造新物质为人类造福,但是如果使用不当也会对人类造成危害。在科学技术迅速发展的今天,不可避免地会有一些人利用"化学"这个工具去做一些违背社会公德、危害人类安全的事情。例如,甲醛和苯是重要的有机化工原料,但它们都有毒性,有些不法商家为了多赚钱,在装修工程中使用不合格的装修材料。这些材料里的甲醛和苯的含量严重超标,会对人体造成健康隐患。教学中,教师要用这样的事实告诫学生,坚决抵制伪劣化学品,做一个诚实守信的人。

"从生活走进化学,从化学走向社会"是化学新课程倡导的重要理念之一。具体物质知识与今天社会生活中的能源、环境、粮食、生命科学等热点问题有着密切的联系。教学中,教师应当遵照课程标准的要求,将具体物质知识的教学置于真实的情境中,引导学生学习真实的化学,增强探究物质性质和变化的兴趣,关注与化学有关的社会热点问题,认识环境保护和资源合理开发利用的重要性,建立"绿色化学"观念和增强可持续发展意识;深刻地理解化学、技术、社会和环境之间的相互关系,认识化学对社会发展的重大贡献,运用所学知识和方法综合分析化学过程对大自然可能带来的各种影响,权衡利弊,强化社会责任意识,积极参与有关化学问题的社会决策。

第四节　化学实验教学与德育

一、化学实验教学概述

化学科学是一门具有实用性和创造性的科学,它之所以在人类生存与发展过程中具有不可替代的作用,原因之一就在于它的创造性。利用化学科学,人们能够创造新物质,而创造新物质需要进行实验探究。正如美籍华裔实验物理学家、诺贝尔物理学奖获得者丁肇中所说,"所有的自然科学都是实验科学"。自然科学离不开科学实验。

化学实验是学习化学的重要手段,有利于激发学生学习化学的兴趣。在化学教学中,教师可以通过化学实验创设真实可信、生动活泼的教学情境,帮助学生掌握知识、技能和科学方法、启迪科学思维,培养科学态度与正确的价值观。所以说,化学学习离不开化学实验,化学实验是发展学生化学学科核心素养的重要工具。

早在 20 世纪初,美国教育心理学家杜威就提出教学法的要素和思维要素是相通的。这些要素是:第一,学生要有一个真实的经验情境,要有一个对活动本身感兴趣的连续的活动;第二,在这个情境内部产生一个真实的问题,作为思维的刺激物;第三,占有知识资料,从事必要的观察,解决这个问题;第四,必须有条不紊地找到解决问题的办法;第五,要有机会和条件,通过实践检验所提出的观念是否正确。我国著名的无机化学家、化学教育家戴安邦教授说:"化学实验教学是实施化学全面教育的一种最有效的形式。"《普通高中化学课程标准(2017 年版)》进一步强调化学实验教学的重要性,对实验教学提出了更明确的要求,要求在必修课程的学习中学生必做 9 个实验和在选择性必修课程的学习中学生必做 9 个实验,并且从化学学科核心素养"科学探究与创新意识"的实践层面激励学生勇于创新;围绕学生化学学科核心素养的发展对实验教学策略做出指导性建议,对关于实验探究主题的 6 类实验探究活动和相应的学科能力培养提出了具体要求。这充分映射出高中化学实验教学在学生化学学科核心素养发展中的重要作用。为此,教师要深入研究教学内容,结合实际情况认真地开展化学实验教学。

爱因斯坦曾说："用专业知识教育人是不够的。通过专业教育，他可以成为一种有用的机器，但不能成为一个和谐发展的人。"这段话告诉我们，在化学教学中不仅要注重智育，还要注重德育。实践证明，化学实验蕴含着丰富而生动的德育内容。化学实验教学不仅能够帮助学生掌握化学核心知识，训练学生的动手、观察、记忆、想象、思维等多种能力，引导学生掌握科学的思想方法，而且能够培养学生严谨求实、创新进取的科学精神，一丝不苟的科研态度，顾全大局、与人合作的整体意识以及爱护环境、勤俭节约的良好品德，使学生在思想道德素质、科学文化素质、心理素质、劳动素质、环保素质和审美情趣等方面得到生动活泼、积极主动的发展，使学生的化学学科核心素养得以提升。同时，实验是认识的源泉，是直观教学最有效的手段，只有通过实验探究才能检验所学的知识是否正确，由此可以增强学生"实践是检验真理的唯一标准"的思想观念。

因此，在化学实验教学中，教师要仔细分析教材，不仅要注重发挥化学实验的教学功能，引导学生通过实验探究活动学习化学，通过化学实验认识物质及其变化的本质和规律，了解化学概念、化学原理的形成和发展，而且要深入地挖掘化学实验中的德育发展点，把实验知识与技能和德育发展点有机地结合起来，收到"随风潜入夜，润物细无声"的良好的德育效果。

二、化学实验的德育功能

科学实验，是指根据一定目的，运用一定的物质手段如仪器、设备等，通过人工控制创造一定的条件或环境，观察、研究自然现象及其发展变化规律的社会实践形式，是获取经验事实、检验科学假说和理论真理性的重要途径。科学实验不仅包括实验研究对象及仪器、设备等，还包括知识基础、理论假说、数据分析、科学解释等科学验证与探究过程以及实验者之间的协商、交流等社会因素；其活动不只是物质性的，还是文化性的和社会性的。化学实验是科学实验中的一种，必定具有科学实验的一切特征。

在化学教学中，化学实验既是学生发展"科学探究与创新意识"与"证据推理与模型认知"化学学科核心素养的重要载体，也是学生发展"科学态度与社会责任""宏观辨识与微观探析""变化观念与平衡思想"化学学科核心素养的重要平台，对全面提升学生的化学学科核心素养有着极其重要的作用。

化学实验的德育功能主要表现在以下几方面。

1. 实践是检验真理的唯一标准

意大利天文学家、数学家、物理学家伽利略说："科学的真理不应该在古代圣人的蒙着灰尘的书上去找，而应该在实验中和以实验为基础的理论中去找。"

丹麦物理学家奥斯特说："我不喜欢那种没有实验的枯燥的讲课,因为归根到底所有的科学进展都是从实验开始的。"

化学实验和化学观察是化学发现与化学创新的起点。例如,1756 年俄国化学家罗蒙诺索夫在密闭的容器里煅烧锡,锡变成了白色的氧化锡,但他发现容器和容器里的物质的总质量在煅烧前后并没有发生变化,而且反复实验得到的都是同样的结果。于是,他认为在化学变化中物质的质量是守恒的。但是,这一发现在当时并没有引起科学界的注意,直到 1777 年法国的拉瓦锡做了同样的实验且得到同样的结论后,这一定律才获得公认。不过,要确切地证明或否定这一结论,还需要更为精确的实验结果,而拉瓦锡时代的工具和技术(小于 0.2% 的质量变化就觉察不出来)不能满足严格的要求。为此,不断有人改进实验技术来进一步证实这一定律。1908 年,德国化学家朗道耳特及 1912 年英国化学家曼莱做了精确度极高的实验,所用的容器和反应物质量为 1000 g 左右,反应前后质量之差小于 0.0001 g,即误差小于一千万分之一,在实验允许的范围之内。这样,科学家一致承认了质量守恒定律。

化学实验是证实或否定化学发现或化学创新的重要工具。例如,自古以来人们一直认为水是组成世间万物的重要元素。在我国就有金、木、水、火、土的"五行学说",古希腊则有水、土、气、火的"四元素说"。英国物理学家、化学家波义耳首先怀疑这种物质观,并于 1661 年提出"元素"的概念,认为物质是由元素组成的,元素是一种实物,不能用化学方法再分。但是,这种观点直到 100 多年后才被接受。1784 年英国科学家卡文迪什通过实验证明氢气和氧气可以化合成水;1800年尼克尔森实现了水的电解实验,使人们终于认识到水不是一种元素。1902—1907 年,德国化学家费舍尔对蛋白质的化学结构进行了深入的研究,提出了蛋白质的肽键理论,然后通过实验合成了 18 种氨基酸的肽链,从而验证了其蛋白质理论的正确性。

在化学教学中,我们经常用实验来验证物质的性质如硫化氢的还原性、纯碱水溶液的碱性等,证实物质之间的反应或转化关系如甲醛的银镜反应、葡萄糖与新制氢氧化铜悬浊液生成红色氧化亚铜的反应、含有氮元素的物质之间的转化关系等。

化学实验是搜集科学事实、获得感性材料的基本方法,同时也是检验有关假说、形成化学理论的实践基础。纵观化学科学的整个发展历史,任何一个化学理论的建立和发展都离不开化学实验的佐证。化学家们或是直接在对大量实验现象的发现、观察和探索之上,或者是在大胆设想或演绎的基础上,提出了关于有关理论的预言,但是不论这样的理论看起来是多么合理,在得到实验验证之前仍然不能成为科学的定论。因此我们说,化学理论正确与否必须接受化学实验的检验。化学实验的作用充分证实了"实践是检验真理的唯一标准"这一哲学观点。

2. 实践必须以科学的理论为基础,以科学的方法为指导

进行化学实验主要有两种目的:一是探索和发现新现象或新规律(探究性实验),二是检验已有知识或理论的正确性(验证性实验)。不论是探究性实验还是验证性实验,化学实验都是一个缜密的研究过程,这一研究过程一般包括以下环节。

(1)确定研究目的。

(2)提出假设:应事先提出自己的预测或明确需要检验的观点、理论等。

(3)设计方案:化学实验是在人为控制下对研究对象进行研究的一个过程,所以要精心设计实验方案。

(4)做好准备:选择实验环境,准备好实验物品。

(5)实施实验:实验过程中要根据研究目的来尽量控制实验中的各种因素,仔细观察实验现象并注意异常现象的发生;尽可能得到精确数据,认真做好实验记录。

(6)得出结论:实验结束后,要对实验中获得的数据做进一步的加工、整理,从中提取化学事实或总结某种规律。

例如在关于铁的多样性的教学中,为引导学生"探究铁及其化合物的氧化性或还原性",教师可设计实验方案证明铁、氯化亚铁、氯化铁的氧化性或还原性。提供的试剂有铁粉、稀硫酸、$FeCl_2$ 溶液、$FeCl_3$ 溶液、氯水、KSCN 溶液、锌片、铜片等。设计的可行性实验有:铁与稀硝酸(或氯水)、稀硫酸的反应,氯化亚铁溶液与稀硝酸(或氯水)、锌(或铁、铜)的反应以及氯化铁溶液与锌(或铁、铜)的反应。实验中要控制好用量,如硝酸与铁反应时试剂用量不同结果就不同。这其中涉及对氧化或还原、物质氧化性或还原性的判断,对铁元素的化合价等知识的理解以及对透过现象看本质、由特殊到一般的思想方法的运用。

由以上分析可以看出,设计化学实验方案和进行具体的化学实验,离不开理论的指导和对前人经验的借鉴,离不开科学思想方法的运用。实验者只有具备了必要的理论知识和实验技能并以科学的思想方法作指导,才能对实验中出现的现象进行敏锐的观察;当事物表现超出原来的理论框架时,才能够及时捕捉有关信息并发现其发生的原因。

总之,化学实验是一种实践活动,在化学实验过程中,学生可以认识到所有的实践必须以一定的理论做指导,运用一定的方法来进行,这样的实践才是科学、有效的实践。

3. 实施科学的实践要拥有科学精神和科学态度

化学教学中的化学实验是化学家们化学研究过程的浓缩和再现,也是学生重演化学研究历程的重要平台,更是学生形成科学精神、科学态度和科学习惯的重要途径。

通过化学实验形成的科学精神和科学态度主要包括以下几方面。

(1)求真务实、实事求是的精神和态度。

科学研究以求真务实为灵魂。开展化学实验必须具有求真务实的精神与实事求是的态度。无数化学家正是坚守这一品质,才使他们通过化学实验得出的新发现、探索的新理论能够造福人类。化学家们通过不断进行实验发现氧气的过程就充分说明了这一点。

(2)顽强拼搏、勇攀高峰的精神和态度。

马克思说:"在科学的道路上没有平坦的大道,只有不畏艰险沿着陡峭山路攀登的人,才有希望达到光辉的顶点。"化学实验研究过程像所有的科学研究过程一样,是一个揭示自然界奥秘、探索事物本质特征和发展规律的过程,只有具有敢为人先、百折不挠的创新精神和坚忍不拔、勇往直前的人生态度的人才能取得成功。居里夫人发现镭元素的过程就是很好的例证。

(3)认真细致、一丝不苟的精神和态度。

化学家们的实验研究之所以能够成功,与他们具有的认真细致、一丝不苟的精神和态度是分不开的。雷利本着这种精神和态度,最终发现了惰性气体(现称稀有气体)。

(4)团结协作的精神和集体主义观念。

化学实验探究的成功往往是很多科学家共同奋斗的结果,体现着集体主义精神。例如,青蒿素治疟药物的研制就是以屠呦呦为首的一大批科学家通过大量实验精心研究的结晶。屠呦呦在荣获诺贝尔奖时说,这不是她一个人的荣誉,而是为之奋斗的科学家同行们的共同荣誉。

(5)大公无私的奉献精神和做人态度。

居里夫妇和亨利·贝克勒尔共同获得了 1903 年的诺贝尔物理学奖,居里夫人也因此成为历史上第一个获得诺贝尔奖的女性。1911 年,在极其简陋的实验室里和极其艰难的实验条件下,居里夫人成功地分离出镭元素而获得诺贝尔化学奖。获得诺贝尔奖之后,她并没有为提炼纯净镭的方法申请专利来谋私利,而是将之公布于众,从而有效地推动了放射化学的发展。爱因斯坦曾评价说:"在我认识的所有著名人物里面,居里夫人是唯一不为盛名所颠倒的人。"1895年,瑞典化学家、工程师、发明家和炸药的发明者诺贝尔立遗嘱将其大部分遗产作为基金,以每年所得利息设立诺贝尔物理学奖、化学奖、生理学或医学奖、文学奖及和平奖5种奖金,授予世界各国在这些领域内对人类做出重大贡献的人。这表现出诺贝尔为推动世界科学事业发展而无私奉献的精神。

实验作为化学课程的重要组成部分,是学生进行科学探究最直接、最有效的方式,也是化学学科培养学生良好行为习惯的重要途径。实验前,学生需要通过预习了解实验目的、实验原理、实验步骤、实验仪器等,努力做到心中有数。实验过程中,学生需要遵守实验纪律,认真观察实验现象,实事求是地记录观察结果,与他人分工合作共同完成实验任务。实验结束后,学生需要清洗、整理实验仪器,分析和处理实验结果,对实验中出现的问题展开讨论和反思,完成实验报告。通过实验预习、实验准备、实验方案的设计、实验方案的实施、实验后的清洗与整理、实验总结与反思等学习活动,学生可以养成科学的研究习惯,形成良好思想品质。

(1)通过实验预习、实验准备以及实验方案的设计等学习活动,学生可以认识到"凡事预则立、不预则废",只有事先科学统筹活动任务中各种要素之间的关系,合理规划实验活动的步骤与方法,周密思考如何规避各种意外风险的发生,才能顺利达到实验目的。为此,教师要引导学生养成根据活动要素规划活动进程、关注活动细节、按预定计划完成活动任务的工作习惯。

(2)通过实验探究、小组合作学习等活动的有效开展,学生可以认识到遵守实验规则和学校纪律的重要性,增强纪律意识和安全意识,学会在学习、生活以及为人处世过程中如何自我约束、自我控制,养成遵规守纪、注重安全的行为习惯。

(3)通过在分组实验中的分工合作和对实验观察结果的交流分享,学生可以认识到科学研究既需要独立思考又离不开群策群力、集思广益,应正确看待学习中的竞争与合作,养成团结协作、互助共赢的科学研究习惯。

(4)通过对实验现象的观察和实验结果的收集、加工、处理,学生可以认识到事实和证据对于科学研究的重要性,养成实事求是、耐心细致、严谨务实的行为习惯。

4. 做一切事情都要注重"绿色"

在实验过程中,往往会产生一些污染环境的物质如二氧化氮、二氧化硫、氯气等,为此应设计实验方案以防止这类物质的逸出,保护周围环境。借此,教师应使学生认识到时时处处都要注重"绿色",保护人类共同的生活家园——地球。

第五节　校本课程、课外活动的组织与德育

　　《国家中长期教育改革和发展规划纲要(2010—2020 年)》明确提出高中阶段,要推动普通高中多样化发展,"促进办学体制多样化,扩大优质资源,推进培养模式多样化,满足不同潜质学生的发展需要。探索发现和培养创新人才的途径。鼓励普通高中办出特色"。

　　1999 年 6 月,中共中央、国务院发布《关于深化教育改革全面推进素质教育的决定》,提出"建立新的基础教育课程体系,试行国家课程、地方课程和校本课程"的要求,即实行三级课程三级管理。所谓国家课程,是国家教育行政部门规定的统一课程,体现着国家意志,专门为未来公民接受基础教育之后所要达到的共同素质而开发。它是一个国家基础教育课程计划框架的主体部分,涵盖的课程门类和所占课时比例与地方课程和校本课程相比是最多的,在决定一个国家基础教育质量方面起着举足轻重的作用。所谓地方课程,是在国家规定的各个教育阶段的课程计划内,由省一级教育行政部门或其授权的教育部门依据当地的政治、经济、文化、民族等发展需要而开发的课程,它在充分利用地方教育资源、反映基础教育的地域特点、增强课程的地方适应性方面有着重要价值。所谓校本课程,是以学校教师为主体,在具体实施国家课程和地方课程的前提下,通过对本校学生的需求进行科学评估,充分利用当地社区和学校的课程资源,根据学校的办学思想而开发的多样性的、可供学生选择的课程。国家课程、地方课程与校本课程彼此关联、内在整合,形成了课程的"共同体",分别为广大中小学生的发展和我国社会发展各自担负着不可替代的任务,但都服从和服务于我国基础教育的总体目标,都要体现国家的教育方针和各个阶段的教育培养目标。课程三级管理制度的推行,极大地活跃了各个学校的课程建设,为学生发展核心素养提供了更为适宜的课程环境。

　　为了扩大教育资源,更好地落实立德树人的教育任务,高中化学教学除了要抓好国家课程的教学外,还要积极开发、设置化学校本课程,开展形式多样的化学课外活动。

一、校本课程与课外活动

1. 校本课程

校本课程是国家课程的必要补充,具有开放性、多样性等特点,其目的是根据学校及所在地的社会、经济发展的实际情况,更好地满足学生的需求,培养学生的特长,促使他们成为全面发展的人才。根据校本课程的属性可以看出:

(1)校本课程是建立在国家课程框架之下的,是国家课程的补充;

(2)校本课程的开发与实施要有利于学生学习兴趣的培养、视野的开阔,有利于学生对知识与技能的理解和应用水平的提升;

(3)校本课程的开发与实施要以当地社会、经济发展情况,本校的传统和优势,学生的兴趣和需要为依据;

(4)校本课程的设置要多样化,要根据课程需要开发或选用适合本校校本课程的教材;

(5)校本课程的开发不仅仅是编写具体的教材,更重要的是通过"开发"过程,使学校得以发展、教师得以专业成长、学生的学习需求得以满足;

(6)对校本课程实施结果的评价不能简单地看学生的学业成绩,而应重视过程评价,重在考查学生的收获和进步的情况,进行全方位、整体的评价。

如此看来,学校完全可以发挥自身优势,深挖教育资源,组织各学科开发并实施学科校本课程,更灵活地、更有效地落实立德树人的教育任务。

2. 课外活动

课外活动可以分为校内活动和校外活动。校内活动是由学校领导、教师组织和指导的活动(也可到校外开展),校外活动是由校外教育机构组织和指导的活动。课外活动是课堂教学的必要补充,是培养全面发展人才不可或缺的途径,是丰富学生精神生活的重要平台。

课外活动在活动内容、组织形式、活动方式上不同于课堂教学,具有自身的特点。

(1)自主性。学生根据自己的兴趣、爱好、特长以及实际需要,自愿地组织、选择和参加活动。

(2)灵活性。课外活动的开展,可以根据学校的实际情况和学生的身心发展状况等来确定。活动没有固定模式,生动活泼。

(3)实践性。课外活动中的实践性活动较多,学生有更多的动手操作的机会,获得更多的实际知识,发展更多的能力。

开展课外活动具有以下意义。

(1)能够促进学生的全面发展,促进学生社会化。课外活动由于强调学生自主参与、自愿组合,因而能充分发展学生的个性。在活动过程中,学生的主体作用能够得到充分发挥,才能够得到施展,学生的独立性、责任心、参与意识等能够得到进一步发展。

(2)能够促使学生在全面发展的基础上培养和发展优良个性品质,在社会化过程中发展个性。没有个性化,所谓个性的社会化就失去了现实意义。课外活动能够在促进个体社会化的过程中最大限度地满足学生个体在个性化方面的需要。

(3)能够给学生的学习生活增添乐趣。一般来说,在课外活动中学生没有心理负担,有的只是探索的愉悦,他们可以通过多种渠道获取信息、拓展知识视野。另外,相对于课内学习,课外活动内容比较新颖,容易调动学生的积极性,使学生的身心得以愉悦。课外活动也能帮助学生学会利用闲暇,发展健康的兴趣爱好,充实精神生活。

(4)在发挥学生特长方面具有重要作用。在课外活动中,学生能找到发展自己特长的领域,通过手脑并用培养创造性和独立性;一部分学生可以脱颖而出,这也有利于学校培养、发现和选拔各种专门人才。

二、充分发挥化学校本课程和化学课外活动的德育功能

顾明远教授在《积极开展中小学校本德育研究》一文中指出:"学校的德育工作是一个整体,需要整个学校,包括每个教职工的共同参与,形成一个良好的德育氛围来影响学生的思想品德,而这种德育氛围每所学校都会有不同特色,为此,学校要挖掘本校的德育因素,建立校本德育体系。"

形式多样的校本课程与课外活动是提高学校德育水平的有效途径,其德育功能主要体现在以下几方面:激发学生的学习动机,引导学生树立正确的价值观;加深学生对当地社会各方面情况的了解,培养学生热爱祖国、热爱家乡的爱国主义情怀;引导学生理论联系实际、学以致用、知行合一,运用所学的知识和技能来发现、分析、解决实际问题,提高社会适应能力;培养学生的合作精神,进一步发展学生的核心素养,等等。

1. 开发与实施基于德育的化学校本课程

基于德育的化学校本课程主要指社会体验化学校本课程。所谓的社会体验化学校本课程,是以基于学生的经验、密切联系学生实际的生活实践、社会实践、科学实践主题为基本内容,以学生的直接体验、研究探索为学习的基本方式而开发与实施的化学校本课程,其目标是通过学习、实践、体验活动,引导学生了解书本以外的生活知识、社会知识、文化知识以及职业知识,提升价值判断能力和社会适应能力,

培养团队精神和增进合作意识,进一步发展化学学科核心素养,如"化学与社会"(通过化学的观点引导学生观察生活,从化学家的角度剖析社会生活中的各种问题,加深学生对化学科学推动社会发展的认识)、"化学与现代技术"(以空气、海洋资源、矿山资源等的化学利用为基本线索,将化学知识、现代化工知识、材料科学知识等用于实际问题的解决和课题研究中,引导学生以更加广阔的视野认识化学科学对技术进步和社会发展的促进作用,了解化学在自然资源开发利用、材料制造和工农业生产中的应用)、"化学与现代生活"(主要包括化学与食品安全、化学与药物、化学与日常用品以及化学与衣料等方面的知识,旨在通过了解生活中普遍存在的化学现象提高学生的科学素养,引导学生以化学科学的眼光和思维方式去认识世界、改造世界)、"生态化学与人类文明"(通过研究化学科学与生态环境和人类文明的关系,引导学生认识绿色化学对促进人类文明的积极作用)等。

在开发与实施化学校本课程时要注意以下问题。

(1)注重化学学科核心素养的培养。

化学新课程的总目标是培养学生的化学学科核心素养。"宏观辨识与微观探析""变化观念与平衡思想""证据推理与模型认知"要求学生形成化学学科的思想和方法;"科学探究与创新意识"从实践层面激励学生勇于创新;"科学态度与社会责任"进一步揭示了化学学习更高层次的价值追求。在化学校本课程的开发与实施中,应注意以上五个方面各有侧重、相辅相成,要采用灵活多样的形式和方法提升学生的化学学科核心素养。

(2)科学地选取课程内容。

生活中处处有化学,随着科技的发展,化学正在改变着人们的生活。因此,化学校本课程的开发与实施应从贴近学生生活的角度切入。

调查表明,学生对于与生活密切相关的知识更感兴趣且具有强烈的探究欲望,这就为化学校本课程的开发与实施提供了一个主体思路,即寻找与本地资源、学生日常生活密切联系的化学方面的素材,以它们为载体引导学生分析、解决有关的化学问题,提高他们自主发现问题和应用化学知识与技能来分析问题、解决问题的能力。

因此,化学校本课程在内容的选择上,不仅需要综合考虑化学校本课程内容与国家课程内容之间的关系,还需要选取与学生生活及社会发展密切相关的化学素材和化学问题,即课程内容的选择应该遵循以下基本原则:一要适应国家对化学教育的总体要求,二要选取与学生生活实际密切相关的内容,三要满足学生的兴趣与需求,四要体现课程内容与社会发展的一致性,另外还要思考怎样深度挖掘化学校本课程中蕴含的德育发展点以及如何在教学中予以呈现。

总体来看,化学校本课程内容可围绕人类生存环境、健康饮食、化学能源、家居环境、化学与生活等选题展开,做到全面布局、精心选择;通过若干个课题和若干个综合实践活动,创设一种贴近学生生活的生动情境,引导学生阐释生活中的化学现象,关注并解决生活中的化学问题,从而达到如下目标。

① 了解化学在资源利用、材料研发、工农业生产中的具体应用,认识化学与生活的密切关系,体验化学对提高生活质量和解决生活中的实际问题的价值和作用,激发学习化学的兴趣,增强应用化学知识的意识。

② 丰富知识,开阔视野,探讨生活中常见的化学现象,提升合理使用化学制品的科学意识,了解化学对环境保护的重要意义,认识化学科学对于推动社会发展的重要作用。

③ 培养良好的学习习惯和自主学习的能力,体会化学的科学价值、应用价值、人文价值,提高自身的文化素养,增强社会责任感,提升化学学科核心素养。

(3) 开发各种资源,重视学生差异。

化学校本课程的开发与实施需要科学、合理地利用校内外的课程资源,充分发挥学校、社区、家庭的作用,设计既有学校特色又能满足学生需求的化学教学活动;同时,应根据学生对校本课程的多样性要求,尽量为学生提供更多的选择机会,最终实现课程"自助餐"。

《普通高中化学课程标准(2017 年版)》指出:"普通高中化学课程是与义务教育化学或科学课程相衔接的基础教育课程,是落实立德树人根本任务、发展素质教育、弘扬科学精神、提升学生核心素养的重要载体;化学学科核心素养是学生必备的科学素养,是学生终身学习和发展的重要基础;化学课程对于科学文化的传承和高素质人才的培养具有不可替代的作用。""立足于学生适应现代生活和未来发展的需要,充分发挥化学课程的整体育人功能,构建全面发展学生化学学科核心素养的高中化学课程目标体系。通过有层次、多样化、可选择的化学课程,拓展学生的学习空间,在保证学生共同基础的前提下,引导不同的学生学习不同的化学,以适应学生未来发展的多样化需求。"

化学与人类的生存与发展有着密不可分的联系。化学科学在人类的生产与实践中诞生与发展;反过来,化学科学的发展又不断地提升着人类的生产水平,全面改善着人类的生活状况,有力地推动着人类社会的文明进步。现在,人们的衣、食、住、行以及能源、信息、材料、国防、环境保护、医药卫生、资源利用、自然科学研究等方面都离不开化学,化学已成为一门富有创造性和实用性的学科。由此可以看出,化学校本课程的选题范围是非常宽泛的。作为国家化学课程的一种重要补充和延伸,化学校本课程应在拓展高中化学教材中的相关知识,扩大学生的知识面,适当增加有意义的实验内容,提高学生的实验能力和探究能力,激发学生学习化学的兴趣等方面充分发挥作用。

总之,化学校本课程与国家化学课程的有机结合,有利于学生更好地学习国家化学课程,提高自主学习、探究学习、合作学习的能力,丰富课外活动和课余生活,发展化学学科核心素养。

2. 组织基于德育的化学课外活动

基于德育的化学课外活动主要是通过课外活动这一渠道,更灵活地对学生实施德育,其形式主要包括化学讲座、实验探讨、化学竞赛、调查研究、环保宣传、参观访问、化工实践等;可以以班级为单位开展,也可以以兴趣小组的形式进行,还可以组织家庭或社区活动。

基于德育的化学课外活动的主题仍然集中在化学学科德育的几个方面,但应是课堂教学的深化或拓展,甚至另辟蹊径设计一些学生有兴趣的主题,主要包括:

（1）基于爱国主义教育的化学课外活动；

（2）基于科学精神、科学态度和科学习惯教育的化学课外活动；

（3）基于辩证唯物主义世界观教育的化学课外活动；

（4）基于理论联系实际教育的化学课外活动；

（5）基于增强社会责任感、使命感教育的化学课外活动；

（6）基于增强合作意识教育的化学课外活动；

（7）基于解放思想、勇于创新教育的化学课外活动。

在化学课外活动中,教师要创造民主、自由的环境,充分发挥学生的主体作用,调动他们参与课外活动的主动性和积极性,最大限度地发挥化学课外活动的德育功能,促进立德树人教育任务的落实。

第三章 化学学科德育实施案例

　　教学案例是真实而又典型且含有研究问题的教学事件；是对教育教学活动中具有典型意义的，能够反映教学某些内在规律或某些教学思想、原理的具体的教学过程的描述、总结和分析。

　　教学案例是教学理念的载体，可以从不同角度折射出课程实施过程中的某一理念或有关理论的某一方面。

　　一般而言，教学案例具有如下特征。

　　1. 真实性。所描述的教育教学事件必须是真实的而非杜撰的，也不应是别人经历过的，因而这种真实性包括亲历性。

　　2. 典型性。所描述的教育教学事件是最能反映要讨论的教学问题本质的实例。

　　3. 过程性。案例展示的事件必须有具体的演变过程，其中还包括心理活动过程。

　　4. 问题性。教育教学事件必须含有有价值的问题情境，并能给阅读者带来启示。

　　5. 研究性。通过对教学案例的分析和研究，教师可以把握有关教学规律和改进教学方法，促进教学与研究的融合，解决教学过程中存在的问题，切实提高教学水平。

　　本章的教学案例着重探讨如何在化学教学中设计"德育发展点"，以充分发挥化学学科的德育功能。

必修化学

1. 研究物质性质的一般程序与氯气性质

山东省青岛第三十九中学　宋立栋

《普通高中化学课程标准(2017 年版)》要求学生"认识科学探究是进行科学解释和发现、创造和应用的科学实践活动。了解科学探究过程包括提出问题和假设、设计方案、实施实验、获取证据、分析解释或建构模型、形成结论及交流评价等核心要素。理解从问题和假设出发确定研究目的、依据研究目的设计方案、基于证据进行分析和推理等对于科学探究的重要性"。根据这一精神,为了使学生能够科学有序地认识和研究物质的性质并预测陌生物质的性质,教师应引导他们了解和掌握研究物质性质的一般程序。

《普通高中化学课程标准(2017 年版)》对含氯物质的要求做了明确的规定:"结合真实情境中的应用实例或通过实验探究,了解氯、氮、硫及其重要化合物的主要性质,认识这些物质在生产中的应用和对生态环境的影响。"课程标准还在"学习活动建议"中提出了"氯水的性质及成分探究"的活动建议,在"情境素材建议"中提出了"含氯消毒剂及其合理使用""氯气等泄露的处理"的教学建议。

本节课,重在通过研究氯气的性质来引导学生掌握研究物质性质的一般程序。在教学中教师要注意引导学生认识并体验科学探究的过程。为此,教师可以引导学生主动地运用有关知识参与社会性议题的讨论。在本节教学中,对含氯物质性质的研究为化学教学与德育的有机结合提供了很好的平台。例如,对氯水性质及成分的探究可以提升学生的探究意识和探究能力,对氯气尾气的处理能够培养学生的绿色化学意识。

一、教学与评价目标

【教学目标】

(1)初步运用观察、实验、分类、比较等科学方法研究氯气的性质,了解研究物质性质的一般程序,并体会其重要意义。

(2)了解氯气的主要物理性质(颜色、状态、溶解性等),了解氯气与金属、水、碱的化学反应并会书写反应的化学方程式。

（3）通过对氯气性质的学习，掌握研究物质性质的基本程序，能够独立自主地、系统地研究物质的性质，培养自主探究能力。

【评价目标】

（1）通过类比已有非金属单质的性质来推测氯气的性质，考查学生类比归纳的水平。（定性水平）

（2）通过情境创设，考查学生提取有用信息的能力。（社会价值视角）

（3）通过对氯气性质的探究，尤其是氯气与水反应产物的探究，考查学生独立、系统地研究物质性质的能力，同时考查学生应用研究物质性质的一般程序来解决实际问题的能力。（学科价值视角）

（4）通过对实验所产生的尾气的处理以及对有毒气体——氯气使用规范的探讨，考查学生对社会性议题的处理水平和处理能力。（学科和社会价值视角）

【化学学科核心素养】

（1）宏观辨识与微观探析：能够从氯气所发生的反应的宏观现象入手认识含氯物质在化学反应中的微观变化。

（2）证据推理与模型认知：通过对氯气性质的探究特别是对氯气与水反应后的溶液成分的探究，建立从宏观到微观的认识模型，总结归纳从现象到原理的研究物质性质的一般程序。

（3）科学态度与社会责任：通过对有毒气体——氯气的处理，培养关注生产、关注污染、关注绿色化学的科学态度与社会责任。

二、教学与评价思路

Ⅰ（课前） 新闻材料提取	Ⅱ（课中） 实验验证	Ⅲ（课中） 程序应用	Ⅳ（课后） 问题解决和展示
• 考查获取有效信息的能力	• 符号表征和模型认知，宏观辨析与微观探析	• 证据推理与实验探究，小组合作探究	• 证据推理，科学态度与社会责任
• 预测物质的化学性质	• 讨论、总结、归纳性质的程序	• 汇报、改进和实施实验方案	• 通过氯气尾气的处理实验，提高对绿色化学价值的认识水平
• 诊断获取、类比、整合有效信息的能力水平	• 提升实验水平及整合信息的能力	• 提升实验探究及创新的水平	• 发展绿色化学思维以及认识化学与生活的关系

三、教学过程

（师生具体对话略,仅体现关键环节及关键词）

【教学环节一】情境导入

据报道,2018 年 1 月 29 日,京沪高速公路淮安路段一辆高压液氯罐车和对面的来车相撞,大量氯气外泄。有目击者描述道:"一股黄绿色的气体就像探照灯光一样,射向空中,并伴有刺鼻的味道,眼睛也被熏得睁不开。"事发后,消防队员不断地用水枪喷射来处理事故,并将附近居民疏散到高坡上,但还是有20人中毒被送进医院救治,其中有2人因中毒而死亡。

讨论交流:从以上新闻报道中,你能获得关于氯气的哪些有效信息?

生 1:氯气呈黄绿色,有毒,有刺激性气味,密度比空气大。

师:这种黄绿色气体的化学性质如何呢? 我们这节课按照科学家研究物质性质的一般程序来探讨氯气的性质。

> **德 育 发 展 点**
>
> 根据《普通高中化学课程标准(2017 年版)》的建议,以"氯气泄漏的处理"的教学情境引入新课,通过对有毒气体外泄及处理过程的认识,培养学生提取有效信息的能力,学会关注和议论与化学相关的生活话题。(发展"科学态度与社会责任"的化学学科核心素养)

【教学环节二】认识研究物质性质的一般程序

角色扮演:如果你是科学家,要研究一种陌生物质的性质,你会怎么做?

生 2:我认为物理性质是最直观的,如颜色、气味等,这些都可以通过观察法来获得;化学性质则需要通过实验来获得。

师:非常好,拿到物质以后首先要观察物质的外部特征。下面请大家完成分组实验。

分组实验:① 取一只盛满氯气的集气瓶,观察氯气的颜色;用手轻轻地在瓶口扇动,使极少量的氯气飘进鼻孔,闻氯气的气味。

② 取一只盛满氯气的试管,将其倒扣在水槽中,用手轻轻摇动试管,观察现象。

讨论总结:氯气是一种黄绿色、有刺激性气味的有毒气体,可溶于水。

(教师板书:氯气的物理性质:黄绿色、有刺激性气味、有毒、密度大于空气的气体;可溶于水,形成氯水;容易液化形成液氯)

师追问:氯气具有什么样的化学性质呢?

生3：氯气属于非金属单质，应该跟氧气或氢气的性质类似吧。

师引导：请以小组为单位，对照氧气来预测氯气可能具有的化学性质，并思考如何利用实验方法来验证。

小组讨论：氯气可以与金属发生反应，也可以与氢气发生反应。

实验视频：氯气与金属钠、金属铁及金属铜的反应。

学生书写反应的化学方程式。教师强调氯气可以与绝大多数的金属反应。学生最终得出氯气与金属反应生成的都是最高价金属氯化物的结论。

归纳总结：从以上反应我们可以看出，氯气的化学性质非常活泼，它可以与除了 Pt，Au 之外的金属反应，而且生成最高价金属氯化物。

实验视频：氯气与氢气的反应。

思维进阶：根据氯气与氢气的反应，同学们认为对燃烧应如何重新定义呢？

定义重置：燃烧不一定有氧气参加，物质不是只在氧气中才能燃烧；所有发光发热的剧烈的化学反应都叫作燃烧。

归纳总结：研究物质性质的一般程序如下。

第一，观察物质的外部特征（包括物质的状态、颜色、气味等）。

第二，对物质的性质进行预测。

第三，设计并实施实验来验证所做的预测；归纳物质具有的与预测一致的性质，并对实验中所出现的特殊现象进行进一步的研究。

第四，对实验现象进行分析、综合、推论，概括出物质的一般性质及特性。

> 德 育 发 展 点
>
> 　　通过类比，引导学生完成对物质性质的预测及实验验证，掌握研究物质性质的一般程序，提高按一定流程认识事物的能力。（发展"证据推理与模型认知"的化学学科核心素养）

【教学环节三】研究物质性质的一般程序的应用

师：接下来我们就利用这个程序来解决实际问题（见表 3-1）。

设疑：氯气能溶于水，那么氯气与水能否反应呢？如果能反应的话，从元素守恒的角度分析反应产物可能是什么。

提出假设：氯气与水能反应，从元素守恒的角度分析，应有氯化氢和氧气生成。

小组讨论实验方案：一是检验溶液的酸碱性，可以利用紫色石蕊试纸来检验；二是检验溶液中的 Cl^-，可以用硝酸酸化的 $AgNO_3$ 溶液来检验；三是检验氧气，可以用带火星的木条放在新制氯水的试剂瓶上方，观察带火星的木条是否复燃。

实验验证：①用紫色石蕊试纸检验，试纸先变红后褪色；②加入硝酸酸化的 $AgNO_3$ 溶液，产生白色沉淀；③用带火星的木条检验，没有观察到木条复燃现象。

实验结论：氯水中含有 H^+，Cl^-，但是反应没有产生氧气，氯水中应该还有一种物质能够使石蕊褪色。

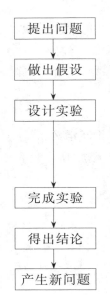

氯气与水能发生反应吗？

如果能反应，可能的产物：$HCl+O_2$，$HCl+$？……

表 3-1　氯气与水的反应实验

实验目的	验证氯气与水是否反应	
	方案1：检验溶液的酸碱性	方案2：检验 Cl^-
实验用品	蓝色石蕊试纸、氯水	$AgNO_3$ 溶液、小试管、氯水
实验过程	用玻璃棒蘸取少量氯水滴到紫色石蕊试纸上，观察现象	用胶头滴管吸取少量 $AgNO_3$ 溶液于试管中，再用胶头滴管吸取少量氯水滴加到 $AgNO_3$ 溶液中
现象	石蕊试纸先变红后褪色	出现白色沉淀
结论	溶液显酸性、漂白性	溶液中存在 Cl^-

Cl_2 能与 H_2O 反应，产物中有 H^+，Cl^-，……

氯水中具有漂白性的物质是什么？

德育发展点

培养学生按照一定的程序分析、解决问题的能力，通过提出假设、实验验证，加深学生对"实践是检验真理的唯一标准"观点的理解。（思想方法范畴）

【教学环节四】知识进阶

提出问题：氯水中能使红色石蕊试纸褪色的具有漂白性的物质是什么？

做出假设：可能是未溶解的氯气，可能是氯气与水反应生成的新物质。

设计实验：用干燥的氯气对红色的石蕊试纸做实验，没有褪色现象发生。

得出结论：生成的新物质具有漂白性，这种物质为 $HClO$。

师：通过探究，我们得知新制氯水的成分可能有哪些？

生：有 HCl，$HClO$，H_2O。

师追问：氯水呈现淡黄绿色是怎么回事？想一想，氯水的淡黄绿色是哪种物质的颜色？

生：这说明氯水中还有少量的氯气。

归纳总结:新制氯水的成分为 HCl,HClO,H₂O,Cl₂。

具有漂白性的物质是什么?

可能是氯水中溶解的氯气,也可能是氯气与水反应生成的新物质(见表 3-2)。

提出问题

做出假设

设计实验

完成实验

得出结论

产生新问题

表 3-2 检验氯水中具有漂白性的成分

内容	检验氯水中具有漂白性的成分
过程	将干燥的氯气依次通过盛有干燥蓝布条的集气瓶 A 和盛有湿润蓝布条的集气瓶 B 中,并用 NaOH 溶液吸收尾气
现象	A 中干燥蓝布条无明显变化,B 中布条褪色
结论	氯气本身没有漂白性

具有漂白性的物质是氯气与水反应生成的新物质,新的物质是什么?

德 育 发 展 点

引导学生按照研究物质性质的一般程序,对在实验过程中发现的问题做进一步探究,培养发现问题并创造性地分析、解决问题的能力。(发展"科学探究与创新意识"的化学学科核心素养)

拓展:HClO 是一种不稳定的酸,在光照条件下容易分解,因此,久置的氯水的成分为盐酸和水。

设问:HClO 可以用来杀菌消毒,但它不稳定,因此,通常将它制成次氯酸盐。那么,大家预测一下 Cl₂ 与 NaOH 溶液的反应产物是什么。

拓展:氯气是有刺激性气味的有毒气体,同学们在做与氯气有关的实验时需要注意处理实验产生的尾气,处理的方法是什么呢?

生 4:用 NaOH 溶液吸收。

师:如果在生活中或生产中遇到有毒、有害气体,你能否想方法来处理?

德 育 发 展 点

引导学生关注尾气处理,培养绿色化学观念,提升环境保护意识。(发展"科学态度与社会责任"的化学学科核心素养)

课堂总结:氯气的化学性质、氯气与水的反应、次氯酸的相关性质。

四、教学反思

（一）知识层面

本教学设计从认识完全陌生的氯气的性质入手，引导学生先预测氯气的性质，再采用实验探究的模式探究氯气的性质。本节教学，以教师为主导、学生为主体，引导学生利用各种教学活动，激发学习化学的兴趣，培养实验能力、观察思考能力及归纳总结的能力；同时，在实验过程中引导学生发现新问题，按照预测假设、实验验证、现象观察及得出结论的一般流程，一步步地研究物质的性质。

（二）德育层面

本节教学引导学生以科学家的思维方式进行思考，通过对氯气性质尤其是氯水性质及其氯水成分的探究，发现问题并解决问题，在实验中发现新问题后再设计方案进行实验，培养探究意识和探究能力；引导学生通过对氯气尾气的处理，培养绿色化学意识，同时将对氯气尾气的处理拓展到对生活中有毒或有害物质的处理上，培养对社会性议题的处理能力，发展"证据推理与模型认知""科学探究与创新意识""科学态度与社会责任"等化学学科核心素养。

2. 物质的分离与提纯

山东省青岛第一中学　慕晓腾

基于教材中关于物质的分离、提纯的内容较少，在高一上学期我设计了以几种常见物质的分离、提纯为主要内容的课堂教学，引导学生对物质的分离、提纯做进一步的了解。

学生在初中阶段已经接触过一些关于物质分离的实验，对粗盐提纯的实验尤为熟悉，以此为基础，再结合物质转化的知识来研究物质分离，会达到知识迁移和能力提升的效果。学生通过对本节内容的学习，既可对初中化学的学习进行巩固和提升，也可为高中化学的学习打好基础。

一、教学与评价目标

【课程标准的学业要求】

围绕物质的制备、分离与提纯以及检测等方面选取实验活动，引导学生了解完成这种类型实验任务的一般思路和常用方法，掌握必需的实验操作技能。

具体内容：

（1）掌握溶解、过滤、结晶等实验操作；

（2）能根据混合物的性质选择不同的分离方法对物质进行分离；

（3）能通过对物质性质的研究设计实验方案；

（4）体验科学探究的过程，通过以实验为基础的探究过程提高科学素养；在合作交流中体验小组合作学习的乐趣、增强团队意识。

【重点与难点】

过滤、蒸发、结晶等常用的物质分离和提纯方法及其应用。

【设计思路】

本节教学主要是引导学生体验分离、提纯实验过程，掌握一些物质分离、提纯的基本方法及操作。本节教学采取启发式教学，通过情境设计引导学生回忆已有知识，对有关问题进行分析，掌握物质分离的常用方法，并通过综合实验达到提高知识迁移应用能力的目的。这样，既能提高学生学习的积极性，也能全方位地提高学生的能力，包括实验操作能力和理论知识运用能力。其中，关于分离、提纯实验在生产、生活中应用的视频资料，能够激励学生学习科学家的探索精神，从而渗透科学精神的教育。

【化学学科核心素养发展】

本节教学从具体教学目标、教学内容和学生的学习需要出发，将信息技术与手写板书等手段结合起来，以自制视频引课，将其中涉及的分离、提纯的具体操作如过滤、结晶等逐一展示出来，让学生以实验为主线，逐个击破知识点；通过生生互动、师生互动等方式，既倡导相互交流，又强调自主探究，有效地培养学生独立思考、协同合作的能力。

【课前阅读材料】

1. 结晶是一种历史悠久的分离技术，是化工、制药、轻工等工业生产常用的精制技术，可从均质液相中获得一定形状和大小的晶状固体。在氨基酸、有机酸和抗生素等生物制品制造行业，结晶已经成为重要的分离纯化手段。结晶是从液相或气相中生成一定形状、分子（原子、离子）有规则排列的晶体的过程。工业结晶操作主要以液体原料为对象，结晶是新相生成的过程。作为一种化工单元操作过程，结晶过程没有其他物质的引入，操作的选择性高，可制取高纯或超纯产品。近年来，人们对晶体产品的要求不断提高，不仅要求纯度高、产率高，还对晶体的主体颗粒、粒度分布、硬度等都加以规定。因此，人们寻求各种外界条件来促进并控制晶核的形成和晶体的生长，以期得到理想的产品。溶液结晶技术是一种重要的化工单元操作，是跨学科的分离与生产技术。近20年来,该技术在国内外都取得了一定的进展。结晶技术作为跨世纪发展的化工技术,将成为21世纪高新技术发展的基础手段之一。

结晶技术近年来发展迅速,主要有反应结晶、真空结晶、无溶剂结晶、高压结晶、膜结晶、萃取结晶、蒸馏-结晶耦合、超临界流体(SCF)结晶、升华结晶等技术等。未来结晶理论及技术的研究方向主要集中在以下几个方面:① 近代超分子化学与凝聚态物理是计算分子结晶学进一步发展的基础;② 应用现代化测试技术进一步揭示了工业结晶与粒子过程的机理,加速了模型由艺术向科学的转化;③ 新型结晶技术的不断发展,耦合型结晶技术将是主要发展方向之一;④ 计算流体力学进入工业结晶过程的设计与优化;⑤ 功能结晶分子与超分子设计的研究。当然,开发溶液结晶新技术、新设备,研究计算机辅助控制的最优化程序,实现结晶粒度分布的最佳设计,也是未来的发展方向。

对于溶液结晶过程,可以根据不同的方式进行分类。一般根据过饱和度的产生方式对结晶进行分类,如冷却结晶、蒸发结晶、超声波结晶和高压结晶等,其他还有溶析结晶、冷冻结晶和萃取结晶等。根据结晶的操作方式,结晶可分为分批结晶和连续结晶等。

重结晶是将晶体溶于溶剂或熔融以后,又重新将其从溶液或熔体中结晶的过程,又称再结晶。重结晶可以使不纯净的物质获得纯化,或使混合在一起的盐类彼此分离。

2. 青蒿素是从复合花序植物黄花蒿茎叶中提取的、有过氧基团的倍半萜内酯的一种无色、针状晶体,其分子式为$Cl_5H_{22}O_5$,由我国药学家屠呦呦在1971年成功提取。青蒿素是继乙氨嘧啶、氯喹、伯氨喹之后最有效的抗疟特效药,尤其是对于脑型疟疾和抗氯喹疟疾具有速效和低毒的特点,曾被世界卫生组织称作"世界上唯一有效的疟疾治疗药物"。

商用的青蒿素主要来自植物提取物,理论上植物中青蒿素达到一定含量时才有提取的价值。天然植物中青蒿素的含量通常要受地理环境、采集时间、采集部位、气温和施肥等因素的影响。中国北方产的黄花蒿中青蒿素含量极低。20世纪六七十年代就有单位进行过中药青蒿素的分离研究,但未有所获,后来推测可能和产地分布有关。即使在能够提取青蒿素的地区,不同产地的青蒿素的含量差异也很显著,最高可达干重的1‰～2‰。而在青蒿植物的上部和枝条上部的叶片中,青蒿素的含量最高,嫩叶比老叶的含量高。不同的干燥方法也有一定的影响,自然晒干的效果比阴干的效果好,样品含量高。

从青蒿中提取青蒿素的方法以萃取原理为基础,主要有乙醚浸提法和汽油浸提法。挥发性成分主要采用水蒸气蒸馏提取,通过减压蒸馏进行分离,基本工艺为:投料—加水—蒸馏—冷却—油水分离—精油;非挥发性成分主要采用有机溶剂提取,通过柱层析及重结晶进行分离,基本工艺为:干燥—破碎—浸泡、萃取(反复进行)—浓缩提取液—粗品—精制。

以丙酮-硅胶柱层析法为例,将植物青蒿的叶子和花蕾用丙酮浸泡两次,每次1 h,合并滤出液,常压回收丙酮,然后加入乙醇于丙酮中进行脱蜡。在50 ℃以下搅拌混匀,使其基本溶解后,在10 ℃以下放置12 h,然后用纱布过滤。将所得乙醇滤液进行层析分离,可得青蒿素。低沸点汽油-球形扩孔硅胶过滤层析法,则采用低沸点汽油为溶剂,反复热回流浸提青蒿干碎叶,热回流时间至少10 h,反复至少4次,然后将提取液通过装有球形扩孔硅胶的超短粗柱,进行选择性过滤,再采用异丙醇或醋酸乙酯同低沸点汽油的混合液为洗脱液通过柱体进行洗脱,然后浓缩流出液,即得青蒿素粗品。

另外,也可采取超临界法提取,比如在提取压力8～32 MPa、提取温度30～70 ℃、解析压力4～8 MPa、解析温度30～70 ℃下通过循环分离法制取青蒿素。该法的提取时间为0.5～5 h,提取率可达92％。

青蒿素的提取方法虽然多,但弊端也不少。汽油浸提法工艺流程短,操作方便。但此法不但消耗大量汽油,存在安全性问题,而且母液处理困难,需减压回收,回收率低。乙醇浸提法溶剂回收温度较难控制,有效成分易被破坏,收益低。丙酮-硅胶柱层析法用硅胶做吸附剂,不但是一次性使用,用量大,成本高,装柱困难,而且分离时间长,分离效果差,溶剂用量大。超临界法虽然速度快,效率高,但投资也高。

利用植物组织培养来生产青蒿素是青蒿素研究的另一热点,可能成为大规模生产青蒿素的重要手段。自20世纪80年代以来,植物组织培养生产青蒿素的研究工作进展较快,前景诱人。

二、教学过程

【创设情境,导入新课】

引入:大家都学过刘禹锡的《浪淘沙》,还记得里面有一句是"千淘万漉虽辛苦,吹尽狂沙始到金"吗? 这句"吹尽狂沙始到金"是什么意思,其中又蕴含着怎样的化学原理? 淘金要千遍万遍地过滤,虽然辛苦,但只有淘尽了泥沙,才会露出闪亮的黄金。

(多媒体展示:淘金者淘金的图片)

师:在生活、生产中,人们经常需要利用有关方法对物质进行分离和提纯,今天我们就以一水硫酸四氨合铜(Ⅱ)的制备来了解物质的分离和提纯的方法及具体操作。

（任务卡片）

一水硫酸四氨合铜（Ⅱ）是一种重要的染料及农药中间体，化学式为 $[Cu(NH_3)_4]SO_4 \cdot H_2O$。某学习小组在实验室以氧化铜为主要原料合成该物质，设计的合成路线为：

$$\boxed{CuO} \xrightarrow{H_2SO_4} \boxed{溶液 A} \xrightarrow{NH_3 \cdot H_2O} \boxed{悬浊液 B} \xrightarrow{NH_3 \cdot H_2O} \boxed{溶液 C} \rightarrow \begin{matrix} 方案1 \\ 方案2 \end{matrix} \rightarrow \boxed{\begin{matrix} 产物 \\ 晶体 \end{matrix}}$$

相关信息如下。

电离（解离）过程：

$$[Cu(NH_3)_4]SO_4 \cdot H_2O == [Cu(NH_3)_4]^{2+} + SO_4^{2-} + H_2O$$

方案 1 的实验步骤为：

a. 加热蒸发　　b. 冷却结晶　　c. 抽滤　　d. 洗涤　　e. 干燥

已知：

$(NH_4)_2SO_4$ 在水中可溶，在乙醇中难溶。$[Cu(NH_3)_4]SO_4 \cdot H_2O$ 在乙醇−水混合溶剂中的溶解度随乙醇体积分数的变化曲线，见图 3-1。

方案 2 的实验原理，填写步骤为：

a. 向溶液 C 中加入适量＿＿＿＿，b. ＿＿＿＿，c. 洗涤，d. 干燥。

（1）请在上面横线上填写合适的试剂或操作名称。

（2）下列选项中，最适合作为步骤 c 的洗涤液是（　　　）。

A. 乙醇　　B. 蒸馏水　　C. 乙醇和水的混合液　　D. 饱和硫酸钠溶液

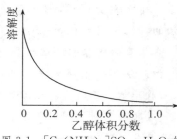

图 3-1　$[Cu(NH_3)_4]SO_4 \cdot H_2O$ 在乙醇-水混合溶剂中的溶解度曲线

（德育发展点）

引导学生以化学家研究物质的一般思路来进入物质研究的学习，了解物质研究的一般步骤，即首先是从物质的分离和提纯开始的，这样便帮学生建立起一种科学探究的思维方式，也为物质的检验、溶液的配制等实验操作打下基础。化学实验是高中化学学习的重要内容，教师应引导学生系统地学习实验方法，认识化学实验的重要性。

任务1　用方案1从溶液C中分离产物晶体

一、结晶

（1）常见的结晶方法：冷却结晶，蒸发结晶（图3-2）。

① 冷却结晶：通过蒸发使溶液达到饱和，然后降低温度，从而降低溶质的溶解度，使晶体析出。

② 蒸发结晶：蒸发溶剂至出现大量晶体，停止加热，用余热蒸干。

图3-2　蒸发结晶法装置图

（2）主要仪器：蒸发皿，酒精灯，玻璃棒，铁架台（铁圈），烧杯。

（3）应注意以下几个问题。

① 在加热蒸发过程中，应用＿＿＿＿＿不断搅拌，防止由于＿＿＿＿＿造成液滴飞溅。

② 加热到蒸发皿中剩余＿＿＿＿＿时（出现较多晶体）时应停止加热，用余热蒸干。

③ 热的蒸发皿应用＿＿＿＿＿取下，不能直接放在＿＿＿＿＿上，以免烫坏实验台或遇上＿＿＿＿＿引起蒸发皿破裂；如果确要立即放在实验台上，则要垫在＿＿＿＿＿上。

师：为什么在本任务中使用冷却结晶而非蒸发结晶？试总结在什么情况下应使用冷却结晶。

二、过滤

1. 常压过滤（图3-3）

（1）主要仪器：漏斗，滤纸，烧杯，玻璃棒，铁架台。

（2）装置图，见图3-4。

（3）在进行过滤操作时要注意"一贴""二低""三靠"。

图3-3　过滤操作示意图

图3-4　常压过滤实验

2. 减压过滤（图 3-5）

（1）主要仪器：_____，_____，滤纸，洗瓶，玻璃棒，循环真空泵。

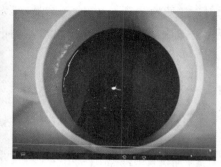

图 3-5　减压过滤实验

（2）需注意以下几个问题。

① 布氏漏斗的颈口斜面应与吸滤瓶的_____相对，以便于吸滤。

② 要防止安全瓶发生_____，否则会污染吸滤瓶内的溶液。

吸滤完毕，应注意先断开连接_____的橡皮管，然后关闭_____，以防倒吸。

德 育 发 展 点

　　引导学生以实验为主线，逐个击破知识点。通过生生互动、师生互动等方式，引导学生通过交流分享，增强探究的目的性，有效地培养独立思考、协同合作的能力。

任务 2　测定任务 1 中获得的产物纯度

一、洗涤

如何洗涤晶体？（图 3-6）

二、晶体的干燥

如何对晶体进行干燥？如何确定晶体已经完全干燥？

图 3-6　晶体样品

引导学生先思考该如何对晶体进行干燥,继而深度探究如何判断晶体是否完全干燥,培养探究能力。

三、SO_4^{2-} 的检验

提示:SO_4^{2-} 的检验需要排除 SO_3^{2-},CO_3^{2-},Ag^+ 的干扰。

SO_4^{2-} 的检验方法:取少量溶液试样,先滴加几滴＿＿＿＿＿＿＿,再加几滴＿＿＿＿＿＿,若看到有沉淀产生,说明有 SO_4^{2-}。加盐酸的目的有两个:一是排除＿＿＿＿＿＿＿的干扰;二是排除＿＿＿＿＿＿＿的干扰。

注意培养学生的思维能力,引导学生增强实验设计的科学性、严谨性。

【知识回顾,实践应用】

小结:通过这节课的学习,我们知道了几种物质的分离方法,有利用物质溶解度的不同实现物质分离的过滤法、结晶法、萃取法,也有利用物质沸点的不同实现物质分离的蒸发法、蒸馏法;此外,还有根据物质被吸附性能的不同而实现分离的层析法。下面,我们一起对不同物质分离和提纯的方法进行总结和对比(见表3-3)。

(多媒体展示)

表 3-3　不同物质分离和提纯的方法

分离和提纯的方法	分离的物质	应注意的事项	所需的主要仪器	应用举例
过滤	固液混合物的分离	一贴、二低、三靠	漏斗、铁架台、滤纸、烧杯、玻璃棒等	粗盐提纯
蒸发	可溶性固体与水的混合物	加热蒸发皿时要用玻璃棒不断搅动溶液;当蒸发皿中出现较多的固体时即停止加热	三脚架、酒精灯、石棉网、蒸发皿、玻璃棒等	从食盐的水溶液中分离 $NaCl$
结晶	两种溶解度随温度变化明显不同的可溶性固体	在加热的条件下,把两种物质配成浓溶液,冷却时,有晶体析出,再过滤	酒精灯、烧杯、玻璃棒、铁架台(铁圈)、蒸发皿等	分离 KCl 和 KNO_3 混合物

随着分离技术的不断发展,新的分离方法不断涌现。在科学研究和化工生产

中,科研人员等经常需要运用不同的分离方法来实现物质的分离和提纯。

> **德 育 发 展 点**
>
> 培养学生实事求是、严谨细致的科学态度;引导学生更深刻地认识实验在化学科学中的地位和对化学学习的重要作用;引导学生掌握基本的化学实验方法和技能,进一步体验实验探究的基本过程,提高解决综合实验问题的能力。这样做,能有效地发展学生的化学学科核心素养。

三、教学反思

本节课,我充分利用了信息技术辅助教学。课前预习区中的一水硫酸四氨合铜(Ⅱ)实验因受时间、空间的限制无法在课堂教学中全程演示,我便采取了课前录像、编辑、放映的方式,使学生在几分钟内就看到了物质制取的全过程,化慢为快,使教学内容真实可信。同时,为了增加学生动手的机会,我引导部分学生课前进行实验,录制并编辑视频。这样做,有利于学生对实验操作方法的掌握。

本节课涉及的操作比较多。课后,我将课件、视频发布在学生交流群里,供学生利用课余时间查询和使用,给学生预习、复习提供了良好的课外学习环境,使学生能够及时复习巩固所学知识,发现问题后可以随时向老师请教。这样做,教师的教学活动得到延伸,有利于教学效率的提高。

本节教学,对于信息技术的使用有许多值得反思的地方。在教学中,信息技术可作为课堂重点内容教学的辅助手段,但是信息技术的使用应当用在突出重点、突破难点上,不能仅仅追求形式;另外,还要关注学生是否在课堂上真正掌握了所学内容,学生利用现代化教学设备进行后续学习能否收到预期效果等问题。

3. 探秘膨松剂——"碳酸氢钠性质"复习

山东省青岛第三十九中学　梁　蒙

一、教学分析

高一化学元素化合物知识内容零散,涉及的化学反应多,学生对于大部分实验现象停留在观看视频所产生的印象中,不能深刻地认识化学变化发生的原因,导致大部分刚入学的高一学生对化学学习不适应。学习元素化合物知识的目的在于建立元素化合物思维模型,重点理解元素化合物的性质,构建化学知识体系。钠是生活中常见的金属元素,也是新课程要求学习的金属元素的代表。

本课属于本校特色课——研学课,在学生具备一定的分析任务、分解任务、完成任务能力的基础上,引导学生构建钠及其化合物知识系统,提升获取、整合有效信息的能力以及知识运用能力。

二、教学目标

《普通高中化学课程标准(2017年版)》对金属元素及其化合物的学习提出如下要求。

内容标准:结合真实情境中的应用实例或通过实验探究,了解钠、铁及其重要化合物的主要性质,了解它们在生产、生活中的应用。

学业要求:能够根据物质性质分析实验室、生产、生活及环境中的某些常见问题,说明妥善保存、合理使用化学药品的常见方法。

《普通高中化学课程标准(2017年版)》虽然减少了金属元素及其化合物性质的学习内容,但是对所保留的金属元素及其化合物知识的学习提出了更高、更具体的要求。这就需要学生在真实情境中运用实验探究的方式学习物质的性质,达到了解物质在生产、生活中的具体应用,学会分析生活中常见的化学问题以及妥善保存、合理使用化学品的目的。这与格拉斯菲尔德提出的"让学习者体验到知识可以使人有效地面对任务和问题"的观点以及杜威实用主义教育理论的"做中学"的观点相吻合。

根据《普通高中化学课程标准(2017年版)》的要求,对本节课的素养发展目标制定如下。

宏观辨识与微观探析:从宏观的物质分类和微观的离子反应两个角度认识$NaHCO_3$物质的组成和性质,发展从宏观和微观相结合的视角分析、解决实际问题的核心素养。

证据推理与模型认知:通过对食堂馒头的制作流程和对超市中蓬松食品配料的调查,为预测膨松剂的成分提供依据,发展证据推理的核心素养。

科学态度与社会责任:能够根据所提供的药品设计实验方案,根据蓬松效果选出最优方案,提升科学态度的核心素养。了解膨松剂作为食品添加剂应按照国家标准进行使用,关注食品安全,发展社会责任的核心素养。

三、教学思路

本节教学根据项目式教学的一般流程,即"真情境、真任务、真实施、真评价、真迁移"，以及"问题解决线、知识解决线、认识发展线"三线合一的要求来设计教学思路。

以大馒头登上"上合青岛峰会"为真实背景，
提出总任务：如何蒸出一锅好吃的大馒头？

| 任务分解1：各小组派代表组成调查组到食堂调查，了解馒头制作过程。到超市调查食品配料表，分析成分。 | 任务分解2：各小组整合资料，初探膨松剂的成分和作用原理。 | 任务分解3：设计复合膨松剂的配料方案并进行实验，根据实际效果，选出最优方案。 |

| 调查小组将调查情况进行总结汇报，初步认识膨松剂并能够进行分类。 | 膨松剂的成分整合涉及物质分类的知识。膨松剂的作用原理涉及碳酸氢钠的化学性质。 | 膨松剂的作用原理，即碳酸氢钠分解或与酸反应放出气体，哪种膨松剂的效果比较好呢？设计实验进行验证。 |

1. 购买不同种类的膨松剂，比较不同种类膨松剂制作的馒头效果。
2. 了解微囊技术在膨松剂中的应用。
3. 观看"舌尖上的中国"，并走进青岛"二月二"生态农场。大馒头不仅仅是为了解决人们的温饱问题，它已经形成一种文化。

四、教学过程

师：项目背景（视频材料＋新闻报道）：2018 年适逢改革开放 40 周年，现在人们的生活发生了翻天覆地的变化。结合有关材料，引导学生珍惜今天的幸福生活。

德 育 发 展 点

播放视频资料，目的是让学生认识到今天的幸福生活与科学技术的发展密不可分，要正确地看待化学对社会发展的贡献；同时引导学生珍惜当下的幸福生活。

【课前准备】

总任务　如何蒸出一锅好吃的大馒头？

任务 1　各小组派代表组成调查组到食堂调查，了解馒头的制作过程；到超市查看食品配料表，分析其成分。

驱动问题 1：各小组派代表采访学校食堂面食师傅，了解馒头的制作程序；比较两家食堂制作的馒头在颜色和形状上的差异，并结合制作工序进行说明。

驱动问题 2：各小组派代表实地调查超市中的膨化食品，分析不同食品的配料表，找出其中的异同点。

【德 育 发 展 点】

　　以生活中的实例作为学习情境,引导学生通过调查研究、小组分工合作来收集资料并进行整合分析,培养沟通交流能力,进一步提升逻辑思维能力。

【课堂互动】

　　师:(提出任务)2018 年 6 月 9 日,美丽的青岛迎来了举世瞩目的"上合青岛峰会"。峰会期间,青岛"二月二"生态农场通过严格筛选,最终被指定为峰会食品供应商之一,承担本次峰会大馒头的供应任务。如今"二月二"生态农场的大馒头销售前景一片大好,可见一锅好吃的大馒头也有着巨大的商业价值。那么,如何蒸出一锅好吃的大馒头呢?

【德 育 发 展 点】

　　通过"二月二"生态农场的大馒头登上"上合青岛峰会"一事,引导学生关注时事政治,体会国家大事也有生活小事的成分,拉近"国家""社会"和"我"之间的距离。

　　[生:揉面、加酵母(膨松剂)、发面……]

　　师:馒头的制作是一个复杂的过程。下面请调查小组汇报调查结果。

　　调查小组汇报(PPT):我们小组结合学校的现有资源,对两家食堂馒头的制作过程进行了调查研究。在调查中我们发现,两家食堂馒头并不一样。第一家食堂的馒头个头小,面团实。第二家食堂的馒头"眼"大,松软。针对这种情况,我们在老师的协调下深入食堂面食加工间与面食师傅进行了面对面的交流。在交流中我们了解了馒头制作过程中膨松剂的使用情况。目前市面上销售的膨松剂主要有生物膨松剂和化学膨松剂两大类。在调查中我们还发现,两家食堂制作馒头的程序基本相似。但是,在第二家食堂制作馒头的过程中,我们发现面食师傅除了加入酵母这种膨松剂之外,还加入了一种"白色粉末"。因为这是商业机密,师傅并不愿意告诉我们"白色粉末"是什么。

　　(教师展示调查小组拍摄的膨松食品配料图片)

　　通过分析配料表,我们不难发现,超市中的面包、饼干等食品配料表上所列成分均含有碳酸氢钠这种物质,其他食品可能还含有碳酸氢铵、焦磷酸二氢二钠或食用枸橼酸等物质。

通过调查,学生确实认识到化学在生活中的应用,运用所学知识也能够解决生活中的一些实际问题,增强了学生学好化学的自信心。

任务 2 揭秘"白色粉末"成分,进行碳酸氢钠性质相关知识的复习。

驱动问题 1:通过以上调查小组的汇报,猜想"白色粉末"属于哪种膨松剂,说说你的依据。

驱动问题 2:各小组根据以上两个小组的汇报情况,从物质分类的角度大胆猜想"白色粉末"的成分,并说出猜想依据。

完成学案表格(见表 3-4)。

表 3-4 关于"白色粉末"的探究

"白色粉末"所属膨松剂的种类	物质名称	物质分类	推断依据(写出化学方程式或文字表达式)

生:

① 可能含有碳酸氢钠和枸橼酸,原因是碳酸氢钠和酸反应产生气体。

② 可能是碳酸氢钠和碳酸氢铵,两者受热时会分解产生气体。

······

(教师引导学生从微观的角度认识碳酸氢钠与酸的反应实质是 HCO_3^- 与 H^+ 的反应。除了酸可以电离出 H^+ 外,具有酸性的酸式盐也可以电离出 H^+)

(学生完善猜想与假设)

碳酸氢钠是生活中常见的化学物质。引导学生通过对碳酸氢钠相关知识的学习,了解它的化学性质和物理性质,学会使用、保存碳酸氢钠,做到理论联系实际。

任务 3 设计膨松剂配料方案,验证猜想和假设。

驱动问题:根据猜想和假设,利用提供的实验药品,设计复合膨松剂配料方案并进行实验验证。

实验目的:设计复合膨松剂配料方案。

实验仪器:试管、胶头滴管、酒精灯、试管夹、气球、药匙。

实验药品:碳酸氢钠(饱和溶液)、醋酸($1 \text{ mol} \cdot \text{L}^{-1}$)、枸橼酸($1 \text{ mol} \cdot \text{L}^{-1}$)、葡萄糖酸-δ-内酯($1 \text{ mol} \cdot \text{L}^{-1}$)、焦磷酸二氢二钠(饱和溶液)、碳酸氢铵、碳酸氢钠。

实验过程及记录表(见表 3-5):

表 3-5 实验记录表

实验方案	实验现象	实验结论
$NaHCO_3$		
$NaHCO_3$		
$NaHCO_3$		

资料卡 1

枸橼酸(化学式 $C_6H_8O_7 \cdot H_2O$),无臭,易溶于水,在食品加工业、化妆品制造业等领域具有广泛的用途。1 mol 枸橼酸与 3 mol 碳酸氢钠能恰好完全反应生成枸橼酸钠、二氧化碳和水。

葡萄糖酸-δ-内酯,白色结晶或结晶性粉末,易溶于水,水溶液显酸性,几乎无臭。

焦磷酸二氢二钠($Na_2H_2P_2O_7$),白色结晶性粉末,易溶于水,水溶液显酸性。食用焦磷酸二氢二钠在食品工业中被用作缓冲剂、膨松剂、螯合剂、稳定剂、乳化剂、色泽改进剂。

资料卡 2

复合膨松剂主要由以下三部分组成。

1. 碳酸盐类。通常用量为膨松剂质量的 30％～50％，其作用是通过反应产生二氧化碳气体。

2. 酸性物质。通常用量为膨松剂质量的 30％～40％，其作用是与碳酸氢钠反应产生二氧化碳气体，增强蓬松效果，并降低食品的碱性。

3. 助剂。通常用量为膨松剂质量的 10％～30％，其作用是防止膨松剂吸潮结块和失效，也有调节气体产生速率等作用。

（各小组分享交流，选出最优配料方案）

评价标准：

① 你所设计的膨松剂是否容易储存和运输？

② 你所设计的膨松剂在实验中是否能快速、持续地产生气体？

③ 你所设计的膨松剂配料方案中，各药品的用量如何？

（教师依据评价标准点评学生的项目成果）

师：膨松剂是一种食品添加剂，国家对膨松剂的配料是有明确规定的，要在法律允许的范围内进行使用。本节课我们从定性的角度分析膨松剂的成分和作用原理。课后请同学们查阅资料，从定性、定量的角度进行膨松剂的配制。

德 育 发 展 点

引导学生关注食品安全，发展"科学态度与社会责任"的化学学科核心素养。

【课后任务】

1. 查阅资料，定量配制复合膨松剂并用不同种类膨松剂蒸馒头。

2. 了解微囊技术在膨松剂中的应用。

3. 观看"舌尖上的中国"有关馒头的视频，并走进青岛"二月二"生态农场。现在，大馒头不仅仅是为了满足人们食用的需要，而是形成了一种文化。

德 育 发 展 点

通过课后蒸馒头的作业，学生不但掌握了一项生活技能，而且学会用化学知识去分析、解决真实问题，了解纯碱蒸馒头变黄的原因。

引导学生了解化学技术在生活中的应用；通过观看视频，体会大馒头文化的内涵，加深对中华传统文化的了解。

五、教学反思

项目式学习是一种体验式学习。这种学习模式不拘泥于教材,不局限于课堂,不死记硬背,不苦战题海,注重合作、探究、情境模拟、实验操作,是对传统学习模式的改革,可以有效地培养学生的化学学科核心素养。

《普通高中化学课程标准(2017 年版)》明确提出,高中教育要全面落实立德树人的根本任务,全面发展素质教育。2014 年,国务院曾印发《关于深化考试招生制度改革的实施意见》,要求打破传统的"应试教育"考试模式。针对这一变化,新的教育理念逐渐深入校园,新的教学模式逐渐被广大教育工作者所接受。"探索真实世界,解决真实世界的问题,教给孩子们真正实用的知识和能力,而不是面对考试的技巧。"这是哈佛大学霍华德·加德纳教授提出的理想学校的教育方式。项目式学习可以做到这一点。项目式学习能调动学生自主学习的积极性。学生为了完成项目,主动查阅资料,主动与人合作,主动尝试,而教师的作用是课程最初的"项目设计者"以及学生学习过程中的"引导者"和"协作者"。

在本节课的教学实施过程中,我尝试以学生为主体,引导学生对"如何蒸出一锅好吃的大馒头"这个总任务进行任务分解,分析复合膨松剂的成分,设计复合膨松剂的配方,发展学生"宏观辨识与微观探析""科学态度与社会责任"等化学学科核心素养。

教学结束环节,我通过对微囊技术的介绍,引导学生深刻体会改革开放 40 多年来科技发展给人们生活带来的变化,感受科技的作用,激发社会责任感。

作为一名年轻教师,我在本节课的教学中也暴露出一些问题。

首先,对于课堂的驾驭能力不够强。一方面是说话紧张,吐字不够清晰,说话缺乏逻辑性和条理性;另一方面是对课堂教学的节奏把控得不够好,课堂教学气氛不够活跃。

其次,在教学过程中,项目引入、提出主体任务、任务分解、任务实施等环节还存在问题,主要问题是没有巧妙地将要探究的问题引到探讨膨松剂的成分与作用原理这一焦点问题上。这反映出自己设计分配任务环节的推动性问题的能力还有待提高。特别是在引导学生探究方面,我应放手,真正让学生做课堂的主人,自主探究起来,以使他们获得足够的成就感。今后,我要充分相信学生的潜能和探究能力,引导他们自主探究,分析和解决实际问题,从而得出有价值的结论。从操作层面上讲,我认识到要善于引导学生将实际问题转化为化学问题,从膨松剂的实际作用认识其主要成分——碳酸氢钠的性质,这样才能使学生科学地对要完成的任务进行分解。本节教学引导学生按照科学的程序进行切实有效的探索,真正了解了膨松剂的作用原理,达到了运用所学化学知识发现问题、分析问题和解决问题的目的,并在这一过程中发展了化学学科核心素养。

回顾本节教学。我感到自己的语言表达能力、逻辑思维能力、问题设计能力有待提高;组织教学活动时,应站在学生的立场上,多从学生的视角看待问题,注意引导学生主动思考、主动探究。通过反思,我找到了差距、明确了方向,今后将在教学实践中不断探究、不断进步。

4. 物质的分类

山东省青岛第十九中学　郝　倩

本节内容是连接初中化学与高中化学的桥梁与纽带,具有承上启下的重要作用。承上,即帮助学生对初中化学知识进行回忆和复习;启下,即引导学生掌握有关的科学方法,为后续学习打下坚实的基础。通过对本节内容的学习,学生对科学的分类方法将有更深刻的认识,学生的科学素养将得到进一步的发展。

本节内容是整个高中化学的教学重点之一。本节教学,重在引导学生初步建立物质分类观,通过宏观现象探究微观实质,寻找知识的"最近发展区",突破思维屏障,发展"科学探究与创新意识"的化学学科核心素养。

一、素养发展与教学目标

【素养发展】

本节教学主要发展学生的"宏观辨识与微观探析""变化观念与平衡思想"的化学学科核心素养。

1. 认识元素可以组成不同种类的物质,根据物质的组成和性质可以对物质进行分类,掌握有关物质分类的方法。

2. 了解同类物质具有相似性质的原因,了解在一定的条件下各类物质的相互转化。

【教学目标】

1. 了解单质、氧化物、酸、碱、盐之间的反应关系,掌握各类物质之间的化学反应规律。

2. 通过小组合作学习,培养团结协作的精神以及筛选信息与收集、整理资料的能力。

　　3. 体会分类的重要意义，能够依据不同的标准对物质进行分类。

二、教学重点与难点

　　1. 各类物质的共性及各类物质之间的化学反应规律。

　　2. 依据不同的标准对物质进行分类。

三、教学过程

【课前阅读材料】

分　类

　　所谓分类，是根据对象的共同点和差异点，将对象分为不同的种类，并且形成有一定从属关系的不同等级的系统的逻辑方法。人们对事物的认识总是从现象到本质，因而分类也有一个从现象分类到本质分类的过程。所谓现象分类，是根据事物的外部特征或外部现象进行的分类。这种分类往往会把本质相同的事物分为不同的类别，把本质不同的事物分为相同的类别，带有一定的主观性，所以也将这种分类称为人为分类。所谓本质分类，也叫作自然分类，即根据事物的本来面目，从其本质特点和内在规律来进行分类。达尔文根据物种之间的亲缘关系进行分类，使生物分类学开始进入本质的（自然的）分类阶段；21 世纪的基因分类法，使这种分类更为科学。

　　分类的主要规则如下：① 每次分类必须按同一个标准进行，如果分类不依据统一的标准，势必犯分类重叠或分类过宽的逻辑错误；尤其是在连续分类过程中，如不恪守这一规则，将会使分类陷入极度的混乱之中。② 分类的子项应当互不相容。把母项分为若干个子项，各子项必须有全异关系，不允许出现交叉或从属关系。如果两个子项之间不是全异关系，就会出现一些事物既属这个子项又属于那个子项的现象，这样的分类会引起混乱。③ 各子项之和必须穷尽母项。所谓子项之和穷尽母项，就是说各子项之和等于母项。

　　分类方法在科学研究中具有重要的作用。首先，分类可以使大量繁杂的材料系统化、条理化，可以使科学研究对象之间建立起立体化的从属关系。这样，既便于存入和提取资料，为人们分门别类深入地进行研究打下基础，又便于人们利用分类找出事物之间的本质区别和联系，进而探讨各类事物之间的转化关系，为科学研究提供更加丰富的线索。其次，由于科学分类系统反映了事物内部的规律性联系，因而可以根据系统的特性推导某些未被发现的事物的性质，进而为科学预测奠定基础。实际上，元素周期律就是通过分类而被发现的。

【引入】

师:物质分类的依据。

【研究各类物质的通性及相互关系】

（一）盐的性质

师:问题组:

1. 工业漂白粉中加入稀盐酸后漂白性增强,请用化学方程式表示反应过程。

2. 分析该反应属于哪种反应类型。

3. 思考该反应能够发生的原因是什么。

4. 推断 NH_4Cl 溶液能否与 $NaOH$ 溶液反应;若能,写出反应的化学方程式。

（学生分小组合作、讨论交流、展示成果、总结规律）

> 德 育 发 展 点
>
> 发展"变化观念与平衡思想""科学探究与创新意识"的化学学科核心素养。

（二）氧化物的性质

师:试一试:请列举你学过的氧化物有哪些。

小结:氧化物 $\begin{cases} 酸性氧化物 \\ 碱性氧化物 \end{cases}$

（学生回忆旧知识,学习从性质上对氧化物进行分类）

师:请同学们思考以下问题。已知:含氧酸都有其对应的酸性氧化物,请找出以下几种与酸对应的酸性氧化物(见表3-6)。

表3-6　几种与酸对应的酸性氧化物

酸	H_2CO_3	H_2SO_3	H_2SO_4	HNO_3
酸性氧化物				

（学生通过分析含氧酸及其对应的氧化物,认识其核心元素的化合价）

> 德 育 发 展 点
>
> 引导学生透过现象看本质,建立由表及里的分析思路,培养质疑、分析能力,掌握科学探究的方法,提升观察能力。

（活动探究:学生分组进行关于氧化物通性的实验）

试剂:氧化钙、氧化铜、稀盐酸、大理石、澄清石灰水、石蕊溶液。

　　任务:以小组为单位,选取氧化物(酸性氧化物和碱性氧化物各选一种),设计合理的实验方案,利用合适的试剂,验证其化学性质,并认真填写实验记录卡。实验结束后,以小组为单位,汇报实验结果。

　　(学生领取任务、分工合作、展示成果、交流分享)

德 育 发 展 点

　　细致入微的观察是顺利进行科学探究的基本保证。通过观察和实验,发展学生的"科学探究与创新意识"的化学学科核心素养,培养学生的实验探究能力、实验操作能力。

　　师:预测:

$$CO_2 \left\{ \right. \qquad\qquad CaO \left\{ \right.$$

(学生预测性质)

(三)氧化物、酸、碱和盐之间的相互关系

以 CO_2 为例,选择合适的物质,实现下列物质的转化。

$$CO_2 \longrightarrow H_2CO_3 \longrightarrow Na_2CO_3$$

　　师:巩固练习:

以下关于氧化物的叙述中正确的是(　　　　)。

A. 金属氧化物一定是碱性氧化物

B. 非金属氧化物一定是酸性氧化物

C. 碱性氧化物一定是金属氧化物

D. 酸性氧化物一定是非金属氧化物

　　师:课堂检测:

1. 下列各组物质能够共存的是(　　　　)。

A. $FeCl_3$ 溶液和 $NaOH$ 溶液

B. $Ca(OH)_2$ 溶液和 Na_2CO_3 溶液

C. $BaCl_2$ 溶液和 HCl 溶液

D. $CaCO_3$ 和稀硝酸

2. 判断下列反应能否发生,并说明原因。

① K_2CO_3 溶液和 $CaCl_2$ 溶液；　② $Ca(OH)_2$ 溶液和盐酸；　③ $Ca(OH)_2$ 溶液和 $CuSO_4$ 溶液；　④ K_2SO_4 溶液和 $BaCl_2$ 溶液；　⑤ $NaCl$ 溶液和 $AgNO_3$ 溶液；　⑥ $CuSO_4$ 溶液和 $NaCl$ 溶液；　⑦ $NaClO$ 溶液和稀盐酸；　⑧ $CaCl_2$ 溶液和二氧化碳；　⑨ 氧化铜和水。

师：课后作业"堂堂清"。

德 育 发 展 点

与 STSE 教育相联系，发展学生的"科学态度与社会责任"的化学学科核心素养。

四、教学反思

(一)知识层面

(1)通过探究实验(酸性氧化物和碱性氧化物的性质实验)，学生认识到酸性氧化物和碱性氧化物性质的不同，了解了氧化物与酸、碱或盐之间的反应关系，注意到反应前后元素化合价相同这一特点。

(2)整节课的教学设计，层次分明，重视引导学生研读教材，教学重点突出。

(3)教学活动体现了以学生化学学科核心素养的培养为核心、以学生的探究学习为主线的思想，小组合作学习成效显著。

(4)探究酸雨中 SO_2 性质的活动，密切联系实际，体现了 STSE 教育观念。

(二)德育层面

(1)学生通过对酸雨中 SO_2 性质的探究，真实地感受到化学就在身边，发展了"科学态度与社会责任"的化学学科核心素养。

(2)通过小组合作学习，学生在交流分享的基础上设计实验方案、实施实验探究，切身体验了科学探究的过程，增强了自我感受，培养了责任意识、创新精神和实事求是的科学态度。

(3)对物质的分类这一探究活动，强化了学生的分类思想，提高了他们分析问题、解决问题的能力。

5. 探究铁及其化合物的氧化性或还原性

青岛西海岸新区胶南第一高级中学　　夏修双

这一节课的教学内容主要包括铁及其氧化物的性质,铁、氯化铁、氯化亚铁之间的相互转化关系及对它们的氧化性或还原性的探究,实验验证硫酸亚铁与碱反应的特殊现象并进而确认$Fe(OH)_2$和Fe^{2+}很容易被氧化的性质、Fe^{3+}的检验方法和Fe^{2+}的保存方法等。

铁及其化合物的性质以及铁及其化合物之间的相互转化关系是非常重要的高中化学基础知识。本节教学通过对$Fe(OH)_3$胶体的性质及$Fe(OH)_3$胶体的制备的研讨,加深学生对分散系尤其是胶体的理解;通过不同价态铁元素之间的转化,强化学生对氧化还原的认识;通过对铁及其化合物性质的探究,引导学生了解金属在生产、生活中的应用,在探究过程中提升"宏观辨识与微观探析"的化学学科核心素养、增强社会责任意识。同时,铁及其化合物的教学还涉及许多重要的情境素材,如补铁剂、印刷电路板的制作、打印机使用的墨粉中铁的氧化物(利用磁性性质)、菠菜中铁元素的检验等,便于学生理论联系实际,运用所学知识分析、解决实际问题。在教学过程中,各种实验探究活动的开展,有力地培养了学生善于合作、敢于质疑、勇于创新的精神,发展了学生"科学探究与创新意识"的化学学科核心素养。

一、教学与评价目标

1. 教学目标

(1)认识铁及其常见铁的化合物的物理性质(颜色、状态),掌握铁的氧化物、铁的氢氧化物的主要性质并了解其应用。

(2)能自主进行知识的归纳整理和知识网络的构建,提高自学能力和归纳总结能力。

2. 评价目标

(1)通过实验探究,提升并考查对金属铁、氯化亚铁、氯化铁之间的相互转化关系的认识水平;通过金属铁、氯化亚铁、氯化铁的氧化性或还原性的探究实验,提升并考查对"运用已知物质的性质研究未知物质的性质"的科学探究方法的应用水平。

(2)通过对铁的氧化物的性质对比,提升并考查运用分类、比较、归纳等科学研究的基本方法,研究物质的性质的水平。

3. 发展化学学科核心素养

(1)引导学生通过铁及其化合物氧化性或还原性的学习,学会预测物质的性质,并通过实验探究进行证实,体验科学探究成功的喜悦,培养与他人合作的能力。

(2)引导学生通过对铁的化合物的性质与用途的学习,进一步认识化学在促进社会发展、改善人类的生活条件等方面所起到的重要作用,提高学习化学的兴趣,增强学好化学、服务社会的责任感和使命感。

二、教学过程

【课前材料阅读】

铁

铁是远古时代就开始被利用的金属。人类最早发现的铁是从天而降的铁陨石。铁陨石的含铁量可高达 90%。

铁在地壳中的含量为 4.75%,是仅次于铝的金属;不过,并非所有的铁都能浓集成可供开采的矿石,如红色的土壤中就含有红色的氧化铁,但将其提炼成铁的成本太高了。人类正准备向宇宙要铁。1970 年,苏联空间站"月亮-16"首先从月球带回了铁矿石样品。专家们设计了一种从月球矿石提取铁的特殊装置,其工作原理是:利用透镜聚集太阳光熔化矿石,随后由太阳能供电进行电解,使金属铁从其他杂质中分离出来。据估计,这种装置只有书桌大小,却可日产 1 吨铁。另外,由于气压极低,铁在月亮上可出现升华现象,可以利用这种特点设计"炼铁"的特殊装置。

铁元素在自然界中主要以化合态($+2$ 价和 $+3$ 价化合物)的形式存在,如铁的氧化物就有氧化亚铁(FeO)、氧化铁(Fe_2O_3)、四氧化三铁(Fe_3O_4)三种。FeO 是一种黑色粉末,它不稳定,在空气中受热,就迅速被氧化成为 Fe_3O_4。Fe_3O_4 是一种复杂的化合物,是一种具有磁性的黑色晶体,俗称磁性氧化铁。Fe_2O_3 是一种红棕色粉末,俗称铁红,常用于制备红色油漆和涂料。赤铁矿(主要成分是 Fe_2O_3)是炼铁的主要原料。

铁是生命活力之源,但人体摄入的铁也不能超量。科学家通过研究发现,铁一旦被人体吸收,每天除经尿、粪、汗等排出少量外,几乎没有其他途径排出。体内多余的铁储存在蛋白质中形成了铁蛋白,过多的铁蛋白会促使不稳定的自由基破坏健康的肌体组织。芬兰一所著名的大学对1931 名 42~60 岁的男子进行了 5年的研究,发现人体中的铁蛋白浓度每增加 1%,心脏病发作的危险就增加 4% 左右。所以,缺铁的人应多吃一些含铁的食物,但也要适量。

——节选自山东科技技术出版社出版的化学 1(必修)教师用书

【课堂教学环节】

（师生具体对话略，仅体现关键环节及关键词）

（一）阅读资料，归纳对比

师：根据教材第53～54页"资料在线"及学案课前阅读材料，归纳总结铁及氧化物的性质，完成下列任务。

任务1　铁元素含量及铁元素的存在形式

生：铁元素在地壳中的质量分数仅次于_____，其存在形式主要是游离态（存在于_____中）和化合态。

化合态的铁元素主要以_____价态存在，且主要存在于各种矿石中，如_____。

（学生分组讨论并整理单质铁的主要化学性质）

德育发展点

引导学生学会搜集和整理各种信息并根据要求建立有关的信息结构模型，发展"证据推理与模型认知"的化学学科核心素养。

任务2　铁的氧化物（见表3-7）

表3-7　铁的氧化物

名称	氧化亚铁	氧化铁	四氧化三铁
俗名			
化学式			
颜色			
稳定性			
铁的化合价			
与盐酸的反应			

（学生填表，小组交流、完善）

小结：铁及其氧化物的主要性质。

德育发展点

引导学生通过小组合作学习，运用比较、归纳等基本方法研究物质，学会与他人合作，培养合作精神。

（二）实验探究，验证性质

实验药品：铁粉、稀硫酸、$FeCl_2$ 溶液、$FeCl_3$ 溶液、氯水、KSCN 溶液、锌片、铜片。

师：从氧化还原的角度分析铁、氯化亚铁、氯化铁的性质。

（学生预测：铁单质的还原性、Fe^{2+} 的氧化性和还原性以及 Fe^{3+} 的氧化性）

师：如何验证 Fe^{2+} 或 Fe^{3+} 是否生成？

（学生先通过讨论，预设实验方案，预测现象，然后分组进行实验）

分组实验（见表 3-8）：（可不填满）

表 3-8　实验内容、现象和结论

实验内容	实验现象	实验结论

小结：Fe^{2+}，Fe^{3+} 的主要化学性质及检验方法。

德 育 发 展 点

引导学生依据探究目的完成实验操作，对记录的实验信息进行加工并获得结论；明确检验物质特殊性的基本实验方法，培养实验探究能力。

交流讨论：

如何证明物质具有氧化性或还原性？根据教材中"方法导引"的提示，设计实验方案，验证铁、氯化亚铁、氯化铁的氧化性或还原性。

实验药品：铁粉、稀硫酸、$FeCl_2$ 溶液、$FeCl_3$ 溶液、氯水、KSCN 溶液、锌片、铜片。

德 育 发 展 点

引导学生培养"大胆假设、小心求证"的科学意识，增强团队合作精神，养成及时发现和提出有探究价值的化学问题并积极进行探究的科学习惯。

教师提出问题，引导学生探讨：提供给各组的药品中哪些具有氧化性、哪些具有还原性、哪些既有氧化性又有还原性？如何验证产物的生成？

学生分组进行实验，记录实验现象，分析讨论预测结果与实验事实的异同。

分组实验（见表 3-9）：（可不填满）

表 3-9 实验内容、现象和结论

实验内容	实验现象	实验结论

学生设计的可行性实验如下。

实验 1：铁与稀硝酸（氯水）、稀硫酸的反应。

实验 2：$FeCl_2$ 溶液与稀硝酸（氯水）、锌（铁、铜）的反应。

实验 3：$FeCl_3$ 溶液与锌（铁、铜）的反应。

教师要密切关注学生的实验过程，及时给予指导；要让学生认识到实验中药品用量也会影响实验结果，如硝酸和铁反应时药品的量不同结果就会不同。

德 育 发 展 点

引导学生从问题和假设出发，依据探究目的设计探究方案，运用分类、对比等方法进行探究并获得结论，体验科学探究成功的喜悦。

小结：Fe，$FeCl_2$，$FeCl_3$ 之间的相互转化关系。

德 育 发 展 点

引导学生通过归纳总结建立认知模型来解决复杂的化学问题，增强探究物质性质和变化的兴趣，发展"证据推理与模型认知"的化学学科核心素养。

拓展实验：氢氧化亚铁的制备（见表 3-10）

实验药品和仪器：$FeSO_4$ 溶液、$NaOH$ 溶液，胶头滴管、试管、烧杯。

表 3-10　氢氧化亚铁制备实验的内容、现象和结论

实验内容	实验现象	实验结论

交流讨论：实验过程中出现不同现象的原因。

实验操作：在试管里注入少量新制备的 $FeSO_4$ 溶液，用胶头滴管吸取 NaOH 溶液后，将滴管尖端插入试管溶液的液面之下，逐滴滴入 NaOH 溶液。

小结：① $Fe(OH)_2$ 的性质。

② 制备 $Fe(OH)_2$ 的注意事项。

德 育 发 展 点

　　增强学生探究物质性质和变化的兴趣，培养他们严谨求实的科学态度。

（三）联系生活，实践应用

师：1. 利用 $FeCl_3$ 溶液腐蚀铜箔制造印刷线路板。

2. 在 $FeSO_4$ 溶液中加铁钉防止溶液里的 Fe^{2+} 被氧化。

3. 现榨的苹果汁在空气中会由绿色变为棕黄色。

请说明其中的道理，分析这一过程中所发生的化学反应。

（学生思考并回答）

小结：Fe^{2+} 的保存。

（学生阅读教材中的"身边的化学"，了解铁元素与人体健康的关系）

德 育 发 展 点

　　引导学生注重化学知识的生活化，培养应用化学知识分析、解决实际问题的能力。

（四）课堂总结

1. 铁、铁的氧化物、铁的氢氧化物的性质（氧化性或还原性）。

2. Fe，Fe^{2+}，Fe^{3+} 之间的相互转化关系。

3. Fe^{2+}，Fe^{3+} 的检验方法及 Fe^{2+} 的保存方法。

（五）课后作业

1. 完成课后习题。

2. 研究性学习：探寻补铁食物，预防缺铁，高效补铁。

铁元素是构成人体的必不可少的元素之一，缺铁会影响到人体的健康和发育，最大的影响就是缺铁性贫血。世界卫生组织的调查结果表明，大约有 50% 的女童、20% 的成年女性、40% 的孕妇会发生缺铁性贫血。补铁是通过食物或专用营养剂为人体额外补充必需的、适量的无机铁或有机铁化合物，从而补充铁元素以达到强身健体、预防或辅助治疗疾病目的的过程。

学生合理分组，充分利用周末时间，查阅资料，探寻生活中的补铁食物；针对不同人群，分析缺铁原因，设计补铁方案，撰写研究报告。

> **德育发展点**
>
> 引导学生关注与化学有关的社会热点问题，认识化学对社会发展的重大贡献；运用已有化学知识和方法分析、解决生活中的实际问题，强化社会责任意识，发展"科学态度与社会责任"的化学学科核心素养。

三、教学反思

（一）知识层面

（1）整节课目标明确，条理清晰，有资料阅读，有交流讨论，有实验探究，有模型建立，有方法实践，让不同层次的学生均获得了成功的体验。

（2）本节课的教学符合课程标准的要求，对铁及其化合物性质的总结到位，给予学生以清晰的思路并引领他们成功地构建起科学的知识体系。

（二）德育层面

（1）本节课遵循学生的认知发展规律，注重培养学生的化学学科核心素养；通过对铁及其化合物性质的探讨，引导学生从不同层次认识物质的多样性，并对物质进行分类，培养"宏观辨识与微观探析"的化学学科核心素养。

（2）本节课多处设计探究实验，引导学生通过交流讨论发现和提出有探究价值的问题，并从质疑和假设出发，依据探究目的设计探究方案，运用化学实验、调查研究等方法开展探究活动，培养"科学探究与创新意识"的化学学科核心素养。

（3）本节课多处设置生活情境，将化学课堂教学融入现实社会生活之中，引导学生关注与化学有关的社会热点问题，认识化学对社会发展的重大贡献，培养社会责任意识，树立为发展祖国的化学化工事业而努力奋斗的崇高理想和远大志向。

6. 科学补碘海报制作——"氧化还原反应"复习

山东省青岛第三十九中学　邢瑞斌

海带中含有高达 0.5% 左右的碘，是碘的重要来源，海带提碘也就成为较为普遍的提碘方法。海带提碘在不同版本的高中化学教材中都有所提及。

碘是人体必需的微量元素之一，与人体健康密切相关；碘及其相关化合物在工农业生产及生活中被广泛应用。海带是学生比较熟悉的海产品，碘酒也是学生比较熟悉的药品，但如何从原理、实验、技术等角度来认识海带提碘，学生并不清楚。从教学的角度看，海带提碘过程要涉及氧化还原知识，通过对海带提碘的实验探究可以达到复习和巩固氧化还原反应知识的目的。为此，我设计了这一节课。

人体缺碘会得大脖子病，于是国家提倡使用加碘盐，殊不知人摄入的碘太多也会生病。在海边生活的人们，一日三餐会食用很多海产品尤其是含碘丰富的海带等藻类，所以身体中的碘元素含量会在不知不觉中超标，再加上有些人生活习惯不良，很容易患上甲状腺等疾病。如何从化学的角度认识食品中的碘元素，更科学地摄入人体所需碘元素又不至于因为摄入的碘过量而发生疾病，成为人们十分关注的问题。

教学中，我利用海带提碘来引导学生从化合价的角度来理解氧化还原规律，进而理解氧化还原反应的本质；利用加碘盐中碘元素的检验来引导学生复习氧化剂、还原剂知识；从化合价、电子得失的角度分析物质的还原性、氧化性，寻找合适的氧化剂、还原剂，实现物质的转化。另外，海带提碘的教学还可以进一步强化学生对研究一类物质性质的程序和方法以及设计探究实验的一般思路的认识。

基于以上几方面的考量，我确立了制作"岛城居民科学补碘"宣传海报的项目。该项目能够在学生已学的氯及其化合物的性质、氧化还原反应基本概念和原理、科学认识和使用消毒剂的基础之上，引导学生进一步提升对氧化还原反应及其应用的认识,使所学知识在真实情境中得以应用。该项目从实际生活出发,从人们最为关心的食品与疾病问题开始,与"化学与社会发展"专题中"海藻提碘"相互联系,帮助学生开展实践探究活动,使他们真正了解了科学补碘的重要性。

一、项目教学设计

制作"岛城居民科学补碘"宣传海报,需要解决海报内容以及呈现方式两方面的问题。首先是需要了解人们目前摄入碘量的多少以及甲状腺疾病的发病情况;其次是分析患甲状腺疾病的原因,找到合理的解决办法。为了做到合理补碘,学生需要调查居民的摄碘途径以及所食用的食物中含碘量的高低和碘以何种形式存在、如何来证明,在此基础上指导人们科学地选择补碘食物、确定食用量或摄入频率等。因此,本项目的主要任务包括认识甲状腺疾病与碘元素的关系(发现问题)→调查居民食用含碘食物的途径(调查走访)→分析常见含碘食物的含碘形式与检测含碘食物的含碘量(实验探究)→根据食物含碘量的高低对居民饮食给予合理建议,制作科学补碘海报→走进社区。

教学中,我引导学生按照任务线索,阶段性地完成项目任务:介绍甲状腺疾病,明确甲状腺疾病与碘元素的关系,调查得出含碘食物的种类,通过实验探究含碘食物中碘元素的存在形式及含量,解决日常生活中含碘食物的保存及科学补碘问题;通过项目研究,结合实验结果,对科学补碘提供参考,提出有关措施,制作科学补碘宣传海报。

与任务线索相对应的知识复习目标依次为:认识微量元素碘对人体的作用,了解碘元素盈缺产生的疾病,知道含碘食物中碘元素的存在形式,掌握利用氧化还原反应规律设计实验检测碘存在形式的原理及注意事项,掌握探究实验设计的一般步骤与有关方法,通过实验结果提出合理建议并制定预防措施,进而深刻认识碘元素对人体的作用,增强人们科学补碘的意识。

在整个过程中,学生的探究线索为:了解碘元素含量过高或过低导致的疾病→明确人体摄入碘元素的方式和途径→研究含碘食品中碘元素的存在形式,通过多组实验探究含碘食物的含碘量→明确含碘食物,合理补碘→制作海报,宣传科学补碘。

二、项目活动过程

项目活动以真实问题的解决过程为线索,以实际问题的解决为目标。

【项目学习目标】

(1)能够说出微量元素碘对人体的作用,列举因碘元素盈缺而导致的疾病。

（2）知道含碘食物中碘元素的存在形式，掌握利用氧化还原反应设计探究实验所依据的原理、实验现象及现象分析，内化迁移，学以致用，使"证据推理与模型认知"的化学学科核心素养有所提升。

（3）了解项目学习过程中探究实验设计的一般步骤与方法，能依据实验结果提出合理建议、制定预防措施；在了解碘元素对人体作用的基础上宣传科学补碘的意义，发展"科学探究与创新意识"的化学学科核心素养。

（4）依据项目式学习的流程体验项目式学习，学会从实际生产、生活中提出问题并将其转化为化学问题，确定项目任务和目标，设计项目研究方案，实施项目探究活动，发展"科学态度与社会责任"的化学学科核心素养。

（5）认识并体验项目式学习与传统学习方式的不同，学会积极主动思考问题以及与同学们分工合作完成任务，发展"科学态度与社会责任"的化学学科核心素养。

【项目重点】

利用氧化还原反应的规律设计实验，并从微观角度解释实验现象。

【项目难点】

从元素化合价和物质分类的角度全面分析和预测物质的性质。

课前准备区

【项目引导】

在一个月前，某学校组织老师们到青岛某疗养院进行健康体检，奇怪的是，今年的检查项目增加了一项甲状腺超声检查项目。体检的结果是许多老师都患有甲状腺结节的疾病，需要做进一步的检查。老师们一下子慌了神，不知该怎么办。

由于甲状腺疾病的发病率很高，通过超声检查发现在随机人群尤其是女性中甲状腺结节的检出率可达 67％。那么，从化学的角度看，我们应该怎样做才能避免这种情况的发生呢？

德育发展点

从实际生活出发，从人们最为关心的食品与疾病开始，与"化学与社会发展"专题中的"海藻提碘"相联系，引导学生开展真实的项目式探究实验活动，真正了解科学补碘的重要性，发展"科学态度与社会责任"的化学学科核心素养。

调查·研究

请根据表格内的问题,采取随机采访、问卷调查、查阅资料(含网络)等形式,对青岛市居民进行一次调查,并把获得的信息填入表 3-11 中。

表 3-11　2017 年青岛居民科学补碘调查表

学校:青岛 39 中　　　　年级:2017 级 2 班　　　　姓名:　　　活动时间:

时间	形式	具体内容	
	查阅资料	碘元素对人体的作用是什么?碘元素在人体中存在的形式是什么?	
	调查采访	青岛居民都是以什么方式补碘的?各种方式的比例是多少?(调查照片)	
	随机采访	碘元素在人体中缺乏或过量会给人体健康带来什么影响呢?人们是如何控制对含碘食物摄入的?(调查照片)	

思考:制作海报呼吁岛城居民科学补碘,以避免甲状腺疾病的发生。你认为海报内容应从哪几方面展开,具体内容应如何呈现?

制作"岛城居民科学补碘"宣传海报,呼吁岛城居民科学补碘,激发社会责任感。

课堂互动区

活动 1　"岛城居民科学补碘"宣传海报的策划

【问题驱动】

(1) 你认为海报内容应从哪几方面展开,具体内容应如何呈现?

(2) 请你分析任务中的化学问题,并指出主要理论依据。

活动·研讨

小组合理分工,分解任务:明确宣传海报要展示的内容和呈现方式;明确完成任务的基本思路;分析、解决遇到的问题。

问题驱动 1:你对碘元素了解多少?碘元素对人体的作用有哪些?

【信息检索】

了解碘元素的一般知识。(提供资料检索,让学生自己查找资料,对照资料自主学习)

交流·研讨

你了解人体中碘元素缺乏或过量会给人们带来什么影响吗?(课前预习区的任务单中已要求查阅生物课本或通过网络查阅相关资料)

问题驱动 2:青岛居民都是以什么方式补碘的?

调查·采访

根据调查问卷,对部分居民进行调查与统计。(学会利用问卷调查的形式了解信息,以便更好地利用统计结果制定措施)

德 育 发 展 点

引导学生利用调查问卷的形式了解信息,利用统计结果制定措施,发展"科学探究与创新意识"的化学学科核心素养。

问题驱动 3:以下这些物质中真的含有碘元素吗?其中的碘元素都以什么形式存在呢?

资料 1 食盐:查阅资料获知,加碘盐中,有的加入碘化钾,有的加入碘酸钾。(已获知含有碘元素)

动手实验:在食盐中加碘是预防碘缺乏症的有效方法。通常,在食盐中加碘有两种方法:一种是加入碘化钾(KI),另一种是加入碘酸钾(KIO_3)。请设计实验方案检验一种含碘盐加入的是碘化钾还是碘酸钾,并检验自己家中的含碘盐。[提示:① 碘单质(I_2)遇淀粉变蓝;维生素 C 是生活中可利用的还原剂;84 消毒液是生活中常用的氧化剂]

资料 2 海鲜:大虾、蛤蜊、扇贝、海螺等的含碘。(含量很低,本节课不进行检测)

资料 3 海带:学生通过课前查阅资料,了解到海带中碘的含量一般在 0.3% 以上,最高可达 0.9%。存在于海带植物细胞中的碘,其中 I^- 的含量为 88.3%,有机碘的含量为 10.3%,IO_3^- 的含量为 1.4%。

问题驱动 4:如何检验海带中含有碘元素呢?

活动·探究

各组展开讨论,根据资料和药品设计实验方案。方案形成后小组推选代表进行汇报;经老师批准后,各组利用实验桌上的药品进行实验探究。

实验可供选择的药品和用品: 海带粉;$AgNO_3$ 溶液(硝酸酸化),5‰ H_2O_2 溶液(酸化),84 消毒液,KI 溶液,维生素 C 溶液(还原性),稀硫酸,淀粉溶液,蒸馏水;烧杯,玻璃棒,试管,胶头滴管。

方法引导

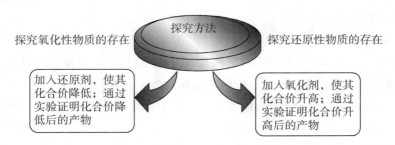

(提示:碘单质遇淀粉变蓝,维生素 C 是生活中常见的还原剂,84 消毒液是生活中常用的氧化剂)

实验过程及记录(见表 3-12):

表 3-12 实验过程及记录

猜想	实验步骤	实验现象	实验结论

【实验方案设计】

1. 实验原理

(1) $2I^- + H_2O_2 + 2H^+ \rightleftharpoons I_2 + 2H_2O$。

(2) $KIO_3 + 5KI + 3H_2SO_4 \rightleftharpoons 3I_2 + 3H_2O + 3K_2SO_4$。

(3) 碘单质或者含碘单质的溶液遇淀粉变蓝。

2. 实验用品

材料：干海带，海带粉。

仪器：烧杯，玻璃棒，试管。

药品：$AgNO_3$ 溶液（硝酸酸化），5% H_2O_2 溶液（酸化），稀硫酸，淀粉溶液，四氯化碳，蒸馏水，KI 溶液。

3. 实验过程

（1）浸泡海带：将干海带用粉碎机绞碎，取 3 药匙放入烧杯中，然后向烧杯中加入蒸馏水至 50 mL 处，用玻璃棒轻轻搅拌后静置，浸泡 2 min。

（2）海带中碘元素的检验：取 2 mL 上层清液加入试管中，按以下实验步骤进行实验（见表 3-13）。

表 3-13　实验记录

猜想	实验步骤	实验现象	实验结论
是否含有 I_2	方案一：加入 2～3 滴淀粉溶液	溶液没有出现蓝色沉淀	很少或没有
是否含有 I^-	方案一：滴加用 2～3 滴稀硝酸酸化过的 $AgNO_3$ 溶液	未出现黄色沉淀	无
	方案二：加入 1 mL 用稀硫酸酸化过的 5% H_2O_2 溶液，振荡，再加入 2～3 滴淀粉溶液	出现蓝色沉淀	有 I^-
	方案三：加入 1 mL 氯水或 84 消毒液，振荡，再加入 2～3 滴淀粉溶液	未出现蓝色沉淀	？
是否含有 IO_3^-	方案一：加入几滴稀硫酸后加入 1 mL KI 溶液，再加入 2～3 滴淀粉溶液	出现蓝色沉淀	有 IO_3^-，但量很少
	方案二：加入几滴维生素 C（还原剂）溶液，再加入 2～3 滴淀粉溶液	出现蓝色沉淀	有 IO_3^-，但量很小

（各小组进行实验探究）

（3）实验结论：海带中碘元素是以什么形式存在的？

（4）实验过程中应注意的问题：

① 倾倒时，若倾倒液中留有少量海带残渣对实验无影响。

② 用胶头滴管取液时，1 mL 约为 20 滴。

③ 组长负责分工，明确组员的任务。

操作员:进行实验的相关操作。

记录员:记录现象、结论等,同时负责交流表达小组意见。

管理员:按实验要求给操作员提供仪器和药品。

观察和监督员:观察现象,关注实验仪器、药品的使用情况。

【实验结果】

各小组展示并汇报实验结果。

【问题思考】

1. 介绍为验证一种猜测而进行的探究实验的基本思路,说明探究实验所依据的基本原理。

2. 写出每一个探究实验所发生的反应的化学方程式;属于氧化还原反应的标出双线桥,说出有关物质的氧化性或还原性并进行强弱比较。

3. 如何借助"价-类"二维图分析碘元素所具有的化学性质?

德 育 发 展 点

　　通过探究实验设计,引导学生了解项目式学习过程中探究实验设计的一般步骤与方法,学会依据实验结果提出合理建议;深刻认识碘元素对人体的作用,增强科学补碘的意识;通过对含碘食物中碘元素的检验,掌握利用氧化还原反应规律设计探究实验的思路及对实验过程中出现的问题的处理办法,内化迁移,学以致用,发展"证据推理与模型认知"的化学学科核心素养。

活动2　科学论证　指导"补碘"

问题驱动5:人们如何摄入碘元素?各种摄入方式的比例大约是多少,每次量是多少,每周的频率又是多少?

活动·研讨

能否通过粗略计算指导合理补碘?

(调查发现:每周至少食用一次富含碘食物,每次摄入 50~100 g)

方法引导

理论上,可把平均每天吃的主要含碘食物的质量乘以相应食物的含碘量得出一个评估数(不考虑流失)。

(计算公式:摄碘量=每天吃含碘食物重量×相应食物的含碘量)

在线知识

(1) 各种食物对膳食摄入碘的贡献率(2009 年数据,见图 3-7)。(资料卡 1)

（2）总膳食研究会对食物含碘量的检测数据。（资料卡2）

资料卡1

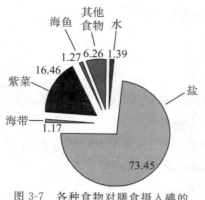

图3-7 各种食物对膳食摄入碘的
贡献率(%)

资料卡2

　　2014年,根据总膳食研究会对食物含碘量进行检测,检测出沿海居民常食用的食物中,含碘量居前7位的分别是:海带($314\,780.1\ \mu g \cdot kg^{-1}$)、紫菜($176\,956.5\ \mu g \cdot kg^{-1}$)、食盐($30\,000\ \mu g \cdot kg^{-1}$)、水产贝类($341.4\ \mu g \cdot kg^{-1}$)、蛋类($255.9\ \mu g \cdot kg^{-1}$)、乳类($106.7\ \mu g \cdot kg^{-1}$)、肉类($103.2\ \mu g \cdot kg^{-1}$)。

　　根据《2010年中国食物成分表》,海产品中只有海带、紫菜以及水产贝类含碘量较高,海鱼等含碘量跟禽畜肉类含碘量相差不大,这些食品起不到明显的补碘作用。

交流

1. 通过以上实验与资料可知,人们应如何进行科学补碘呢？谈一谈通过本节课的学习你都有些什么收获。

2. 如何制作海报呢?

德 育 发 展 点

　　通过制作宣传海报,发展学生的"科学态度与社会责任"的化学学科核心素养。

课后巩固区

科学补碘利健康　加大宣传远疾病

活动·实践

　　以小组为单位,根据本节课内容及调查问卷,为青岛市民也包括为我们自己设计一份科学补碘的宣传海报(以手抄报的形式上交,根据优秀程度评选一、二、三等奖,优秀者在宣传栏内张贴),进行合理的指导,使人们科学补碘、合理膳食、远离碘病、身体健康。

德育发展点

通过项目式学习,引导学生积极主动思考问题,科学设计、合理规划项目研究过程,发展"科学态度与社会责任"的化学学科核心素养。

三、课后反思

本节教学以青岛居民甲状腺疾病高发为案例,以科学补碘海报制作为项目驱动,把"氧化还原反应基本知识的复习"作为核心问题贯穿于整个活动之中,在真实问题的驱动下,引导学生对有关知识进行复习并加以应用,从而达到项目式学习的核心目的——"做中学、用中学"。任务的分解、合理分工都是通过小组合作来完成的,符合新课程倡导的合作探究的要求。

本节教学活动以制作"岛城居民科学补碘"宣传海报为基本任务,从海报内容和呈现形式两个方面开展,课堂气氛融洽,学生讨论很热烈。学生的实验也吸引了在场的专家、老师们驻足观察。他们和学生近距离交流、讨论,也成了课堂的主角,融入课堂活动之中。

课后我对课堂教学进行了反思,在深深感叹项目式教学优势的同时也意识到自己的不足,如海报设计方案展示的时间过长、对核心问题的挖掘还不够深入、课堂语言不够凝练等。以上问题需要在今后的教学实践中进一步研究和解决。

7. 探秘 84 消毒液
——基于项目活动的"氧化还原反应"复习

山东省青岛第三十九中学 李晓倩

《普通高中化学课程标准(2017 年版)》明确提出了关于氧化还原反应的学习要求:"认识元素在物质中可以具有不同价态,可通过氧化还原反应实现含有不同价态同种元素的转化,认识有化合价变化的反应是氧化还原反应,了解氧化还原反应的本质是电子转移,知道常见的氧化剂和还原剂。"同时,课程标准中的"学业要求"进一步强调:"能从物质类别、元素价态的角度,依据复分解反应和氧化还原反应原理,预测物质的化学性质和变化,设计实验进行初步验证,能分析、解释有关的实验现象。"由此可见,从物质类别和价态两个方面来进行氧化还原知识与真实项目的整合,从而建构"价-类"二维图是新课程标准倡导的教学方式。

氧化还原反应在基本概念与基本理论体系中居于非常重要的地位,它对学生学习元素化合物和电化学等具有指导作用;由于其理论性强,较为抽象,因此成为教学的难点。本节课是在学生学习了物质的分类、离子反应和氧化还原反应之后的更侧重于知识应用的一节课。84消毒液的性质是次氯酸钠的性质的体现。本节课要求学生以氧化还原反应和离子反应理论为知识支撑,认识次氯酸钠的性质,掌握认识陌生物质性质的一般方法,从分析物质性质的角度形成研究化学反应的一般思路,发展"科学探究与创新意识"的化学学科核心素养。

84消毒液的性质和正确使用的教学蕴含着丰富的德育发展点,包括增强学生的环保意识、加深对"一分为二地看待事物""事物是普遍联系的"等哲学观点的认识、在建模过程中培养合作探究意识等。

一、教学与评价目标

1. 教学目标

(1)能依据核心元素的化合价来推断物质的氧化性和还原性,根据氧化还原理论和离子反应原理选择试剂、设计并优化实验;能合作设计完成实验探究,形成探究物质性质的一般思路,发展"科学探究与创新意识"的化学学科核心素养。

(2)尝试从化合价和物质类别的角度认识物质的性质,建立"价-类"二维图的模型,并能运用此模型来解决化学问题。(证据推理与模型认知)

(3)了解84消毒液消毒原理,能正确使用84消毒液,培养正确使用化学品的意识,增强社会责任感。(科学态度与社会责任)

(4)学会运用所学的化学知识解决生活中的问题,初步建立分析真实化学问题的一般思路和方法。(科学态度与社会责任)

2. 评价目标

(1)通过对84消毒液的性质和正确运用实验探究方案设计的交流和点评,诊断并提高学生实验探究的水平。(基于经验水平、基于反应原理水平)

(2)通过对"价-类"二维图认识模型的构建,诊断并提高学生从物质类别和元素化合价两个角度认识物质性质的结构化水平。(孤立水平、系统水平)

(3)从对84消毒液的性质、使用方法的探究到对84消毒液用量的讨论,诊断并提升学生研究物质性质的能力。(定性水平、定量水平)

(4)通过对学校游泳池消毒方案的设计,诊断并提升学生解决实际问题的能力以及提升学生对化学科学价值的认识水平。(孤立水平、系统水平、学科价值视角、社会价值视角、学科和社会价值角度)

二、教学与评价思路

Ⅰ（课前） 学校游泳池所用消毒剂的调查	Ⅱ（课中） 分任务处理	Ⅲ（课中） 建模	Ⅳ（课后） 问题的解决方案的展示
•考查收集有效信息的能力	•证据推理与模型认知，科学探究与创新意识，科学态度与社会责任	•证据推理与模型建构	•科学态度与社会责任
•调查学校游泳池的所用消毒剂	•通过设计、汇报、改进和实施实验方案等方式探究 84 消毒液的性质及正确的使用方法	•汇报以氯元素为核心元素的系列物质之间的转化关系，掌握分析新物质性质的思路与方法	•学校游泳池消毒方案的优化与改进
•诊断获取有效信息的能力	•提升通过实验探究物质性质和认识物质的水平以及对化学价值的认识水平	•提升认识物质性质的水平	•提升解决问题的能力与对化学价值的认识水平

三、教学过程

（师生具体对话略，仅体现关键环节及关键词）

【教学环节一】 调查学校游泳池所用消毒剂

展示学校游泳池图片（图 3-8）。

图 3-8 学校游泳池

游泳池调查小组成员进行汇报(图3-9)。

图 3-9 调查小组成员进行汇报

任务提出:

我们学校游泳池的常规消毒用的是84消毒液,现在在座的每一位同学都是设计师,能不能为学校的游泳池制订一个消毒方案呢?要想合理使用84消毒液,我们该从哪些方面了解它呢?

德 育 发 展 点

引导学生从学校中的真实情境出发,感受化学来源于生活,深刻体会化学与生活的密切关系。

【教学环节二】探究84消毒液的性质与正确使用

(学生进行项目分解,提出想要研究的问题)

问题驱动1:84消毒液是具有氧化性的消毒剂吗?为什么?设计实验探究。

(如果学生回答不出次氯酸钠的氧化性,教师提供资料卡,再让学生回答)

资料卡:医用过氧化氢常用于皮肤、黏膜伤口的消毒。过氧化氢之所以能消毒是因为其具有氧化性,可以把脓液、污染物中的细菌氧化,从而杀死细菌。因为有氧化性,过氧化氢还可以用作漂白剂。与过氧化氢类似,很多消毒剂也是因为具有氧化性而具有消毒功能。

德 育 发 展 点

引导学生自主运用化合价预测次氯酸钠的性质;学会根据所收集的信息对物质可能发生的变化提出假设,养成独立思考的习惯。

师追问:预测次氯酸钠具有氧化性,你认为它会和哪些物质反应呢?

生:还原剂。

师:请各小组同学根据实验桌上的药品设计实验方案,观察并记录实验现象。

提供的药品：84消毒液、$FeSO_4$溶液、KSCN溶液、KI溶液、淀粉溶液、酸性$KMnO_4$溶液、淀粉-碘化钾试纸、蒸馏水。

（学生分组实验）

德 育 发 展 点

　　通过运用氧化还原理论对实验设计的分析讨论，引导学生培养独立思考、敢于质疑和勇于创新的精神，学会运用动态平衡的观点预测某种物质可能发生的化学反应，在活动中增强合作探究意识。

　　问题驱动2：你还想了解84消毒液的哪些性质？设计实验方案，试剂任选。

（学生分组实验）

德 育 发 展 点

　　基于实验证据探究次氯酸钠的其他性质，引导学生培养对化学实验探究活动的好奇心和兴趣，形成注重实证、严谨求实的科学态度。

　　师：同学们阅读了84消毒液的说明书，对说明书中的哪些内容能理解、哪些内容还不能理解？

　　问题驱动3：使用84消毒液需要注意哪些问题？

　　思考1：为什么使用84消毒液时需要将被消毒的物品在滴有84消毒液的水里浸泡一段时间？分析原因并说明理由。

　　生：可能是浸泡一段时间次氯酸钠与水、二氧化碳能充分反应生成具有氧化性的次氯酸。

　　追问：反应为什么能够发生？

　　生：空气中有二氧化碳。

　　追问：还有其他原因吗？

　　生：发生了复分解反应。

德 育 发 展 点

　　引导学生基于事实证据对次氯酸钠的变化提出假设，通过分析推理加以证实；掌握运用物质类别分析次氯酸钠性质的思路和从环境中寻找反应物的方法，加深对"事物是普遍联系的"哲学观点的理解。

　　师：既然我们猜测到次氯酸钠与空气中的二氧化碳、水反应生成次氯酸，请各小组同学设计实验证明猜想。药品和仪器任选。

（学生提出几种不同方案）

德 育 发 展 点

通过小组成员思维的不断碰撞和对实验方案的不断优化，引导学生提升科学探究和创新意识，培养对问题质疑及分析的能力，体会控制变量的思想。

师：在进行实验设计时要注意使实验条件与真实情境一致，要设计控制变量的对比实验，所以增加了试管 1 的实验（图 3-10）。试管 3 中直接通入二氧化碳，加大二氧化碳的影响不是为增强消毒效果，而是便于在短时间内看到实验结果。

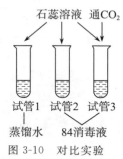

图 3-10　对比实验

（教师演示实验）

（学生观察现象，分析并得出结论）

现象：试管 1 中呈现紫色。

试管 2 中呈现蓝色，短时间内无明显变化。

试管 3 中加入石蕊溶液呈现蓝色，通入二氧化碳后蓝色快速褪去。

结论：次氯酸钠与水、二氧化碳反应生成次氯酸。

思考 2：为什么用 84 消毒液消毒衣服时要先用水稀释再浸泡一段时间但又不能时间过长，也不宜用 50 ℃以上的热水呢？

思考 3：84 消毒液对碳钢和铝制品有腐蚀作用，对织物有漂白作用，不能用于对丝、毛等织物的消毒，这是为什么？

（学生思考并回答）

德 育 发 展 点

基于实验证据说明次氯酸钠的转化，引导学生体会实验条件的控制对完成科学实验及探究活动的作用，增强探究物质性质和变化的兴趣；运用已有知识综合分析化学过程对社会生活的各种影响，增强社会责任意识。

思考 4：为什么不能将 84 消毒液和酸性产品（洁厕灵）一起使用？

实验可供选择的药品和用品：稀释的 84 消毒液、洁厕灵（主要成分盐酸）、红色纸条、淀粉-碘化钾试纸、NaOH 溶液、蒸馏水、表面皿（2 个）、培养皿（2 个）、点滴板、镊子、胶头滴管、脱脂棉。

（学生展开讨论，设计实验方案）

追问：湿润的淀粉-碘化钾试纸变蓝说明有氯气生成。这个反应里并没有氯气，所以不正确。既然氯元素的化合价发生了变化，肯定不是简单的复分解反应，那应该是什么反应呢?

师:我们从反应现象判断有氯气生成,并且从氯元素的价态变化来看发生的是氧化还原反应,所以在使用像84消毒液这样的化学品时要注意使用条件和使用安全。

德育发展点

引导学生运用模型分析、解决真实问题,从物质分类和酸碱反应——复分解反应的视角解读物质性质,基于证据推理证实或证伪假设;同时,拓展分析反应产物的角度:原有角度——反应现象、元素守恒,拓展角度——酸碱环境、反应原理(复分解、氧化还原),发展"科学探究与创新意识"的化学学科核心素养,增强安全意识和环境保护意识,提升用变化的、一分为二的观点分析、解决问题的能力,形成正确的认知观。

问题驱动4:如何保存84消毒液?用84消毒液消毒时,每次加入的量约是多少?

(学生阅读资料卡片,见表3-14)

表3-14 游泳池水质常规检验项目限值　　　　CJ/T 244—2016

序号	项目	限值
1	浑浊度(散射浊度计单位)/NTU	≤0.5
2	pH	7.2~7.8
3	尿素/$(mg \cdot L^{-1})$	≤3.5
4	菌落总数/$(CFU \cdot mL^{-1})$	≤100
5	总大肠菌群/(MPN/100 mL 或 CFU/100 mL)	不得检出
6	水温/℃	20~30
7	游离性余氯/$(mg \cdot L^{-1})$	0.3~1.0
8	化合性余氯/$(mg \cdot L^{-1})$	<0.4
9	氰脲酸 $C_3H_3N_3O_3$(使用含氰脲酸的氯化合物消毒时)/$(mg \cdot L^{-1})$	<30(室内池) <100(室外池和紫外消毒)
10	臭氧(采用臭氧消毒时)/$(mg \cdot m^{-3})$	<0.2(水面上方20 cm高度以内空气中) <0.05(池水中)

生：在避光、阴凉处保存，以游离性余氯来衡量：$0.3 \sim 1.0 \ mg \cdot L^{-1}$。

追问：在研究次氯酸钠性质的过程中，你是从哪些角度来认识它的性质的？你的分析过程是怎样的？

生：从化合价角度认识它的氧化性，从物质类别角度分析次氯酸钠与二氧化碳、水的反应。

德育发展点

> 学生阅读资料卡片，分析次氯酸钠的性质，了解加入的 84 消毒液的用量和保存方法；先进行定性分析，再进行定量计算，层层递进，培养了学生提取信息的能力。

（学生梳理形成"价–类"二维图，见图 3-11）

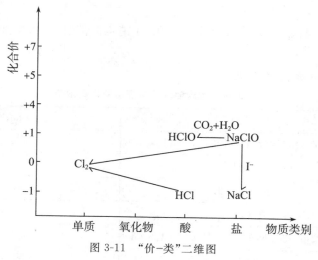

图 3-11 "价–类"二维图

德育发展点

> 引导学生掌握运用化合价和物质类别的知识来分析物质化学性质及物质转化的思路与方法，学会依据物质及其变化的信息建立解决复杂化学问题的思维方式。

小结：我们学校的游泳池偶尔也会用臭氧消毒，直接通过臭氧发生器将臭氧注入水循环的管道。臭氧消毒虽然有其优点，但是臭氧杀菌消毒时间短，所以人工成本和药物经济成本都较高，不适宜长期使用。无论是 84 消毒液还是臭氧，在使用时都要注意使用的条件和安全问题。

【教学环节三】总结提升、反思评价

（学生谈本节课的收获）

师：通过对 84 消毒液有效成分次氯酸钠的分析，可使我们在遇到陌生物质时，首先要考虑这种物质的核心元素是什么，再看核心元素的价态如何改变，最后从物质分类的角度去分析这种物质还具有什么样的性质，为此可构建"价-类"二维图，运用它来分析、解决问题。在今后的元素化合物学习中，同学们要经常运用"价-类"二维图这一工具。

德 育 发 展 点

引导学生回归生活，认识化学与生活息息相关以及化学科学的重要作用，并建立"事物是普遍联系的"哲学观念。

课后作业：

如果你是学校游泳场馆的负责人，学习本节课的内容之后，你还会选择 84 消毒液对池水进行消毒吗？关于游泳池的消毒方案又该如何优化呢？说明你的设计理由（可以设计成海报的形式）。

德 育 发 展 点

从生活情境中来又回到生活情境中去，将项目式教学延伸到课下，继续完善或补充学校游泳池的消毒方案，引导学生感受化学科学的价值，增强学好化学造福人类和社会的责任感。

四、教学反思

（一）知识层面

（1）本节课是将项目式教学和氧化还原知识复习相结合的一节成功的教学案例。项目式教学在解决实际问题中，以真实情境（如学校游泳池）激发学生的兴趣，引导学生在解决问题时科学运用所学的化学知识（如从物质类别和氧化还原的角度认识物质的性质），并在此过程中发展化学学科核心素养。

（2）项目式教学设计的关键在于找到一个能承载化学核心知识的真实问题情境，同时还需要引导学生将项目的主任务分解成化学问题；并且，项目式教学需要教师在课前做充足的准备，但因课堂上会有一些意外情况发生又不能总是按课前的预案来进行教学。课堂教学自由度比较大，要求教师有很强的课堂教学把控力，从而极大地促进了教师的专业成长。

（3）教学中要运用好项目式教学的三条主线：任务线、知识线和发展线。

对于项目线来说，项目的本体结构非常重要，要找到项目的本体逻辑、总任务和子任务各是什么。要完成子任务，一定要有子问题（问题活动），从而构成三级项目问题结构。在问题线的设置中，本次教学体现了问题的进阶性：从定性讨论到定量分析，层层递进，体现了项目式教学目标问题设置的较高水平。而教师要成为问题的解决者，梳理整个项目的学习活动过程，从项目主体中寻找学生学过的知识和知识背后所体现的能力、素养要求，然后再把学生引进项目活动中。教师要知道学生对于所用知识的缺失点，预测学生的问题解决障碍点。这也是在教学过程中要重点抓的"对话点"，通过教师与学生的对话、追问，诊断并提升学生的思维水平。凡是学生有困难、有障碍的学习内容都是待发展的点，这就构成了另外两条线：知识线和发展线。

（4）"价-类"二维图的建构对学生后续学习其他元素化合物的知识具有重要的指导意义。

（二）德育层面

1. 学习一分为二地看待事物的分析方法

84消毒液的使用，有对人类有利的一面，但如果使用不当也会产生环境问题，引导学生增强辩证地看待事物的观念。

2. 注重生活中的化学知识学习

从为学校游泳池消毒方案设计这个真实的主任务出发，设置一系列驱动性问题，最后回到设计方案上来，引导学生感受身边真实的化学。

3. 多角度的学科核心素养培养

包括"证据推理与模型认知"素养、"变化观念"素养、"科学探究与创新意识"素养、"科学态度与社会责任"素养在内的各种素养都通过学生的实验探究活动以及与老师和同学们的对话发展起来。

4. "事物是普遍联系的"哲学观点的渗透

通过实验时的变量控制、在环境中寻找对应物以及提供化学与生活息息相关的实例，引导学生增强"事物是普遍联系的"哲学观念。

8. 基于硫酸工业项目的"不同价态硫元素的转化"探究

山东省青岛第三十九中学 宋立栋

《普通高中化学课程标准(2017年版)》关于非金属及其化合物的要求为:"结合真实情境中的应用实例或通过实验探究,了解氯、氮、硫及其重要化合物的主要性质,认识这些物质在生产中的应用和对生态环境的影响。"同时,课程标准强调"结合实例认识金属、非金属及其化合物的多样性,了解通过化学反应可以探索物质性质、实现物质转化,认识物质及其转化在自然资源综合利用和环境保护中的重要价值"。其中,含硫物质的转化实验是新课程标准要求的学生必做实验之一。

本节教学设计以硫酸工业为切入点,在课堂上组织学生进行含硫物质的转化实验探究,以此模拟硫酸生产的反应原理,同时梳理、建构含硫物质转化的知识网络;引导学生"结合工业制硫酸等实例了解化学在生产中的具体应用,认识化学工业在国民经济发展中的重要地位""认识物质及其变化对环境的影响,依据物质的性质及其变化认识环境污染的成因、主要危害及其防治措施,以酸雨的防治等为例体会化学对环境保护的作用"。含硫物质对大气的污染与防治也是学生应用含硫物质转化关系分析、解决问题时需要特别关注的内容。

由此可见,含硫物质的转化过程蕴含着丰富的德育发展点,包括发展学生的环保意识、可持续发展观念、资源利用意识等;同时,在建模过程中还可以培养学生的合作探究意识等。这些,使得本节教学应特别重视学科教学与德育的融合。

一、教学与评价目标

1. 教学目标

(1)通过硫酸厂总任务分解,在问题解决中构建不同价态硫元素的转化模型。

(2)通过对二氧化硫性质及其实验的探究与学习,培养实验设计能力及实验探究能力。

(3)通过对硫酸厂尾气的处理,了解二氧化硫对空气的污染,知道硫酸型酸雨的形成原因和防治二氧化硫污染的方法,培养关注生产、关注绿色化学的意识和能力。

2. 评价目标

(1)通过对硫酸工厂建厂过程中的原料、原理的探究,设计实验探究不同价态含硫物质之间的转化关系,考查学生实验设计能力及实验操作水平。

(2)通过硫酸工厂污染物的处理,考查学生对有毒气体处理方式的掌握情况;将其拓展到其他有毒或有害物质的处理中,考查他们对社会性议题的处理水平和处理能力。(学科和社会价值视角)

(3)通过对工业制备硫酸完整流程的设计,考查学生关注生产并形成借助工艺流程制备物质的一般思路和方法的水平。

3. 化学学科核心素养发展

(1)宏观辨识与微观探析:依据核心元素的化合价推断物质的氧化性或还原性。

(2)变化观念:通过氧化还原反应能够实现物质之间的转化。

(3)科学探究与创新意识:通过不同价态硫元素的转化实验,培养关于物质性质及其转化的实验设计、实验操作及实验探究能力。

(4)科学态度与社会责任:通过硫酸工艺流程的探究主线,将可持续发展、绿色化学观念应用于实验探究活动和实际问题的解决中。

二、教学与评价思路

Ⅰ(课前) 硫酸工厂材料搜集	Ⅱ(课中) 分任务处理	Ⅲ(课中) 建模	Ⅳ(课后) 问题解决和展示
• 考查收集有效信息的能力 • 分解项目 • 诊断获取有效信息水平及类比归纳有效信息的能力	• 证据推理与实验探究 • 汇报、改进和实施实验方案 • 提升实验水平及创新水平	• 证据推理与模型建构,小组合作探究 • 在任务完成过程中不断完善模型 • 提升证据推理及模型建构的水平	• 科学态度与社会责任 • 硫酸厂尾气处理 • 提升对绿色化学价值的认识水平,发展绿色化学思维;认识到化学与生活息息相关

三、教学过程

(师生具体对话略,仅体现关键环节及关键词)

【教学环节1】课前任务卡活动设计

课前任务卡:

1. 硫酸工业的用途及前景。

2. 网上查阅资料,了解常见的含硫物质;以物质类别为横轴、化合价为纵轴列出找到的物质,并分析哪些可能用来制备硫酸。绘制"价-类"二维图。

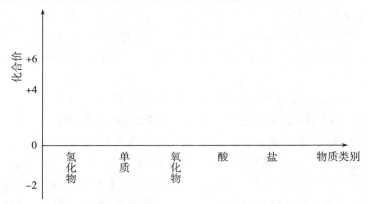

3. 查阅资料,找到目前我国硫酸工业应用的反应原理、生产装置等,同时关注硫酸厂可能产生的污染物。填写表 3-15。

表 3-15　关于硫酸工业应用的信息表

原料	主要反应	生产装置	可能产生的污染物	共有反应

4. 角色扮演:如果你是硫酸工厂的厂长,你会从哪些角度来考虑建厂? 如何处理污染与生产之间的关系?

5. 观察超市中的葡萄酒标签、果脯标签等,尝试发现二氧化硫的身影。网上查询二氧化硫在葡萄酒中的作用及它是否还有其他的用途。

设计意图:了解硫酸工业的基本知识,做好与本课题相关的知识储备。

引导学生学会搜集和整理信息,能根据要求提取有效信息。(发展"科学态度与社会责任"的化学学科核心素养)

【教学环节 2】角色扮演,提出总任务

师:假设你是硫酸厂的厂长,你会从哪些角度来考虑建厂?

生1:原料来源要广泛,成本要低;生产的装备要先进,原料的利用率要高,当然成本也得考虑在内;最好能够找到合适的催化剂,这样可以节省很多能源。

生2:对原料产地及硫酸消费市场要考察好,把硫酸工厂的位置选好。

生3:对于原料应考虑能否用其他厂的废料,这样不仅成本低,同时污染轻,能化废为宝。

生4:对,我觉得除了考虑生产成本外,也要考虑环保和成本……

师总结:非常好,要真正建厂需要考虑的问题非常多。作为化学人的我们这节课从化学角度来体验建硫酸厂的流程:①寻找合适的原料,②探究反应原理,③治理产生的污染物,④确定工厂选址的原则等。

设计意图:培养学生将化学知识应用于实际工业生产的能力,增强学生的社会责任意识。在讨论中学生提出了绿色办厂的理念,这非常符合学生的社会责任意识素养发展的方向。以学生讨论结果为切入点,使情境创设更加真实。

> **德 育 发 展 点**
>
> 通过角色扮演,将学生带入角色,增强其全面认识事物的意识;同时,学生在讨论过程中发生思维碰撞,提出绿色办厂的理念,这有利于发展学生的社会责任意识。(发展"科学态度与社会责任"的化学学科核心素养)

【教学环节3】初步构建"价-类"二维图,完成解决分任务1

师:建厂一般从目标产物出发,寻找其所需原料。请讨论回答下列问题。

1. 根据所学知识预测哪些物质可以经过转化制取硫酸。

2. 这些反应的原理是什么?

(学生展示课前任务卡中整理的"价-类"二维图,见图3-12)

"价-类"二维图示例:

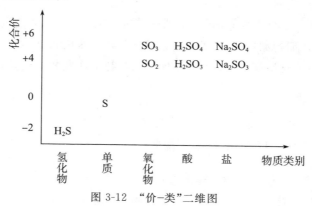

图3-12 "价-类"二维图

小组讨论:完成"价-类"二维图,整理出的物质之间的转化关系,找出制备硫酸的可能路径。

学生展示:工业制硫酸的常见原料及反应原理(见表 3-16),同时寻找核心反应:$2SO_2 + O_2 \xrightarrow[\triangle]{\text{催化剂}} 2SO_3$。

表 3-16　工业制备硫酸的反应原理和生产设备

反应原理	生产设备
$S + O_2 \xrightarrow{\text{点燃}} SO_2$ $4FeS_2 + 11O_2 \xrightarrow{\text{高温}} 8SO_2 + 2Fe_2O_3$ $2SO_2 + O_2 \xrightarrow[\triangle]{\text{催化剂}} 2SO_3$	沸腾炉(制取 SO_2)
硫黄、硫铁矿、有色金属冶炼烟气、石膏、硫化氢、二氧化硫、废硫酸 $SO_3 + H_2SO_4(\text{浓}) = H_2S_2O_7$ $H_2S_2O_7 + H_2O = 2H_2SO_4$	接触室(氧化为 SO_3) 吸收塔(加水变成焦硫酸)
$S + O_2 \xrightarrow{\text{点燃}} SO_2$　　$4FeS_2 + 11O_2 \xrightarrow{\text{高温}} 8SO_2 + 2Fe_2O_3$ $SO_2 + H_2O = H_2SO_3$　　$H_2SO_3 + H_2O_2 = H_2SO_4 + H_2O$ $2H_2SO_2 + O_2 = 2H_2SO_4$	沸腾炉

设计意图:引导学生从"价-类"二维图的角度分析物质性质,找到物质之间的转化关系,培养学生的证据推理能力;充分利用"价-类"二维图,从类别和价态两个维度认识物质的性质。

德 育 发 展 点

通过对反应原理的探寻,培养学生从二维角度认识事物的能力;同时,透过宏观现象深入微观世界,发展学生的化学思维能力。(发展"宏观辨识与微观探析"化学学科核心素养,思想方法范畴)

【教学环节 4】应用"价-类"二维图,进行实验探究,完成分任务 2

师:在工业生产中制备硫酸的关键是将+4 硫元素转化为+6 价硫元素。请大家思考并完成以下问题组,设计合理的实验方案来验证你的假设。

1. 实验室中还可以通过哪些方式将 SO_2 转化为+6 价硫元素的化合物?

2. 运用课前任务卡中的"价-类"二维图,分析二氧化硫具有怎样的化学性质。

3. 我国硫酸工业生产也会选择冶炼烟气做原料,如何判断烟气中含有二氧化硫？

（学生分组讨论,借助"价-类"二维图,从价态及物质类别角度分析反应过程及二氧化硫可能具有的性质,提出本组的实验方案）

小组讨论:小组之间交流实验方案,完善本组的实验方案。

分组实验。药品:二氧化硫的水溶液,酸性 $KMnO_4$ 溶液,氯水,Na_2S 溶液,KI 溶液,淀粉溶液,品红溶液,NaOH 溶液,酚酞溶液,澄清石灰水,$CaCl_2$ 溶液,紫色石蕊溶液。

仪器:酒精灯、试管夹、试管、胶头滴管等任选。

（实验方案及实验结果分组展示）

（教师总结工业制硫酸的流程和反应原理,同时给出工业生产设备图）

设计意图:根据硫与氧气不能直接燃烧制备 SO_3 的事实,让学生寻找将 SO_2 转化为 +6 价含硫氧化物的方法;接下来给学生提供药品,让学生自主设计实验来探究 SO_2 的性质。教学中完全放手,让学生运用"价-类"二维图预测 SO_2 的性质,并自主设计实验探究 SO_2 的性质,初步掌握 SO_2 的性质。

德育发展点

学生从问题和假设出发,依据探究目的设计探究方案,运用化学实验、团队合作、分类对比等方法进行实验探究并获得结论,体验科学探究成功的喜悦。通过小组讨论、合作探究,提高学生的合作意识及探究意识;通过完全开放的实验探究,引导学生像科学家一样思考问题并解决问题,培养他们严谨求实的科学态度。（发展"科学探究与创新意识"的化学学科核心素养）

【教学环节 5】 协调生产与污染之间的关系,践行绿色化学理念

师:工业生产中难免会产生污染物,你作为工厂的厂长,如何确定对污染物的处理原则? 接触法制硫酸过程中会产生固体废弃物及含二氧化硫的尾气等,根据所学知识思考应如何进行处理;若不加处理,含硫尾气会导致酸雨的形成,原因是什么?

生1:废弃物是放错了位置的资源。要尽量提升原料的利用率,实在利用不了的,一定处理到符合国家标准后再排放。

生2:处理污染物可能需要很高的成本。我在想能否将产生的废弃物提供给有需要的工厂,这样处理会使成本降低,同时降低其他厂的原料价格。

设计意图:污染物的处理方法多种多样,学生的思维也多种多样,引导他们关注绿色化学、关注环境保护。

德育发展点

通过对污染物的处理,培养学生的环保意识和绿色化学观念。(发展"科学态度与社会责任"的化学学科核心素养)

【教学环节 6】综合评价,确定厂址

师:原料、设备都确定好以后,决定或影响厂址的因素是什么?

生 1:考虑靠近原料地还是消费地吧? 这样运输成本能省不少。

生 2:刚刚既然提到了污染物可以处理,能不能选择与其他厂一起联合办厂呢?

设计意图:引导学生全面认识工业生产,树立正确的生产观。

德育发展点

引导学生增强资源合理利用的意识及树立正确的生产观。

【教学环节 7】课堂小结

师:通过这节课的学习,你觉得在哪些方面收获大?

设计意图:反馈提升,强化学生对硫酸生产工艺流程和反应原理的认识。

【教学环节 8】课后任务

1. 通过观看微视频,完成课前预习区第 5 题。

2. 复习二氧化硫的性质,并思考如何在实验室中制备二氧化硫。

3. 硫酸在工业生产及生活中有哪些用途? 硫酸具有怎样的性质?

设计意图:完善含硫物质转化的"价-类"二维图,同时为下一课时学习硫酸的性质做好准备。

德育发展点

培养学生全面认识物质的观念,引导学生掌握辩证看问题的思想方法。(思想方法范畴)

四、课后反思

(一)项目线

本教学设计以工业制硫酸为项目载体,引导学生以硫酸厂的开建为主线,梳理工业制硫酸的过程,包括原料、原理、设备、污染物处理及硫酸厂的选址等。这些都由学生讨论并提出,让学生充分体验工业上制备物质的完整流程。在教学中,让学生先考虑开建工厂需要关注的因素,再从化学的角度抓住几个重点模块,包括"原料""原理""生产设备""污染物产生与处理""工厂选址"等,形成项目线。

(二)知识线

主要从原料出发找出核心反应:将二氧化硫氧化为三氧化硫。这里只涉及硫元素化合价的"升",没有涉及硫元素化合价的"降",而由于受教学时间的限制,又不能将二氧化硫中硫元素化合价的"升"和"降"单独拿出来探究,于是我将污染物处理的内容也一并提到前面来,直接形成一条完整的知识线。这样,学生就可以充分探究二氧化硫的性质。实际上,这一知识线也为后续研究硫酸的性质做了铺垫。

在探究二氧化硫性质的整个过程中,充分运用了"价-类"二维图的功能,直接运用学生绘制的"价-类"二维图进行研究,并充分放手,让学生自己完成二氧化硫的性质预测、试剂选择、实验操作、现象分析、得出结论等活动,真正体验科学家发现问题、解决问题的过程。其中,学生因为提前预习了二氧化硫的漂白性,所以对各类颜色的褪去会产生疑惑,如:二氧化硫使 NaOH 酚酞溶液褪色,是二氧化硫的漂白性还是酸性? 二氧化硫使酸性 $KMnO_4$ 溶液褪色,是二氧化硫的漂白性还是还原性? ……这些都是学生提出来的问题,教师没有急于去解决,而是慢慢地等学生去思考、去解决。这时,你会发现学生的思维还是非常活跃的!

最后,关于工厂的选址,之前的思路被禁锢在"靠近原料地还是消费地"的圈子里;其实,让学生自己去考虑,说不准会想到联合制备呢!结果,学生真的从原料联想到要进行联合生产,与炼铁厂合作!

(三)德育层面

这一堂课以建化学工厂作为主任务,将实际的工业生产引入课堂,引导学生关注生产,认识化学对社会发展的重大贡献,培养社会责任意识,树立投身祖国化学化工事业的崇高理想和远大志向。同时,本节课依据学生的认知发展规律,注重培养学生的化学学科核心素养。例如,通过探究硫酸工厂的原料选取及反应原理,引导学生从"价""类"二维角度认识化学反应,培养"宏观辨识与微观探析"的化学学科核心素养。本节课设计的实验完全是开放式的,引导学生从问题和假设出发,依据探究目的设计探究方案,运用化学实验、调查等方法进行探究。这有利于培养学生"科学探究与创新意识"的化学学科核心素养。

9. 从大气到田间——找寻氮肥

山东省青岛第六十七中学 臧民忠

"自然界中氮的循环"是高一化学必修课程中的核心内容之一。学习该部分知识的目的之一在于了解氮在自然界中的循环,学会顺应自然并利用自然,尤其是认识氮肥的生产和使用所具有的重要现实意义。通过学习,学生可以建立起基于物质类别、元素价态预测和验证物质性质的认识模型,提升对与物质性质和物质用途关联的社会价值的认识水平以及解决实际问题的能力。同时,在学习知识的同时,学生可以增强绿色化学的意识,培养绿色发展观,建立科学的价值观;结合合成氨历史和对哈伯生平的了解,学会用发展的观点和辩证的观点来评价事物。

一、教学与评价目标

1. 教学目标

(1)通过实验探究寻找合适的氮肥,初步形成基于价态、物质类别、氧化还原对物质性质进行预测和检验的认知模型。

(2)通过对含氮物质及其转化关系的认识,建立起物质性质、用途及保存方法之间的关联。

(3)通过了解氨气的合成历史、氮肥的合理使用等知识,增强合理适度使用化学品的意识。

2. 评价目标

(1)通过对氨气及铵盐性质的探究的实验操作与交流讨论,诊断学生实验探究的水平及对问题的分析能力。

(2)通过对氨气与氯化氢等实验的改进及实验操作等活动,提高学生物质性质实验设计能力以及增强学生的创新意识和安全意识。

(3)通过对合成氨历史的了解、分析以及对氮肥使用问题的讨论,诊断学生分析、解决实际问题的能力以及对化学价值的认识水平。(学科价值视角、社会价值视角、学科和社会价值视角)

3. 化学学科核心素养发展

通过对氨气合成的了解,认识化学变化是有一定限度而且是可以控制的,发展"变化观念与平衡思想"的化学学科核心素养;通过对氮肥的探究,从问题和假设出发,依据探究目的设计探究方案,运用化学实验进行问题探究,发展"证据推理与模型认知"的化学学科核心素养;通过对化肥使用情况的调查,深刻认识化学对创造更多物质财富的重大贡献;建立节约资源、保护环境的可持续发展观念,从自身做起,坚持"简约适度、绿色低碳"的生活方式,发展"科学态度与社会责任"的化学学科核心素养;了解哈伯对科学做出的贡献及给人类造成的灾难,明确应科学、辩证地对待和使用化学科学研究成果的化学伦理。

二、教学与评价思路

Ⅰ（课前） 课前阅读与交流 所查阅的资料	Ⅱ（课中） 研讨改进和实施	Ⅲ（课中） 概括反思和提炼	Ⅳ（课后） 问题的解决与方案的展示
• 培养科学探究意识,辩证地认识事物 • 预测性质,准备辩论	• 科学探究与创新意识,小组合作探究 • 汇报、改进、实施实验方案	• 符号表征,宏观辨识与微观探析 • 讨论、总结、归纳物质之间的转化关系	• 证据推理,科学态度与社会责任 • 通过了解氮肥适度施用的相关知识,认识化学与生活的密切联系。实际问题解决方案的交流及相互评价
• 诊断自我学习水平及语言表达水平	• 提升实验探究及创新的水平	• 发展对物质及其转化的认识思路	• 提高解决问题的能力和对绿色化学价值的认识水平

三、教学过程

【课前阅读材料】

氨气的合成与哈伯

（一）合成氨的初衷和历史

19世纪末20世纪初,人口的大量增加导致粮食缺乏,急需获得农作物生长所需要的大量氮肥解决因有机肥的短缺而造成农作物产量偏低的问题,即解决粮食问题。而对空气中氮的固定是当时很多有见识的化学家思考的一个重大问题,但当时的人工固氮方法主要是电弧法合成一氧化氮,效率很低,不能产生较大的经济效益。后来,人们逐渐把目光向氨的合成聚焦。

如今,氨是世界上产量第二的化学制品。氨不但是制氮肥的主要原料,还广泛应用于国防、医药、化工纤维等生产领域。氨是重要的无机化工产品之一,在国民经济中占有重要地位,其中约有80％的氨用来生产化学肥料,约有20％为其他化工产品的原料。氨主要用于制造氮肥和复合肥料,如尿素、硝酸铵、磷酸铵、氯化铵以及各种含氮复合肥都是以氨为原料生产的。氨作为工业原料和氨化饲料,用量约占氨世界产量的1/2。硝酸、各种含氮的无机盐及有机中间体、磺胺药、聚氨酯、聚酰胺纤维和丁腈橡胶等都需直接以氨为原料来生产。

工业合成氨的发明过程,包含着化学家伟大的创造性和光辉的科学思想,体现了当时科学家和企业家的远见和激情。英国物理学家克鲁克斯"先天下之忧而忧",率先发出"向空气要氮肥"的号召。德国物理化学专家能斯特根据勒夏特列原理分析合成氨反应平衡正向移动的条件;勒夏特列在合成氨实验中因混入氧气发生爆炸而放弃危险的合成氨工业研究;哈伯不迷信权威,勇于追求与探索,发明了合成氨工艺。哈伯在实验室摸索出合成氨的条件,使它具有了工业化的价值,赢得1918年诺贝尔化学奖。哈伯将他设计的工艺流程申请专利后,交给了德国当时最大的化工企业——巴登苯胺和纯碱制造公司。该公司组织了以德国化工专家波施为首的研究小组,决心研究一种廉价易得的催化剂;据说经过2万多次实验,终于得到了理想的铁组催化剂——铁触媒。

这个具有重大经济价值的成果,极大地促进了合成氨工业的普及和发展(图3-13),也使博施获得了1931年诺贝尔化学奖。2007年诺贝尔化学奖获得者是德国哈伯研究所的教授埃特尔,他在固体表面化学的研究领域中做出了开拓性的成就,其中一项工作是利用多种谱学技术对合成氨的机理进行了研究和证实。我国著名化学家傅鹰先生曾说:"提出一种机制来解释一种现象并不困难,困难的是如何以实验证明这是正确的而且是唯一正确的机理。"埃特尔做到了这一点。

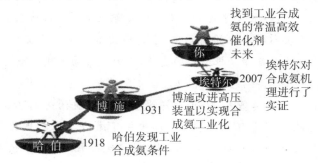

图 3-13　合成氨工业发展的路线图

（二）哈伯生平简介

哈伯，1868 年 12 月 9 日出生于德国边陲布雷斯劳市（现为波兰弗罗茨瓦夫市）的富商家庭。哈伯的父亲是一位对化学有着特殊的爱好又是靠经营染料发家的犹太人，他希望哈伯将来能在化学方面有所成就，所以，在以后的几年中经常向小哈伯讲一些化学家勤奋好学、献身事业的故事。哈伯上大学期间，先后在柏林大学、海德堡大学及瑞士苏黎世的埃德格内舍高等工业学院就读，先学有机化学，再攻物理化学和化学工程等专业，知识全面且受到过著名化学家霍夫曼和本生等名师的指导。由于哈伯刻苦努力、勤奋好学，再加天资聪慧，他的各科成绩优异，深得导师们的赏识。他不仅重视理论学习，还特别重视理论与实践的结合。为了积累实践经验，他经常去工厂向技术人员请教并参与工厂的工作实践，这为他后来发明合成氨技术打下了良好的基础。大学毕业两年后，23 岁的哈伯撰写的有机化学方面的论文立论新颖、见解独特，轰动了德国化学界。德国皇家工业科学院破格授予哈伯化学博士学位，使他成了全院学识渊博而又最年轻的博士。1902年，在美国考察期间，哈伯专程访问了一家模仿自然界雷电作用的"人工固氮"工厂。这次参观使哈伯对"人工固氮"产生了浓厚的兴趣。但是，"人工固氮"需消耗大量电能且产率极低。为此，哈伯提出了用氮气和氢气来合成氨的大胆设想，并投入紧张的研究中。起初的几年中，哈伯的研究屡遭失败，但是他屡败屡战，进行了更为深入的研究，并取得了突破性进展。1913 年 9 月 9 日，世界上第一座合成氨厂建成投产，日产氨 30 吨。

在此之前的近 150 年里，人们一直在苦苦探索"人工固氮"的方法，以有效地取代粪便等作为氮肥的主要来源，大幅度提高粮食产量，从而摆脱饥饿的困扰。氨的合成开创了人类科学史上的新篇章，它的意义不仅仅在于实现了"人工固氮"，更重要的是使农业生产发生了根本性的变革，并大大推动了相关理论（如高温、高压技术，催化理论等）的发展。因此，可以说合成氨的发明开创了化学的新时代。

作为合成氨工业的奠基人，哈伯也深受当时德国统治者的青睐，数次被德皇威廉二世召见并被委以重任。1911 年，他担任了威廉皇家物理化学和电化学研究所所长兼柏林大学教授。1914 年第一次世界大战爆发时，哈伯参与设计的多家合成氨工厂已在德国建成。当时唯有德国掌握并垄断了合成氨技术，这也促成了德皇威廉二世的开战决心。威廉认为只要能源源不断地生产出氨和硝酸，德国的粮食和炸药供应就有保证；再全力阻挠敌国获得智利硝石就可以制服对方，德国就能获胜。外国首脑和军事专家也曾预测:由于氮化合物的短缺,大战将在一年之内结束。不料,德国合成氨的成功使其含氮化合物自给有余,从而延长了第一次世界大战的时间。哈伯的成功也给平民百姓带来了灾难、战争和死亡,这大概是他料想不到的。第一次世界大战爆发后,德皇为了征服欧洲,要哈伯全力为他研制最新式的化学武器。于是,哈伯又兼任了化学兵工厂厂长,首先研制出军用毒气氯气罐。大战时,德、法两军在比利时伊普雷地区反复争夺,对峙不下。德军为了改变不利势态,统帅部采用了哈伯的建议,从而揭开了世界第一次化学战的帷幕。1915年4月21日夜间,德军在长达6千米的战线上秘密安放了数以千计的氯气罐。第二天下午5时,德军借助有利的风速以突袭的方式将180吨氯气吹放至法军阵地,刹那间形成2米高的黄色气体幕墙滚滚向前推进,纵深达10～15千米。对手毫无防范,致使5000多人死亡、15000多人中毒致伤。伊普雷一役哈伯受到德皇的嘉奖,也遭到各国科学家的强烈谴责。就这样,他被所谓的"爱国主义"所惑,继续为德国统治者效劳,当年又研制出新毒气——光气,同年12月9日在伊普雷战线使用;从此以后,西方各国竞相研制、使用化学武器且一发而不可收。化学武器在第一次世界大战中造成近130万人伤亡,伤亡人数占这次大战伤亡总人数的4.6%,在历史上留下了极不光彩的一页,哈伯则成了制造化学武器的鼻祖、人类的罪人。哈伯夫人克拉克曾经在科学事业上一心一意地支持丈夫,面对血腥的现实她也竭力反对哈伯的行为。她一再劝阻哈伯研制新毒气——芥子气,但毫无效果。她绝望了。1915年,克拉克自杀身亡,希望能以此唤醒哈伯的良知。但哈伯却执迷不悟,继续为德皇卖命。历史是公正的,它无情地嘲弄了哈伯的"爱国主义",德国最终还是成了战败国。1918年,瑞典皇家科学院因哈伯在合成氨发明上的杰出贡献,决定授予他诺贝尔化学奖,但因哈伯在研制化学武器上给人类带来灾难的行为,使世界许多科学家对此提出异议。

1933年希特勒上台后,命令哈伯辞退由他主持的柏林物理化学研究所所内全部的犹太工作人员,哈伯抗争说:"我根据智力、知识、品格而不是血统选择科研人员。"为此,他自己毅然提出辞职。终于,他也被称为"犹太人哈伯"而列入被驱逐之列,研究所随之解体。由于法西斯的迫害,包括爱因斯坦在内的许多著名犹太科学家相继离开德国。不久,哈伯受剑桥大学的邀请前往讲学,以访问学者身份流亡英国,并在剑桥的卡文迪许实验室工作。1934年,他应邀担任巴勒斯坦著名反法西斯犹太人组织的西夫高级研究所所长。1934年1月29日,他在去意大利的途中因心脏病发作在瑞士的巴塞尔逝世,终年66岁,被就地安葬在巴塞尔公墓。对于哈伯去世的消息,当时德国法西斯当局居然不做报道,还阻挠国内有关人士举行吊唁追悼活动。

哈伯一生致力于化学平衡及气体反应等方面的研究。1918年,他提出了借热力学循环来求出晶体点阵能的方法,这在热化学中被称为"哈伯循环";在电化学上,他发现了玻璃电极薄膜两边酸碱的电位差,这一发现为以后发明 pH 计打下了基础。此外,他还最先发明了燃料电池等。然而,哈伯最大的贡献还是1909年发明的具有工业化价值的合成氨方法(图 3-14)。

图 3-14　哈伯的合成氨实验装置

【课堂教学环节】

(师生简单对话略)

(一)创设情境,引入课题

视频:"自然的运作"第二集"草原急缺氮元素"。

http://tv. cntv. cn/video/C11356/f4544e8b6e5440e3a0675cecb9acf376

师:地球上所有的动植物都需要氮元素。农作物要吸收大量的含氮化合物实现丰产,以满足日益增长的人口对粮食的需求;许多动物则需要利用植物体内的氮元素来合成蛋白质,等等。那么,大自然是以何种途径把大气中的氮气转化为适合农作物等植物吸收的含氮化合物的呢?

生:自然固氮—生物固氮和高能固氮—雷电固氮。

师:自然固氮和高能固氮都十分有限,人类是怎样实现"人工固氮"的?〔参见课前阅读材料(一)〕工业合成氨是人类发展史上一项重大贡献,它解决了人类因粮食不足而导致的饥饿和死亡问题。对此,不得不提到哈伯〔参见课前阅读材料(二)〕。

板书:

人工合成氨:$N_2 + 3H_2 \underset{\text{高温高压}}{\overset{\text{催化剂}}{\rightleftharpoons}} 2NH_3$

师:通过课前阅读材料,你是怎样看待哈伯的? 在他身上,有哪些值得我们学习的地方,有哪些需要我们注意和批判的地方? 结合所查资料说说你的看法。

生1:在历史上,人们是这样评价哈伯的。赞扬哈伯的人说:他是天使,为人类带来丰收和喜悦,是"用空气制造面包"的"圣人"。诅咒他的人说:他是魔鬼,给人类带来灾难、痛苦和死亡。这是两种针锋相对、截然不同的评价。

生2:值得学习的地方——自学成才、刻苦努力、勤奋好学的求学精神,理论联系实际的科学研究方法和百折不挠的科学探究精神,选拔人才时的"唯才是举",认识到自己的错误并自我改正的精神。

但是,就第一次世界大战中研制和使用化学武器给人类带来的灾难而言,他可谓罪恶深重。

科技发明历来就是一把锋利的双刃剑,许多发明创造既可以用来造福人类,也可以用来毁灭人类文明。所以,科学家既要有科学探究精神,也要有道德良知。

德育发展点

> 结合化学史让学生知道,科学家不仅仅要有科学探究精神,还要有道德良知,引导学生学会运用辩证的哲学的眼光来分析对待事物,以发展的眼光来分析问题。

师:那么,合成出的氨是不是可以直接被农作物吸收进入体内循环呢? 我们先来学习氨与氮肥。

(二)研究氨气的性质

师:板书　一、氨气的性质

新闻资料:昨晚8时,119指挥中心接到市民报警,称沙子口一带大面积出现异味。经调查,氨气来源于崂特公司制冷车间,整个厂区是白茫茫的一片,空气中弥漫着一股浓烈的刺激性气味,人进入厂区都感到呼吸困难。厂区内寒气逼人。消防中心接到报案后立即制订方案,出动上百名消防人员(图3-15),十余辆消防车,形成强大的水幕……

图3-15　消防人员在执行任务

　　以实际场景来感染学生,使他们深刻认识到化学知识与生产、生活实践的密切关系,发展他们的"科学态度与社会责任"的化学学科核心素养。

　　师:通过上述材料,你们对氨气的物理性质有了哪些了解?

　　(学生归纳总结物理性质,教师板书1.氨气的物理性质)

　　氨气是一种_____色_____气味的气体,密度比空气_____,_____液化(用作制冷剂)。

　　思考:氨适合做氮肥吗?

　　生:不适合。

　　师:氨气的水溶性如何验证?

　　(学生通过实验进行探究)

　　在干燥的烧瓶内充满氨气,塞上带有玻璃管和胶头滴管(预先吸入少量水)的胶塞,组装实验装置(图3-16)。打开橡皮管上的止水夹,挤压胶头滴管,观察现象。(烧杯中的水滴有酚酞溶液)

　　分析现象本质并用化学符号表示出来。

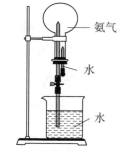

图 3-16　氨气喷泉实验装置图

　　(教师板书:2.氨气的化学性质)

　　(1)与水反应。

$$NH_3 + H_2O \rightleftharpoons NH_3 \cdot H_2O \quad NH_3 \cdot H_2O \rightleftharpoons NH_4^+ + OH^-（呈碱性）$$

　　师:如何检验氨这种碱性气体?(提示:动作要快)

　　生:利用桌面上的氨气进行实验。

　　提高学生的实验技能,增强学生的实验安全意识和绿色化学意识。引导学生对宏观现象进行微观分析并用化学符号表示出来(化学的三重表征),发展"宏观辨识与微观探析"的化学学科核心素养。

　　师:氨气与水反应得到的一水含氨适合做氮肥吗?

注意: 氨水

- 具有腐蚀性、刺激性。
- 切勿入口,儿童切勿接触。

安全措施:

- 密闭包装,并贮于阴凉、干燥、通风处。
- 远离热源、火种,防止阳光直射。
- 若皮肤或眼睛接触,用清水冲洗。
- 误食(吸),请迅速就医。

灭火物质:

- 水、雾状水、砂土。

① 对氨水瓶标签上的"注意"和"安全措施"加以说明。

② 打开氨水瓶闻氨气的气味。

(学生归纳——不适合做氮肥)

(教师板书:$NH_3 \cdot H_2O$ 不稳定

$$NH_3 \cdot H_2O \xrightarrow{\triangle} NH_3 \uparrow + H_2O)$$

师:氨气、氨水均不适合直接做氮肥。根据氨气的性质思考,有没有什么方法可以解决这个问题?

生:让其成为固态。

(学生通过实验进行探究)

在烧杯中的棉花球上滴加浓盐酸和浓氨水(二者不可接触),立即盖上表面皿(图 3-17),并且不再打开,观察现象并分析原因,观察烧杯内生成物的颜色和状态。

表面皿

分别蘸有浓氨水、浓盐酸的棉团

图 3-17　盖上表面皿的烧杯

师:由此实验可以得到怎样的结论?

[教师板书:(2) 氨气与酸反应

$$NH_3 + HCl == NH_4Cl(白烟)]$$

德育发展点

　　通过一系列实验,引导学生沿着科学探究的一般思路来进行思考和实验,不断自我否定和创新;同时引导他们在实验过程中增强环保意识、安全意识和合作意识。

师:通过氨气与酸反应得到了适合植物吸收的一类固体氮肥——铵态氮肥

（图 3-18）。

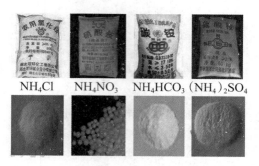

$$NH_4Cl \quad NH_4NO_3 \quad NH_4HCO_3 \quad (NH_4)_2SO_4$$

图 3-18　农业常用的铵态氮肥

师：NH_3 可转化为 NH_4^+ 做氮肥，那么如何使 NH_3 转化为 NO_3^- 做氮肥呢？请从氨气中 N 元素的化合价分析氨气还可能具有的性质。

［教师板书：(3) 氨气的催化氧化

$$4NH_3 + 5O_2 \xrightarrow[\text{高温}]{\text{催化剂}} 4NO + 6H_2O ］$$

师：铵态氮肥是目前使用最多的固态氮肥之一，对其性质的了解是科学使用氮肥的基础。

（三）研究铵盐的性质

碳酸氢铵	
化 学 式	NH_4HCO_3
净 重	50 kg
含 氮 量	≥15％
注意事项	密封贮存
	防潮防晒
	不能与碱性物质混用……
	××化肥厂

图 3-19　碳酸氢铵化肥

碳酸氢铵（图 3-19）是一种常用铵态氮肥（铵盐）。参照其产品使用说明中的注意事项，推测铵盐可能具有哪些性质。

生：化学性质，即受热分解、与碱反应。

（学生通过实验进行探究）

① 闻一下广口瓶内久置的 NH_4HCO_3 固体。

② 取少量氯化铵（NH_4Cl）放入试管中，在酒精灯火焰上微热，观察发生的现

象,写出反应的化学方程式。

③ 在试管中加入两药匙 NH_4Cl 固体,再加入约 5 mL 浓 $NaOH$ 溶液,振荡试管,用镊子夹住事先湿润的红色石蕊试纸放在试管口但不接触试管内壁,观察实验现象。实验完毕,用准备好的橡胶塞塞住试管口并将其放回试管架。

[教师板书:

(1) 受热分解: $NH_4HCO_3 \xrightarrow{\triangle} NH_3\uparrow + CO_2\uparrow + H_2O\uparrow$

(2) 与碱反应: $NH_4^+ + OH^- \xrightarrow{\triangle} NH_3\uparrow + H_2O$]

这个实验是检验 NH_4^+ 的方法及实验室制取氨气的反应原理。

(学生总结:

$$NH_3 \underset{\triangle}{\overset{H_2O}{\rightleftharpoons}} NH_3 \cdot H_2O \underset{稀\ OH^-}{\overset{H^+}{\rightleftharpoons}} NH_4^+)$$
浓 $OH^-/\triangle$

德育发展点

通过规范的实验操作,培养学生严谨的科学态度,增强安全意识;在实验设计方面,让学生有目的地进行实验并不断提出假设再进行验证,使学生进一步体验科学探究的一般过程。

师:正是因为化肥的使用,才使我国以"不足世界 9% 的耕地"养活了"占世界 22% 的人口"。

但是,化肥的使用是不是多多益善呢?

请看"化肥的发展及使用"微视频。

(主要讲述化肥的历史、分类、发展、作用及使用现状,倡导合理使用化肥)

德育发展点

培养学生的绿色化学观念,使他们充分认识到氨和铵盐对人类生存与发展的巨大贡献;同时,引导学生认识事物发展的两面性,利用化学知识来分析、解决化学科学发展带来的问题,培养社会责任感。

四、课后反思

在上这节课前,笔者认真思考了这节课的主要目的是什么。像原来那样传授知识、穿插实验,也能上成一节不错的新授课。但是,近几年来,大学中发生的一些化学专业的学生投毒事件让我不禁反思,这难道仅仅是学生个人的问题吗?我们就没有责任吗?经过一番思考,我决定将这节课打造成一节不仅仅要学习科学知识,而且还要渗透道德教育的课。化学课堂,是一个立体的全方位的教育阵地,不仅要传授学科知识,更要让学生在掌握知识的基础上受到德育熏陶,这样才能培养全面发展的人,为社会的可持续发展奠定基础。基于上述考虑,本节课的可取之处有如下几点。

1. 线索教学法运用成功

本节课以找寻适合植物吸收的氮肥为线索,从气态的氨气到液态的氨水一直到固态的铵盐,引导学生不断地进行思考,对假设进行验证和否定。在教学设计上层层递进、环环相扣,从而得出本课的课题任务——找寻适合植物吸收的氮肥,从氨的合成到氨的性质及应用,整个过程条理有序。

2. 用已学知识解决问题

归类法和氧化还原知识的运用,既能使学生复习已学知识,又能使学生所学的新知识得到应用,并为后续硝酸的学习埋下伏笔。

3. 理论联系实际

本节课使用了大量与生产和生活实际相联系的图片、实例及视频,让学生真正体会到化学与社会紧密联系,化学对生产、生活具有重要作用。

4. 重视实验教学

大量演示实验和分组实验体现了化学之严谨,增强了学生对实验操作的规范性和安全性的认识。

5. 强化化学学科德育

对氮肥的探究,从问题和假设出发,遵循学生的认知规律有序展开,采用多种方式如调查报告、课前阅读、化学史等,让学生对化学促进人类社会的发展有所了解,引导他们正确认识化学科学;通过演示实验、合作实验探究,培养学生严谨的科学态度、安全意识和合作精神;通过对哈伯和化肥的功过的探究,引导学生提高辩证看问题的能力。

总体来说,学生通过课前和课上学习,在知识增长的同时,促进了求真、求实、严谨、细致的科学品质的形成,增强了绿色化学、可持续发展等科学观念。

10. 氮的循环

山东省青岛第三十九中学　李晓倩

　　氮及其化合物是高中化学教学的重要内容,是中学阶段元素化合物知识的重要组成部分。《普通高中化学课程标准(2017年版)》要求为:"结合真实情境中的应用实例或通过实验探究,了解氮及其化合物的主要性质,认识这些物质在生产中的应用和对生态环境的影响。"

　　氮是维持高等动植物生命活动的必要元素,氮的循环涉及地球生物圈的方方面面,人类活动也会影响氮的循环。本教学设计的"氮的循环"作为贯穿教学过程的情境线索,把本节学习内容置于"氮的循环"的大背景下,不仅巩固了学生关于氧化还原反应和离子反应等内容的学习,使他们建立起利用"价-类"二维图工具从类别和价态的角度研究元素化合物性质的一般思路,还能使学生达到新课标中关于氮及其化合物的学业要求;同时,通过对合成氨的发展史、生活及生产实例等的研讨,使学生认识到科学家坚持不懈的科学探索精神以及严谨求实的科学态度,学会用辩证唯物主义观点来分析化学反应及其规律,认识到化学反应对人类生产、生活的影响,增强环保意识、绿色化学观念和社会责任感。

一、教学与评价目标

1. 教学目标

　　(1)通过闪电这一自然现象,引导学生思考自然界中的含氮物质及其变化的动机,知道自然固氮和人工固氮的形式。(证据推理与模型认知、科学态度与社会责任)

　　(2)认识氮气、一氧化氮、二氧化氮的性质,会绘制氮元素的"价-类"二维图,能依据"价-类"二维图实现含氮物质的转化,能依据实验目的设计含氮物质转化的实验方案并实施实验探究。(宏观辨识与微观探析、变化观念与平衡思想、证据推理与模型认知、科学探究与创新意识)

　　(3)认识酸雨、光化学烟雾、雾霾等环境问题以及如何减少氮氧化物的排放,增强环境保护的意识。(科学态度与社会责任)

2. 评价目标

　　(1)通过认识氮循环中的物质转化的过程梳理出自然界中的含氮物质,考查

学生归纳总结的水平。（定性水平）

（2）通过对氮循环中的含氮物质的转化过程的分析及对氮气、一氧化氮、二氧化氮的性质的探究，考查学生独立和系统研究物质性质的能力和实验探究的水平。（孤立水平、系统水平）

（3）通过对汽车尾气中氮氧化物的处理方案的讨论，诊断并提升学生对化学价值的认识水平。（学科和社会价值视角）

二、教学与评价思路

Ⅰ 模型初建	Ⅱ 模型完善	Ⅲ 模型应用
• 证据推理与模型认知科学态度与社会责任	• 证据推理与模型认知，科学态度与社会责任，宏观辨识与微观探析，变化观念与平衡思想，科学探究与创新意识	• 变化观念与平衡思想，科学态度与社会责任
• 梳理含氮物质	• 实现氮循环中含氮物质的转化	• 消除汽车尾气中的氮氧化物
• 诊断并提升获取有效信息的水平、归纳总结能力以及认识物质的结构化水平	• 诊断并提升实验探究水平、科学探究的思路和知识关联结构化水平，提升对化学价值的认识水平	• 诊断并提升问题解决能力和对化学价值的认识水平

三、教学过程

（师生具体对话略，仅体现关键环节及关键词）

【教学环节1】真实情境导入，引出项目任务

播放视频：海洋是生命的摇篮，含碳、氮等的无机物在阳光和闪电的作用下演变成氨基酸等有机物，它们在大约36亿年前发展成核酸和蛋白质等大分子，这就是地球上生命的起源。

师：没有蛋白质就没有生命，正是由于存在氮元素的循环，地球才生生不息、生机勃勃。关于氮的循环，你想了解哪些内容呢？

生1：氮循环中具体有哪些含氮物质的转化过程？

生2：氮循环涉及的转化过程如何来实现？

　　从对真实问题——学生熟悉的自然现象"闪电"现象的分析入手,引出项目主题,使学生感到亲切,易于激发学生的学习兴趣,有利于学生建立"事物是普遍联系的"哲学观念。

【教学环节 2】模型初建——初步认识并运用"价-类"二维图梳理含氮物质

任务 1　认识氮循环

资料:氮在自然界中的循环见图 3-20。

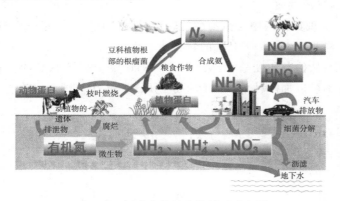

图 3-20　氮在自然界中的循环示意图

思考:(1) 阅读教材相应内容,认识自然界中氮循环的途径。

(2) 列举含氮物质,填入含有氮元素的物质的"价-类"二维图(图 3-21)。

板书:

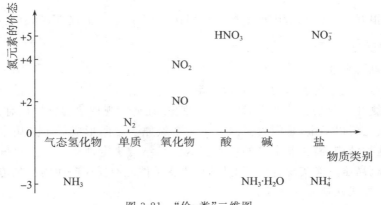

图 3-21　"价-类"二维图

（教师归纳总结自然界中氮循环的途径——氮的固定、动植物之间的关系和微生物的分解）

┌───┐
│ 德育发展点   │
│   │
│   培养学生获取信息的能力，引导他们感悟氮循环的意义，同时从化合价和物   │
│ 质分类的角度探查对元素化合物的认知水平，初步建立认知模型，发展"证据推   │
│ 理与模型认知"的化学学科核心素养，为解释化学现象和揭示规律做好铺垫。   │
└───┘

【教学环节3】模型完善——运用"价-类"二维图预测氮气、一氧化氮、二氧化氮可能具有的性质

任务 2　实现氮循环中含氮物质的转化过程（$NO_3^- \longleftarrow N_2 \longrightarrow NH_3$）

思考：怎样实现 $N_2 \longrightarrow NH_3$ 的转化？

小组讨论：从价态角度来看，从 $N_2 \longrightarrow NH_3$ 需要加还原剂，N_2 是单质，NH_3 是氢化物，可不可以加一种单质而且还是还原剂——H_2（图 3-22）？

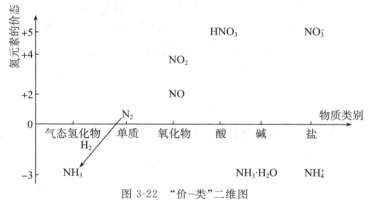

图 3-22　"价-类"二维图

师：很好，工业上采用氢气做还原剂在一定条件下实现 $N_2 + 3H_2 \underset{\text{高温高压}}{\overset{\text{催化剂}}{\rightleftharpoons}} 2NH_3$ 的反应。

师：氮气有什么性质呢？

生：氮气是无色无味的气体，很稳定。

师：氮气稳定是它的性质，是宏观的现象，任何宏观现象的背后都有微观的本质。氮气之所以稳定，是因为氮分子中 2 个氮原子之间形成 3 个共用电子对，要想破坏这种结构，需要非常高的能量。这就是结构决定性质。虽然氮气稳定，但是在高温、高压下能实现合成氨的反应，改变条件能使反应向所需要的方向进行。这种固氮方式就是人工固氮。

追问：什么是固氮呢？除了合成氨这种固氮方式还有哪些固氮方式呢？

（教师简单介绍可逆反应,介绍仿生固氮目前还没能应用于生产实际,但它仍然是当前科学界最为关注的研究课题之一）

德育发展点

　　① 学习氮气的性质及人工固氮的方式,感受化学反应对生产、生活的重要意义。

　　② 氮分子具有叁键结构,所以氮气性质稳定,体现"结构决定性质,性质影响结构"的化学学科思想。

　　③ 虽然氮气性质稳定,但是改变条件仍然可以实现合成氨的反应,体现人的主观能动性的重要作用。

　　资料:合成氨的发展历史。

　　师:由氮气和氢气合成氨是人类科学技术发展史上的重大突破,解决了地球上因粮食不足导致的人类饥饿和死亡问题。德国化学家哈伯和博施因此而分别获得诺贝尔化学奖。

德育发展点

　　① 科学发展的道路是曲折的,需要多位科学家共同努力。哈伯首次设计合成氨的实验装置,博施实现合成氨工业化生产、建造了合成氨的装置,体现了科学技术进步对人类生存与发展的意义。

　　② 引导学生树立严谨求实的科学态度,增强探索未知、崇尚真理的意识,赞赏化学对社会发展的重大贡献,感受科技的重要性,并激发学习化学的积极性。

　　思考:怎样实现 $N_2 \longrightarrow NO_2$ 的转化?

　　小组讨论:借助"价-类"二维图(图3-23)完成 $N_2 \longrightarrow NO_2$ 的转化。

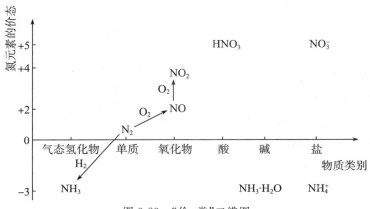

图 3-23　"价-类"二维图

（教师演示放电条件下氮气与氧气的反应，并归纳总结自然固氮的方式：自然固氮和生物固氮）

通过探究引导学生形成分析问题、解决问题的思路，提高分析问题、解决问题的能力，增强合作互助意识，自主运用"价-类"二维图分析物质的转化，发展"变化观念与平衡思想"的化学学科核心素养。

师：一氧化氮是无色气体，在氮气与氧气反应的视频中我们却看到了红棕色气体，这里可能发生了什么反应？

生：一氧化氮与氧气反应生成了红棕色的二氧化氮。

实验探究：用注射器向瓶 1（NO）中注入氧气。

小组合作进行实验并汇报：气体变成红棕色，一氧化氮变成二氧化氮。

思考：怎样实现 $NO_2 \longrightarrow HNO_3$ 的转化？

小组讨论：借助"价-类"二维图（图 3-24）完成 $NO_2 \longrightarrow HNO_3$ 的转化。

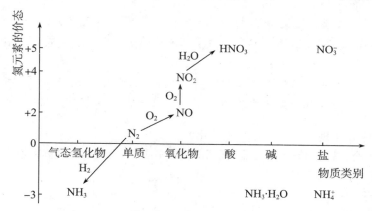

图 3-24　"价-类"二维图

实验探究：（1）用注射器向瓶 2（NO_2）中注入 2 mL 水，振荡。

（2）继续向瓶中注入少量氧气，观察现象。

小组合作进行实验并汇报：气体变成无色，二氧化氮与水反应，生成无色气体，这种气体是一氧化氮。注入氧气后气体变成红棕色。

（学生进一步完善"价-类"二维图，见图 3-25）

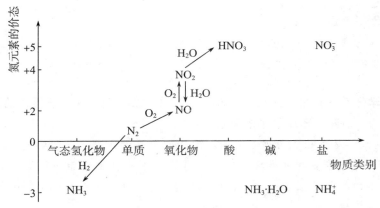

图 3-25　"价-类"二维图

① 实现 $NO_2 \longrightarrow HNO_3$ 的转化是本节课的难点。一是学生认为只有加入氧化剂才能实现上述反应,但又找不到合适的氧化剂,借此问题发展学生"变化观念与平衡思想"的化学学科核心素养,同时也让学生知道有些物质在不加入氧化剂或还原剂时可能发生歧化反应;二是学生采取类比二氧化碳与水反应的方法推测二氧化氮与水反应生成硝酸,通过分析推理加以证伪,使学生意识到两者的不同,借此发展学生"证据推理与模型认知"的化学学科核心素养。

② 引导学生基于证据对物质组成、结构和变化提出假设,通过观察实验、讨论分析实验现象、得出结论,培养观察能力、分析和解决问题的能力以及合作学习的习惯。

③ 注射器的实验仪器的设置体现了环保意识,以此发展学生的"科学态度与创新意识"的化学学科核心素养。

④ 实践是检验真理的唯一标准。通过实验具体探究一氧化氮和二氧化氮的性质,加深学生对辩证唯物主义认识论的理解。

（学生观看一段氮氧化物危害的视频）

师:氮氧化物是大气的主要污染物,它所引起的酸雨和光化学烟雾,严重影响着人类的生存和发展。那么,像一氧化氮这种氮的氧化物就一无是处了吗?不是的,在医学上一氧化氮被称为"信使分子"。

德 育 发 展 点

　　进一步完善含有氮元素的物质的"价-类"二维图模型,同时进行环保教育,增强学生的环保意识,培养他们运用辩证的观点看待事物的能力。

【教学环节4】模型应用——运用"价-类"二维图实现物质性质的转化

任务3　消除汽车尾气中的氮氧化物

　　资料:汽车尾气已成为许多大城市空气的主要污染源。汽车尾气中含有一氧化碳和一氧化氮等多种污染物。治理汽车尾气中一氧化氮和一氧化碳的一种方法是在汽车的排气管上装一个催化转化装置(图 3-26),使一氧化氮和一氧化碳反应生成无毒气体。

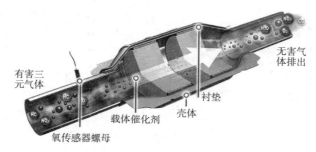

图 3-26　催化转化器

　　思考:怎样消除氮氧化物呢?

　　〔学生应用"价-类"二维图解决实际问题,并在"价-类"二维图(图 3-27)中完善 $NO \longrightarrow N_2$ 的转化: $NO \xrightarrow{CO} N_2$〕

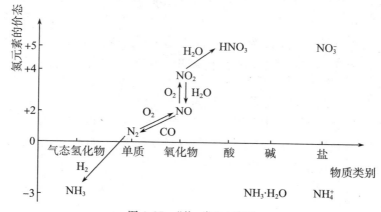

图 3-27　"价-类"二维图

> **德 育 发 展 点**
>
> 　　在问题解决过程中培养学生可持续发展意识和绿色化学理念。通过在汽车尾气中寻找还原剂的真实情境进,引导学生认识化学变化需要一定的条件,培养分析、解决实际问题的能力,认识化学科学对社会发展的重大贡献。

四、教学反思

(一)知识层面

项目线:本节课是在真实的情境问题中提出主任务来引发学生思考的。学生将主任务分解为与本节课化学核心知识相关的三个子任务:认识氮循环(模型初建)、氮循环中含氮物质的转化(模型完善)、消除汽车尾气中的氮氧化物(模型应用)。

知识线:从真实问题出发归纳总结含有氮元素的物质的知识,初步建立"价-类"二维认识模型;接着,围绕如何实现 $NO_3^- \longleftarrow N_2 \longrightarrow NH_3$ 的转化,让学生充分思考并进行实验探究,完善含有氮元素的物质的"价-类"二维图,总结氮气、一氧化氮、二氧化氮的性质;最后,应用模型去解决实际问题,消除汽车尾气中的氮氧化物,即实现一氧化氮到氮气的转化,使学生完成知识和能力的进阶。

(二)德育层面

教学设计中涉及的德育发展点比较多,包括化学学科思想、科学探究精神、科学思维方法、科学研究方法、科学发展观、认识论、辩证唯物主义哲学观点等。

(1)在对氮气、一氧化氮、二氧化氮性质的探究过程中,引导学生从问题和假设出发,依据探究目的设计探究方案,发展"证据推理与模型认知""科学态度与创新意识"的化学学科核心素养,同时通过微型仪器的设计增强学生的环保意识。

(2)从真实情境出发,注重化学史的教育。比如,通过合成氨的研究史说明科学的发展道路是曲折的,体现辩证唯物主义的发展观,引导学生树立严谨求实的科学态度。

(3)一氧化氮是有害的气体,能引起酸雨、光化学烟雾、雾霾,但是它在医学上被称为"信使分子"。要引导学生学会辩证地看待事物。

(4)依据学生的认知发展规律,注重培养学生化学学科五个方面的核心素养。通过探究氮循环中的物质转化,引导学生从"价""类"的视角认识化学反应,了解氮循环的意义,培养科学态度与科学精神,增强科学观念;通过改变条件仍然可以实现氨的合成反应,使学生认识到人发挥主观能动性的重要意义。

（5）实践是检验真理的唯一标准。通过实验具体探究一氧化氮和二氧化氮的性质,可加深学生对辩证唯物主义认识论的理解。

11. 铝

山东省青岛第六十八中学　王秀娟

这节课主要介绍铝的物理性质、化学性质及用途。铝是典型的金属,有着非常重要的用途,是日常生活和生产中常见的金属;同时,铝元素的氧化物和氢氧化物具有两性。学习铝及其化合物的知识,可让学生加深对日常生活中常见的一些生活常识如正确使用铝锅、定向爆破、正确对待含铝食物等的认识,建立良好的健康理念和掌握辩证地认识事物的方式。

一、教学与评价目标

1. 教学目标

（1）通过实验探究铝单质的主要化学性质,初步形成基于物质类别、原子结构对物质性质进行预测和检验的认知模型。

（2）通过铝与其他物质转化关系的认识过程,建立物质性质与用途的关联。

（3）通过气体检验实验方案的设计、正确对待含铝食品的讨论,进一步增强合理使用化学品的意识,建立科学的健康观。

2. 评价目标

（1）通过对铝的性质的探究与交流讨论,考查学生实验探究的水平及对问题的分析能力。

（2）通过气体检验实验设计的讨论和实验改进,考查学生物质性质实验设计能力、创新水平和安全意识。

（3）通过了解铝的发现史和冶炼史、含铝食物及其危害等活动,考查并提升学生解决实际问题的能力以及对化学价值的认识水平。（学科价值视角、社会价值视角、学科和社会价值视角）

3. 化学学科核心素养发展

在对铝单质性质的学习中,通过对金属铝熔点的探究以及铝与碱的反应,引导学生从对宏观的现象的认知到对微观本质的探究,学会宏观微观相结合来认识物质,发展"宏观辨识与微观探析"的化学学科核心素养;通过学生分组实验、教师演示实验,引导学生增强问题意识,学会通过设计实验方案来进行实验探究,注重在实验过程中安全意识和创新意识的培养,发展学生的"科学探究与创新意识"的化学学科核心素养;引导学生认识化学变化中的能量变化,通过从铝所发生的反应及其应用中提炼化学知识,充分认识铝制品在满足人类日益增长的生活需求方面的重大贡献;通过对食用铝的正确认识,引导学生建立辩证地看待事物的科学认识观。

二、教学与评价思路

Ⅰ（课前） 课前阅读与交流 查阅资料	Ⅱ（课中） 研讨改进和实施	Ⅲ（课后） 问题解决
• 培养科学探究意识,辩证认识事物 • 预测性质,撰写小论文 • 诊断自我学习水平及表达能力水平	• 化学探究与创新意识,小组合作探究 • 汇报、改进、实施实验方案 • 提升实验探究水平及增强创新意识	• 证据推理,科学态度与社会责任 • 通过对含铝食物的适度摄入的研究,了解化学与生活的密切联系。讨论实际问题,相互交流及评价解决方案 • 提升发现问题、分析问题及解决问题的能力和对化学价值认识水平

三、教学过程

【课前阅读材料】

1. 铝的发现史

物以稀为贵。在100多年前,铝曾是一种稀有的贵重金属,被称为"银色的金子",比黄金还珍贵。法国皇帝拿破仑三世,为显示自己的富有和尊贵,命令官员给自己制造一顶比黄金更名贵的王冠——铝王冠。他戴上铝王冠,神气十足地接受百官的朝拜。这曾是轰动一时的新闻。拿破仑三世在举行盛大宴会时,只有他和少数几个人使用铝质餐具,其他人只能用金制、银制餐具。即使在化学界,铝也被看成最贵重的金属。英国皇家学会为了表彰门捷列夫对化学的杰出贡献,不惜重金制作了一只铝杯,赠送给门捷列夫。

　　为什么铝制品在当时是那样昂贵的"稀有金属"？地壳中最丰富的金属是铝，它占整个地壳总质量的约 8%，仅次于氧和硅，位居金属元素的第一位，是居第二位的铁元素的含量的 1.5 倍，是铜元素含量的近 4 倍。脚下的泥土，随意抓一把，可能都含有许多铝的化合物。但由于铝的化学性质活泼，一般的还原剂很难将它还原，因而铝的冶炼比较困难。从铝从发现到制得纯铝，经过了十几位科学家 100 多年的努力。

　　燃素学说的创立者施塔尔最早发现明矾里含有一种与普通金属不同的物质。英国化学家戴维试图用电解法来获得这种未知金属但未能成功。1824 年，丹麦科学家厄斯泰德将氧化铝与木炭的混合物加强热至白炽状态再通入氯气，得到液态的氯化铝，然后将其同钾汞齐作用制成铝汞齐，最后隔绝空气蒸馏除去汞，得到一些灰色金属粉末。它的颜色和光泽看起来像锡，后来证明他得到的是一些不纯净的铝。由于他的实验结果发表在丹麦一种不著名的刊物上，没有引起科学界的重视。

　　厄斯泰德是德国化学家维勒的朋友。1827 年，维勒到丹麦首都拜访厄斯泰德时，厄斯泰德把制备金属铝的实验过程和结果告诉了维勒。维勒回国后立即重复厄斯泰德的实验，发现钾汞齐与氯化铝反应生成灰色的熔渣，除去汞后得到的金属加热时还能产生钾燃烧时的现象。他意识到这不是制备金属铝的好办法。维勒重新设计方案，从头做起。他用热的碳酸钾溶液与沸腾的明矾溶液作用，用现在离子方程式表示该反应为 $3CO_3^{2-} + 2Al^{3+} + 3H_2O =\!=\!= 2Al(OH)_3\downarrow + 3CO_2\uparrow$。他将所得到的氢氧化铝经过洗涤和干燥以后，与木炭、糖、油等混合，调成糊状，然后放在密闭的坩埚中加热，得到了氧化铝和木炭的烧结物；将这些烧结物加热到红热的程度，通入干燥的氯气，就得到了无水氯化铝。维勒将少量金属钾放在铂坩埚中，然后在它的上面覆盖一层过量的无水氯化铝，并用坩埚盖将反应物盖住；对坩埚加热以后，很快就达到白热的程度。他认为反应已经完成，停止加热，待坩埚冷却后投进水中，发现坩埚中的混合物并不与水发生反应，水溶液也不显碱性。这说明金属钾已反应完全，剩余的银灰色粉末就是金属铝。维勒对制出的少量铝粉并不满意。他坚持把实验进行下去，不断改进制取方法。1836 年，维勒分离出小粒状铝；1849 年，他又制得黄豆大的致密的铝，前后共经历了 18 个年头。

　　1854 年，法国化学家得维尔改进维勒的方法，用钠做还原剂成功地制得铸块状的金属铝；但是由于钠价格昂贵，用钠做还原剂生产的铝成本比黄金还贵得多。得维尔实现了铝的工业化生产。尽管价格不菲，但他还是铸造了一枚铝质纪念勋章,上面铸上维勒的名字、头像和"1827"的字样,以纪念维勒对铝的制备的历史功绩。得维尔将这枚勋章送给维勒,以表示敬意。后来,他们两人成为亲密朋友。

1886年,在铝的历史上又立起了一个里程碑。这一年美国的大学生霍尔和法国大学生埃罗,各自独立地研究出电解制铝法。在美国制铝公司的展柜里,至今还陈列着霍尔第一次制得的电解铝粒;在霍尔的母校校园里,也矗立着他的铝铸像。法国大学生埃罗几乎在同时也制得铝,当他知道霍尔的发明后,毫不嫉妒,主动与埃罗交流经验、切磋学问,两人也成了亲密朋友。

——选自白建娥、刘聪明《化学史点亮新课程》,清华大学出版社,2012年9月

2. 铝的冶炼史

传说拿破仑三世的刀叉具是用铝制造的。筵席上,他为多数客人提供金餐具,而只让少数人使用铝餐具,是为了让用铝餐具的客人留下更深刻的印象。

1885年,在美国首都华盛顿特区落成的华盛顿纪念碑上的顶帽也是用金属铝制造的。因为在19世纪,铝是一种珍贵的金属。因为从铝矿石中把铝提炼出来,是极其困难的,所以人们将最初得到的铝粒视为珍宝,它的价格同黄金相当。

1824年,丹麦科学家厄斯泰德分离出少量的纯铝。1827年,德国化学家维勒用金属钾与无水氯化铝反应而制得了铝。但是钾太昂贵了,所以不允许大规模地生产。又过了27年,法国化学家德维尔用金属钠与无水氯化铝一起加热而获得闪耀金属光泽的小铝球。改用金属钠虽然极大地降低了铝的生产费用,但显然没有达到能使人们普遍应用铝的程度。

1884年,在美国奥伯林学院化学系,有一位名叫查尔斯·马丁·霍尔的青年学生。当时他只有21岁。一次,他听一位教授(这位教授正是维勒的学生)说:"不管谁能发明一种低成本的炼铝法,都会出人头地。"这使霍尔意识到只有探索廉价的炼铝方法,才能使铝被普遍应用。

霍尔决定在自己家里的柴房中办一个家庭实验室。他打算应用戴维早期的一项发明:把电流通到熔融的金属盐中,可以使金属的离子在阴极上沉积下来,从而使金属离子分离出来。因为氧化铝的熔点很高(2050 ℃),他必须物色一种能够溶解氧化铝而又能降低其熔点的材料。偶然间,他发现了冰晶石(Na_3AlF_6)。冰晶石-氧化铝熔盐的熔点仅在930~1000 ℃之间;冰晶石在电解温度下不被分解,并有足够的流动性。这样,就有利于电解的进行。

霍尔采用瓷坩埚、碳棒(阳极)和自制电池,对氧化铝即精制的氧化铝矿石进行电解。他把氧化铝放入10%~15%的熔融的冰晶石里,再通以电流,结果观察到有气泡出现,然而却没有金属铝析出。他推测,电流使坩埚中的二氧化硅分解

了,因此游离出硅。于是,他对电池进行改装,用炭做坩埚衬里,又将炭作为阴极,从而解决了这一难题。1886 年 2 月的一天,他终于看到小球状的铝聚集在阴极上。霍尔此时异常激动,带着他第一次获得的一把金属铝球去见他的教授。后来,这些铝球竟成为"王冠宝石",至今仍珍存在美国制铝公司的陈列厅中。

廉价炼铝方法的发明,使铝这种在地壳中含量约占 8% 的元素,从此成了为人类提供多方面重要用途的材料。而发明家霍尔,当时还不满 23 周岁,这年 12 月 6 日才是他的 23 岁生日。

还有一件值得提及的事,非常巧合,一位与霍尔同龄的年轻的法国大学生埃罗也在这年稍晚些时候发明了相同的炼铝法。

霍尔与埃罗分别在遥远的两大洲,同年来到人世(1863 年)又同年发明了电解炼铝法(1886 年)。虽然他们之间曾一度发生了专利权的纠纷,但后来他们却成为莫逆之交。1911 年,当美国化学工业协会授予霍尔著名的佩琴奖章时,埃罗还特意远涉重洋到美国参加了授奖仪式,亲自向霍尔表示祝贺。

或许是上天的旨意,1914 年,这两位科学家又都相继去世。难怪当后人一提起电解炼铝法的时候,便总把霍尔和埃罗的名字联在一起。

3. 含铝食物及其危害
——国家食药总局发布关于食品中铝残留的风险解读

2017 年 7 月 27 日,国家食品药品监管总局发布关于食品中铝残留的风险解读。近期,山东省食品药品监管局组织的餐饮环节食品安全监督抽检结果显示,所抽检的样品中有 11 批次淀粉制品铝的残留量检出值,超过国家卫生计生委公告 2015 年第 1 号文中规定的粉丝、粉条中铝的最大残留量 200 $mg \cdot kg^{-1}$;有 14 批次发酵面制品"铝的残留量"不符合发酵面制品中铝不得检出的国家标准规定。铝残留对身体健康的影响有多大,不同食品中铝的残留量应该如何控制? 现将有关风险解读如下。

(1)粉丝、粉条生产过程中可以使用明矾,发酵面制品在制作过程中不得添加明矾(图 3-28)。根据国家卫生计生委公告 2015 年第 1 号文(2015 年 1 月 23 日发布)规定,明矾(硫酸铝钾或硫酸铝铵)可以用于粉丝、粉条的生产,可以"按生产需要适量添加",但食品终产品中的铝残留限量≤200 $mg \cdot kg^{-1}$;

图 3-28 明矾($KAl(SO_4)_2 \cdot 12H_2O$)

GB 2760—2014《食品安全国家标准食品添加剂使用标准》中规定明矾(硫酸铝钾或硫酸铝铵)不得用于发酵面制品的生产。公告中不合格淀粉制品中铝的残留量检出值达到 235~1600 mg·kg^{-1},基本可以判定为厂家在生产过程中超量添加了明矾。发酵面制品中检出铝残留,原因可能是检出值较低的面制品,其加工者使用的原料(小麦粉)受环境影响,天然含有较高含量的铝本底(目前国家食品安全风险评估中心正在进行食品原料中铝天然本底含量调查,获得的铝本底数值可为今后监管判定面制品等食品中是否非法添加了含铝食品添加剂提供科学依据);检出值较高的面制品,可能是加工者超范围使用了明矾所致。

(2) 含铝食品(图 3-29)添加剂可用作固化剂、膨松剂、稳定剂、抗结剂和染色料等,很多国家如美国、欧盟成员国、新西兰、日本和我国等都允许使用含铝食品添加剂。现行的 GB 2760—2014《食品安全国家标准食品添加剂使用标准》以及国家卫生计生委公告 2015 年第 1 号文对含铝食品添加剂的使用品种和使用范围做出了严格规定,其中硫酸铝钾、硫酸铝铵作为膨松剂、稳定剂可应用于豆类制品、面糊(如用于鱼和禽肉的拖面糊)/裹粉/煎炸粉、油炸面制品、虾味片、焙烤食品、腌制水产品(仅限海蜇)、粉丝/粉条,其添加量"按生产需要适量添加",而食品终产品中的铝残留限量[豆类制品、面糊(如用于鱼和禽肉的拖面糊)/裹粉/煎炸粉、油炸面制品、虾味片、焙烤食品]为≤100 mg·kg^{-1},腌制水产品(仅限海蜇)为≤500 mg·kg^{-1},粉丝/粉条为≤200 mg·kg^{-1}。

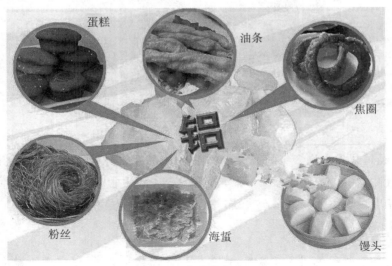

图 3-29　部分含铝食品

(3) 正确认识铝对人体健康的影响。首先,JECFA(WHO/FAO 食品添加剂联合专家委员会)认为从食物中吃进去的铝不太可能增加患老年性痴呆的风险；同时,国际癌症研究机构(IARC)认为铝元素不是人类致癌物。其次,铝虽然具有毒性,但并不是只要摄入就会对人体健康产生危害,这不仅取决于食品中铝的含量,还与食用这些含铝食品的数量以及食用时间长短密切相关。为了保护公众健康,JECFA 规定了铝的"暂定每周耐受摄入量",人(全人群)终生每周每千克体重经口摄入的铝不超过 2 mg,就不会引起健康危害。

我国的风险评估结果显示:我国居民吃进去的铝按平均值算,低于 JECFA 提出的"暂定每周耐受摄入量";然而 14 岁以下儿童以及一些经常食用铝含量较高食物的消费者,吃进去的铝较多,有一定的健康风险。其中,淀粉制品、面制品、膨化食品等是铝摄入的主要来源,7～14 岁儿童应尽量避免摄入铝含量相对较高的食物。

——摘自国家食药总局官网(2017 年 07 月 29 日)

【教学过程】

(师生简单对话略)

(一)创设情境,引入课题

视频:"神舟十号飞船发射"(视频截图见图 3-30)。

图 3-30　"神舟十号飞船发射"视频截图

师:经过几代人许多年的努力,中国的航天事业跻身世界航天大国之列,也圆了好几代中国人的"航天梦"。升空的航天器,其中很多的材料是一种金属合金——铝合金。下面我们一起来认识这种地壳中含量最高的金属元素——铝。

德 育 发 展 点

　　对学生进行爱国主义教育,增强学生的民族自豪感,坚定学生献身祖国建设事业的决心。

（二）研究铝及其性质

师：铝制品不仅应用在航天事业中，在日常生产、生活中也有着广泛的应用（图 3-31）。

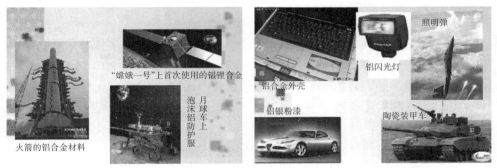

图 3-31 铝制品的应用

师：大家结合生活实际想一想，我们身边哪些地方有金属铝的存在呢？

生：日常生活中的铝锅、铝盆、铝合金门窗、易拉罐还有烧烤用的锡箔都涉及金属铝（图 3-32）。

铝合金门窗   易拉罐   铝制餐具

图 3-32 身边的铝制品

师：上述铝制品分别应用了铝的什么性质？

（学生总结归纳）

铝的物理性质：银白色固体，导电、导热、延展性。

德育发展点

引导学生从生活中观察，认识化学对创造物质满足人类需求的重要贡献，同时提升通过自己的观察归纳总结物质化学性质的能力。

师：金属铝的熔点如何呢？请同学们加热铝片研究其熔点。

实验 1：加热铝片研究其熔点

实验步骤：

1. 用镊子夹取一大片铝片，使其一角在酒精灯上加热 30 秒钟。

2. 加热时可轻轻抖动铝片，注意观察铝片最下端的现象，记录实验现象。

实验结论：金属铝的熔点较高。

德 育 发 展 点

通过对实验现象的观察,培养学生实事求是、严谨求真的科学态度以及基于实验结果得出结论的归纳能力。

师:请同学们考虑为什么会产生这一现象。类比以前我们学过的钠、镁、铁金属与氧气的反应,怎样让铝燃烧?

生:类比铁,可以打磨铝片或者将其放在纯净氧气里燃烧。

实验2:打磨铝片点燃

实验步骤:

(1)用砂纸轻轻打磨铝片的一角使其光亮。

(2)用镊子夹取打磨后的铝片,在酒精灯上加热30秒钟。

(3)加热时轻轻抖动铝片,观察并记录实验现象。

生:铝片没有燃烧。

师追问:铝片为什么没有燃烧?

生:铝迅速和氧气反应形成氧化膜。

(教师演示实验:铝与纯氧气的反应)

生:剧烈燃烧,发出耀眼白光。

师:此反应有什么用途(图3-33)?

用途:制造燃烧弹、信号弹、火箭推进剂等。

图3-33 铝与氧气反应的应用

师:金属铝同样也能与其他非金属单质如氯气、硫等反应,请书写反应的化学方程式。

德 育 发 展 点

　　引导学生举一反三,利用已有知识,运用类比法学习铝的性质,并进行实验验证;通过实验排除及现象分析,了解科学研究的一般过程,发展"证据推理与模型认知"的化学学科核心素养。

　　师:除了与非金属反应外,金属铝还能与哪些物质反应?请看一张说明书。

使用说明书

清洗

　　使用压力锅后,应将食物及时取出。每次使用后应及时将其洗净擦干,以免残留的食物尤其是酸碱性物质腐蚀锅体。

　　清洗压力锅宜用热清水或热清水加清洁剂,不要用钢丝球等磨损性大的清洗工具。

　　生:从这份说明书中推测金属铝可能与酸、碱反应。

　　(学生做实验 3 和 4)

　　实验步骤:

　　(1) 用镊子夹取一片打磨过的小铝片,分别放入两支试管中(固体药品取用"一横二送三直立");

　　(2) 向试管中加入 1~2 mL(1~2 滴管)盐酸,观察记录现象;

　　(3) 向试管中加入 1~2 mL(1~2 滴管)NaOH 溶液,观察记录现象。

德 育 发 展 点

　　通过分组实验和对实验观察结果的交流,引导学生养成"团结协作、互助共赢"的科学研究习惯,增强化学基本操作的规范性和提高动手操作能力。

　　师:请归纳金属铝与酸、碱反应的现象并书写反应的化学方程式。

　　(学生归纳总结并书写反应的化学方程式)

　　师:同学们通过之前的学习,知道铝与酸反应产生的气体是氢气,那么,铝与碱反应生成的气体是什么,如何验证呢?

　　生 1:我认为是氧气,可以通过带火星的木条检验。

　　生 2:我认为是氢气,可以通过能否被点燃来验证。

　　生 3:我认为前两个实验有危险性,因为如果是氢气,可能会爆炸。

　　师:几位同学分析得都很好。如何改进以使这个验证气体的实验既不危险又现象明显?

生:将氢气用气球收集起来再点燃。

师:这个想法很好,但是这种设计仍有危险性。

(网上链接:婚礼现场氢气球爆炸视频)

德 育 发 展 点

　　培养学生利用已有知识依据研究目的设计实验方案的能力,使他们敢于质疑、勇于创新;同时,也对学生进行安全教育,发展学生的"科学探究与创新意识"的化学学科核心素养。

师:请同学们看老师改进的演示实验。

(实物投影仪:将气体通入盛有泡泡液的红色溶液里并点燃气泡)

师:请同学们思考,老师的改进实验有何优点? 据此,还可以如何改进实验? 课下将你的实验设计生成实验报告,同学们一起交流分享。

师:你观察到刚才改进实验的哪些现象? 由此可以判断生成的气体是什么?

生:听到"噗"的一声,证明是氢气。

师:请据此书写反应的化学方程式。

(播放反应原理分析的微课)

德 育 发 展 点

　　增强学生的创新意识,引导他们结合已学知识分析问题,并能透过现象认识化学反应的本质,培养他们务实求真的科学精神以及细致严谨的科学态度。

师:金属铝还有自身的一些特性。

〔一个学生演示铝热反应实验(图 3-34),最后用磁铁吸产物〕

演示实验:铝与氧化铁反应(图 3-35)。

镁条

氯酸钾

氯化铁和铝粉的混合物

图 3-34　铝热反应的实验装置

图 3-35　铝热反应实验

（1）叠好两个纸漏斗，重叠起来使四周都是四层；内层漏斗剪孔并润湿。

（2）将一药匙铝粉和三药匙三氧化二铁粉末混合均匀后，放入漏斗中，在上面加半药匙氯酸钾。

（3）用坩埚钳夹镁条在酒精灯上点燃后，用燃着的镁条点燃纸漏斗中的镁条。

生：（观察现象）大量放热，有耀眼的白光，漏斗底部有熔融物落下且熔融物可以被磁铁吸引。

师：请结合实验思考：

（1）引发此反应的操作是什么？

（2）镁条、氯酸钾在这个反应中起什么作用？

（3）该反应的条件是什么？

（4）此反应是放热反应还是吸热反应？

（5）此反应属于哪种反应类型？

（6）铝和氧化镁能否反应？

德育发展点

　　提高学生的观察能力及归纳能力，发展他们的"宏观辨识与微观探析"的化学学科核心素养。

师：化学来源于生活、服务于生活。铝热反应在日常的生产、生活中有着重要的应用（图 3-36、图 3-37）。请看视频：铝热反应的应用。

图 3-36　铝热反应应用于定向爆破　　图 3-37　铝热反应应用于野外焊接铁轨

德育发展点

　　引导学生感受化学对人类生产和生活的重要意义，树立学好化学为人类社会的进步而奋斗的决心。

（三）课堂小结

师：今天我们学习了铝单质的重要化学性质，其中包括物理性质和化学性质。

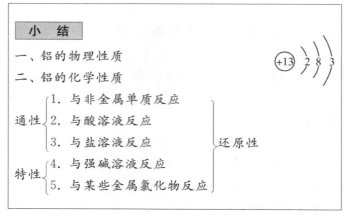

【课堂检测】

问题 1 铝在人体中积累可使人慢性中毒，1989 年世界卫生组织正式将铝确定为食品污染源之一而加以控制。铝在下列场合的使用须加以控制的是（   ）。

① 制铝锭 ② 制易拉罐 ③ 制电线、电缆 ④ 制包糖果用的铝箔 ⑤ 制炊具 ⑥ 制防锈油漆

A. ①②④⑤⑥   B. ②⑤⑥   C. ②④⑤   D. ③④⑤⑥

问题 2 除去镁粉中含有的少量铝粉，可选用的试剂是（   ）。

A. 盐酸   B. NaOH 溶液   C. 硝酸   D. 氨水

【讲授化学史】

（1）在一次国宴上，大臣们用的是金制餐具，而拿破仑用的是铝制餐具，令在场的贵宾们羡慕不已。

（2）1889 年伦敦化学会把铝制的杯子作为贵重的礼物送给门捷列夫，表彰他因发现了元素周期律而为人类做出的巨大贡献。

德育发展点

　　引导学生通过化学习题练习进一步将化学与生活联系起来。将化学史引入课堂教学，通过关于铝的历史故事，引导学生认识事物都在不断地发展着，物质的贵重与否都是相对的，要用发展的眼光来看待事物；科学技术的不断发展，使人类的生活变得越来越好。

四、课后反思

对于一节比较熟悉的课，如何讲出新意而又使重点、难点得到突破，是设计这节课教学时我首先考虑的问题。为此，我研读了课程标准和教材对铝的教学要求，同时结合学情，利用学生已经学习过的氧化还原反应引出铝的还原性，再利用学生学过的钠、铁金属的性质推导出铝所具有的一般性质。这样，这节课的主题框架就形成了。

但是，这样平淡地上课学生一定不认可。于是，我便想到在这节课里应使重点、难点的突破成为亮点。首先，对于氧化膜学生都知道，但是没有真正地感知过。于是，我设计了实验，让学生通过点燃铝条来感受氧化膜的存在，同时利用视频演示铝粉和氧气的反应。其次，对于铝与碱溶液反应产物的推断，按照传统做法分析化合价即可，但是这样做不够直观。我对课本上的实验进行了改进。为了让学生都能看到实验现象，我又在泡泡液中加入了红墨水，这样一来，实验安全且结果明显。对于铝热反应，除了让学生参与演示实验外，我又将一个真正现场施工的视频提供给学生，让学生知道化学知识真的可以应用于生产中。

这节课，在充分了解学情的基础上，我设计了合适的教学层次，逐步提升学生的思考水平，加深了课堂的深度；将课堂交给学生，发挥他们学习的主动性，让他们自己动手实验（甚至包括铝热反应的实验），通过实验，培养严谨、求真、求实的科学精神和协商互助的合作精神。同时，我在教学中，注意介绍铝在生活中的应用与有关的化学史知识，让学生既理论联系实际，又学会用发展的眼光来认识事物。

在德育层面上，本节课从身边的铝制品出发，遵循学生的认知规律，引导学生由浅及深地有序地展开对铝的认识，最后又回归到铝在生活中的应用上，真切地感受到化学对社会进步和文明发展的巨大推动作用；通过研读铝的发现史等，让学生了解科学的进步是很多科学家艰辛努力的结果，认识到科学探究的艰辛和科学家身上的严谨求实、不畏艰辛的精神，建立"事物是不断变化的"哲学观念；通过学生分组实验探究及教师的演示实验，培养学生的团结合作精神及安全意识；通过对实验的深度思考和改进，促进学生的创新意识的提升，使他们进一步熟悉科学研究的一般程序；通过对含铝食品的利弊分析，使学生了解化学品有益和有害的之处，学会辩证地认识事物。总之，本节课既能够提升学生的学习兴趣、使他们掌握有关铝的化学知识，又能够在德育方面促进学生的成长。

12. 元素周期表的应用——认识同周期元素性质的递变规律

山东省青岛第十九中学　郝　倩

一、教材分析

在学习这部分内容之前,学生已经掌握了原子核外电子排布的规律和元素周期律的知识,认识了元素周期律是原子核外电子排布周期性变化的必然结果、元素周期表是元素周期律的具体表现形式,初步了解了元素周期表的意义和重要用途,知道了元素周期表是今后学习化学和进行科学研究的重要工具。以此为基础,如何利用元素周期表来理解和掌握元素周期律,怎样利用元素周期表这个工具来研究物质的性质和物质性质的递变规律,便是本节教学的主要内容。

（一）本节教材的编写意图

（1）通过探究活动,引导学生认识第三周期元素的性质递变规律,包括以钠、镁、铝为代表探究同周期元素原子失电子能力的相对强弱,以硅、磷、硫、氯为例探究同周期元素原子得电子能力的相对强弱;总结第三周期元素从左到右随着原子序数的递增元素的性质的递变规律,推导其他周期主族元素的性质递变规律。

（2）通过探究活动,引导学生认识同主族元素的性质递变规律,包括以钠、钾为代表探究ⅠA族元素性质递变规律,以氟、氯、溴、碘为例探究ⅦA族元素性质递变规律,并类推其他主族元素性质递变规律,从而理解和掌握同周期和同主族元素性质的递变规律。

教材采用原子结构、元素周期律和元素周期表、元素周期表的应用的编排顺序,符合学生的认识规律,即从易到难层层推进,保持学习的连贯性。

（二）本节教材的地位和作用

通过对本节内容的学习,学生能够掌握以元素周期律为指导、以元素周期表为工具研究物质性质的基本方法,对以前学过的知识进行概括整合,由感性认识上升到理性认识,深刻理解元素"位""构""性"之间的关系,为学习元素化合物知识提供理论依据和方法指导。因此,本节教学内容是中学化学教学的重点内容之一。

本节教学内容主要包括两个部分:一是认识同周期元素性质的递变规律,二是预测同主族元素性质的递变规律;分两个课时完成学习任务,本节完成第一课时的教学——同周期元素性质递变规律的探究。

二、课标要求

1. 结合有关数据和实验事实认识原子结构、元素性质呈现周期性变化的规律,建构元素周期律。

2. 知道元素周期表的结构,以第三周期的钠、镁、铝、硅、磷、硫、氯为例,了解同周期元素性质的递变规律。

3. 体会元素周期律(表)在元素化合物知识学习中与科学研究中的重要作用。

三、学业要求

能利用元素在元素周期表中的位置和原子结构,分析、预测、比较元素及其化合物的性质。

四、学习目标

1. 能从原子结构角度,解释同周期元素原子得失电子能力递变的原因。

2. 能从问题组和假设出发,依据实验目的设计实验方案,通过实验探究,验证金属元素原子失电子能力强弱比较的间接方法。

3. 能运用信息分析问题、解决问题,根据反应发生的条件等一系列信息,总结非金属元素原子得电子能力强弱比较的间接方法。

4. 体会元素周期律(表)对学习元素化合物知识与进行科学研究的重要作用,会根据元素在元素周期表里的位置分析、预测、比较元素及其化合物的性质。

五、教学重点与难点

从原子结构的角度解释第三周期元素性质的递变规律,设计与实施实验探究活动与资料信息整合活动。

六、化学学科核心素养发展

能从原子结构角度解释同周期元素原子得失电子能力递变的原因,发展"宏观辨识与微观探析"的化学学科核心素养。

能从问题组和假设出发,依据实验目的设计实验方案,通过实验事实验证金属元素原子失电子能力强弱比较的间接方法,发展"科学探究与创新意识"的化学学科核心素养。

能运用信息分析问题、解决问题,根据反应发生的条件等一系列信息,总结非金属元素原子得电子能力强弱比较的间接方法,发展"证据推理与模型认知"的化学学科核心素养。

体会元素周期律(表)在元素化合物知识学习中与科学研究中的重要作用,学会根据元素在元素周期表里的位置分析、预测、比较元素及其化合物的性质,发展"科学态度与社会责任"的化学学科核心素养。

七、教学过程

(一)创设情境,引入新课

【情境引入】播放央视新闻录像。2016年6月,4种化学新元素加入元素大家族,它们分别是113,115,117和118号元素。

师:随着4种新元素的发现,元素周期表的第七周期已经全部填满。你知道这些元素是如何被预测并被成功发现的吗?你知道元素周期表中的元素性质有怎样的变化规律吗?

> 德 育 发 展 点
>
> 创设问题情境,引导学生思考:如何应用元素周期律(表)来预测陌生元素的性质?引导学生掌握科学的思想方法。

(二)问题探究,寻找规律

师:本节课有两个探究任务:一是探究第三周期金属元素性质的递变规律,二是探究第三周期非金属元素性质的递变规律。首先,我们思考并回答问题组1,完成第一个探究任务。

问题组1:

1. 从氧化还原反应的角度看,Na,Mg,Al单质在化学反应中表现出什么性质?这种性质的实质是什么?

2. 根据金属活动性顺序分析,Na,Mg,Al这种性质的强弱程度如何?

3. 请从原子结构的角度解释Na,Mg,Al这种性质不同的原因。

4. 能否通过金属与盐溶液的置换反应来比较Na,Mg,Al这种性质强弱的顺序?为什么?

> 德 育 发 展 点
>
> 透过现象看本质,结构决定性质。教学中要注意培养学生对问题进行质疑、分析的能力,引导他们体验科学探究方法的魅力。

(三)设计实验,验证结果

师:如何通过实验比较Na,Mg,Al元素原子失电子能力的强弱?

方法引导：金属元素原子失电子能力的比较方法。

1. 金属单质与水或酸反应的激烈程度。

2. 金属的最高价氧化物对应水化物碱性的强弱。

【探究任务】请根据"方法导引"中的提示，结合以下所给实验用品，设计实验（讨论），比较 Na，Mg，Al 三种元素原子失电子能力的强弱。

药品：金属钠（切成小块），表面积相同的镁条和铝条，蒸馏水，盐酸（$1\ mol \cdot L^{-1}$），酚酞溶液，$MgCl_2$ 溶液、$AlCl_3$ 溶液、NaOH 溶液。

仪器：烧杯，试管，玻璃片，镊子，小刀，滤纸，砂纸，酒精灯，试管夹。

学生分组讨论，思维碰撞，设计实验。

学生实验 1：比较钠、镁、铝与水反应的激烈程度。

学生实验 2：比较钠、镁、铝与酸（盐酸）反应的激烈程度。

学生实验 3：比较钠、镁、铝的最高价氧化物对应水化物的碱性强弱。

（德）（育）（发）（展）（点）

引导学生了解实验探究的基本思路和提升实验设计的能力。

师：点评实验设计，提示实验注意问题。

1. 钠的取用：镊子夹取→滤纸吸干表面的煤油→在玻璃片上用小刀切下一块绿豆粒大小的钠，备用→其余的放回试剂瓶。

2. 镁条、铝条的处理：用砂纸打磨去掉氧化膜（已经打磨好）。

3. 镁、铝与水反应时，若看不到明显现象，可适当加热，加热至沸腾后立即停止加热（试管口勿对人），观察现象。

4. 镁铝与盐酸反应时，取盐酸 2～3 mL。

（学生分组实验，记录现象和结论）

（德）（育）（发）（展）（点）

引导学生学会与人合作，学会将知识应用于实践，发展"科学探究与创新意识"化学学科核心素养，了解细致入微的观察是科学探究的必备品质。

(四) 归纳总结，建立模型

师：总结 Na，Mg，Al 元素性质与物质性质之间的关系。

原子失电子能力（元素金属性）↓ { 金属单质还原性↓
金属与水或酸反应置换出氢气↓
最高价氧化物对应水化物的碱性↓

德 育 发 展 点

　　通过建立认知模型并运用模型解释 Na,Mg,Al 元素金属性的递变规律,引导学生正确认识元素性质与物质性质之间的关系,发展"宏观辨识与微观探析"的化学学科核心素养。

(五)证据推理,建立模型

师:请同学们思考回答问题组 2 中的相关问题,比较第三周期非金属元素性质的递变规律。

问题组 2:

1. 从氧化还原反应的角度看,Si,P,S,Cl 四种元素的单质在化学反应中表现出什么性质? 这种性质的实质是什么?

2. 请从原子结构角度预测 Si,P,S,Cl 四种元素的原子的这种性质的强弱程度。

3. 请认真阅读表 3-17 中的材料获取证据,认识非金属元素原子的这种性质还可以通过与哪些物质性质的比较来体现。

表 3-17　Si,P,S,Cl 四种元素的信息

元素		Si	P	S	Cl
单质与氢气反应的难易		高温少量反应	加热相当困难	加热反应可逆	光照或加热不可逆
气态氢化物	化学式	SiH_4	PH_3	H_2S	HCl
	稳定性	很不稳定	较不稳定	稳定	稳定
最高价氧化物对应水化物	化学式	H_2SiO_3	H_3PO_4	H_2SO_4	$HClO_4$
	酸性	弱酸	中强酸	强酸	最强酸

(学生阅读资料,获取证据,得出结论,见表 3-18)

表 3-18　Si,P,S,Cl 四种元素的部分化学反应规律

元素		Si	P	S	Cl
单质与 H_2 反应的难易(条件)		由难到易　→			
气态氢化物	化学式	SiH_4	PH_3	H_2S	HCl
	稳定性	稳定性增强　→			
最高价氧化物对应水化物	化学式	H_2SiO_3	H_3PO_4	H_2SO_4	$HClO_4$
	酸性	酸性增强　→			

（教师总结 Si,P,S,Cl 元素性质与物质性质之间的关系）

原子得电子的能力（元素非金属性）↑ 非金属单质氧化性↑
单质与氢气化合的难易程度↑
气态氢化物的稳定性↑
最高价氧化物对应水化物的酸性↑

德育发展点

　　培养学生观察问题、分析问题的能力,引导学生掌握通过查阅资料获取证据、建立模型的科学方法。

（六）归纳总结,思维建模

（学生综合学习内容,得出第三周期元素性质的递变规律,见表 3-19）

表 3-19　第三周期元素性质的比较（从左到右）

	Na	Mg	Al	Si	P	S	Cl
与水（酸）反应置换出氢的难易	由易到难						
与氢气化合的难易及气态氢化物稳定性				由难到易 稳定性增强			
最高价氧化物对应水化物的酸碱性强弱	NaOH	$Mg(OH)_2$	$Al(OH)_3$	H_2SiO_3	H_3PO_4	H_2SO_4	$HClO_4$
	碱性减弱			酸性增强			
结论	元素原子失电子能力逐渐 ___↓___ ,得电子能力逐渐 ___↑___ 。元素金属性逐渐 ___↓___ ,非金属性逐渐 ___↑___						
原因解释	电子层数相同,核电荷数越多,原子半径越小,核对最外层电子的吸引力越强						

德育发展点

　　培养学生的归纳总结能力,引导学生掌握"整合信息,建立模型"的科学方法。

（七）学以致用,巩固练习

师:请同学们完成课堂练习。

（1）下列关于元素周期律和元素周期表的说法中错误的是（　　　）。

A. 第二周期元素 C,N,O,F 与氢气的化合越来越容易

B. 1 mol 金属 A 从酸中置换出 H^+ 生成 H_2 比 1 mol 金属 B 从酸中置换出 H^+ 生成 H_2 多,说明金属 A 元素原子失电子能力更强

C. Na,Mg,Al 最外层电子数依次增加,Na^+,Mg^{2+},Al^{3+} 的氧化性依次增强

D. 得电子能力:$S<Cl$,还原性:$S^{2-}>Cl^-$

（2）下述事实中能够说明硫原子得电子能力比氯弱的是（　　　）。

A. 硫酸比盐酸稳定　　　　　　　　　B. 氯化氢比硫化氢稳定

C. 盐酸酸性比氢硫酸强　　　　　　　D. 亚硫酸酸性比高氯酸弱

（3）电子层数相同的三种元素 X,Y,Z,它们最高价氧化物对应水化物的酸性由强到弱的顺序为 $HXO_4>H_2YO_4>H_3ZO_4$,下列判断中错误的是（　　　）。

A. 原子半径:$X>Y>Z$

B. 气态氢化物稳定性:$X>Y>Z$

C. 元素原子得电子能力:$X>Y>Z$

D. 单质与氢气反应由难到易的顺序:$X>Y>Z$

【德育发展点】

培养学生学以致用的能力。

（八）回顾历史,提升科学精神

师:2019 年是元素周期表诞生 150 周年,联合国把 2019 年命名为"国际化学元素周期表年"。门捷列夫的元素周期表为新元素的发现及对其性质的预测奠定了基础。希望同学们学好元素周期表、用好元素周期表,将来为更多新元素的发现贡献自己的力量。

【德育发展点】

回扣"引课",突出元素周期律（表）在元素化合物知识学习中与科学研究中的重要作用,培养学生的"科学态度与社会责任"的化学学科核心素养。

师:课后作业:以海报的形式手绘元素周期表,根据"位""构""性"三者之间的关系,总结元素周期表中的元素性质递变规律和物质性质递变规律。

【德育发展点】

引导学生根据所学知识发展思维,通过手绘元素周期表进一步加深对"位""构""性"之间关系的理解,发展"宏观辨识与微观探析"的化学学科核心素养。

八、课后反思

新课标要求此部分教学由"教师讲模型"发展到"学生自主探究模型"。本节课在探究同周期元素性质的递变规律过程中,始终把学生自主探究放在首要位置,其设计思路是"预测在先—实验在后—找寻证据—得出结论"。

(一)关注学生化学学科核心素养的培养

1. 透过现象看本质,培养"宏观辨识与微观探析"的化学学科核心素养

本节课从问题组入手,引导学生利用已有的对原子结构的认知,认识同周期的金属元素和非金属元素在性质上出现递变规律的本质原因是随着核电荷数的增多、原子半径的减小,核对最外层电子的引力逐渐增强;对于电子层数相同的原子来说,核电荷数的影响至关重要;结构决定性质,探究性质要先分析结构。

2. 设计实验,合作探究,培养"科学探究与创新意识"的化学学科核心素养

元素性质的递变规律是由原子结构决定的,但是元素性质的递变性又需要通过具体的物质性质来体现。本节课在探究钠、镁、铝元素原子失电子能力强弱时,引入了"方法导引"和备选药品及实验用品,让学生利用"方法导引",自主选择药品和用品设计实验,在具体实验中观察现象、得出结论,培养"科学探究与创新意识"的化学学科核心素养。

3. 阅读信息,获取证据,培养"证据推理与模型认知"的化学学科核心素养

本节课在探究硅、磷、硫、氯元素原子得电子能力强弱时,通过信息给予的形式提供了硅、磷、硫、氯元素组成的具体物质性质的递变性,引导学生收集信息资料、获取证据,得出物质性质与元素性质之间的关系,培养"证据推理与模型认知"的化学学科核心素养。

4. 预测新元素及其性质,培养"科学态度与社会责任"的化学学科核心素养

本节课在"引课"和"结课"时都涉及元素周期表的功能价值——预测新元素及其性质,使学生体会元素周期律(表)在学习元素化合物知识与科学研究中的重要作用,能够根据元素在元素周期表的位置分析、预测、比较元素及其化合物的性质。

(二)区分学生容易混淆的迷思概念

笔者在多年的高三教学中发现,学生对原子结构、元素性质、物质性质的递变性等很容易混淆。本节课关于"问题组"的设计,着重对这些概念进行区分。

1. 原子结构

同周期元素原子,从左到右,电子层数相同,核电荷数增多,核对最外层电子引力增强,这是同周期元素性质出现递变性的根本原因,也就是我们所说的性质递变的本质。

2. 元素性质

元素性质包括原子半径、元素化合价、元素原子得失电子能力、元素的金属性或非金属性等。同周期元素原子结构的特点,决定了从钠到氯原子半径逐渐减小,金属元素原子失电子能力减弱即元素金属性减弱,非金属元素原子得电子能力增强即元素非金属性增强。

3. 物质性质

物质性质包括单质的氧化性和还原性、金属与水或酸反应的难易程度、非金属单质与氢气化合的难易程度、非金属元素气态氢化物的稳定性、最高价氧化物对应水化物的酸碱性强弱等。

4. 建立"位""构""性"三者之间的关系(图3-38)

本节课注重引导学生建立对原子结构与元素得失电子能力的关系,原子结构、元素性质与元素在元素周期表中位置的关系,原子结构—元素性质—物质性质之间关系的整体认识。

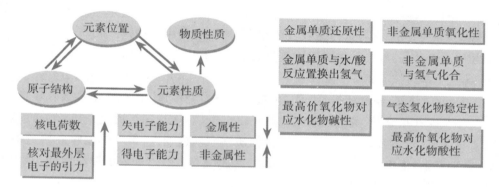

图 3-38 "位""构""性"三者之间的关系图

通过本节课的学习,学生不仅掌握了同周期元素的性质递变规律,能通过具体物质的反应来判断元素性质的递变规律,而且能从结构上分析这种递变的原因。这些对于预测陌生元素的性质具有重要的指导作用。

13. 利用化学反应制备物质——以氯气的制备为例

山东省青岛第三十九中学 顾喜阅

"化学不仅与经济发展、社会文明的关系密切,也是材料科学、生命科学、环境科学、能源科学和信息科学等现代科学技术的重要基础。"学生认识化学与其他领域的联系,能够激发学生对化学学习的兴趣,增强学生的创新意识,端正学生的学习态度,这是高中化学教学重要的德育目标。在高中化学教学过程中,关于化学反应的教学占有重要地位,是化学理论教学的基础。了解化学反应的应用价值可以增强学生的化学学习兴趣,使他们体会到化学在人类社会发展中的重要作用。

纵观高中化学必修内容,化学反应的学习角度有两个——"物质变化"与"能量变化",这也是化学反应应用价值的体现。"物质变化"主要包含各种元素及其化合物的相关知识。物质变化一般从化合价和物质类别两方面进行分析学习,这是本节课的主要方法指导。从能量变化角度认识化学反应,主要包括利用化学键知识来分析化学反应等内容。所以,本部分内容的教学承载了一个重要任务,即引导学生学会从物质变化的角度分析化学反应。本节课作为中间环节,承上启下,主要有两个任务:一是通过氯气的实验室制备,引导学生总结常见物质的制备方法,形成制备物质的基本程序和方法,体会如何用化学反应制备新物质;二是学习氯气相关产业对社会的影响,深化学生对化学研究应用价值的认识,提升学生运用所学知识分析问题和解决问题的能力。

一、教学与评价目标

1. 教学目标

(1)能从化合价的角度认识物质变化,掌握从价态、类别两个角度分析物质变化的思维方法。(证据推理与模型认知)

(2)掌握实验室制备氯气的原理和尾气的处理方法,了解制备装置和收集方法。(科学探究与创新意识)

(3)通过氯气的实验室制法和工业制法,形成制备物质的基本思路。(证据推理与模型认知)

(4)通过对氯气制备过程的学习,认识化学科学发展对社会的促进作用,激发创新意识,强化技术意识,增强社会责任感。(科学态度与社会责任)

2. 评价目标

(1)通过课前的学习与交流,诊断学生对实验制备物质的认识水平。(基于经验水平、基于概念原理水平)

(2)通过对氯气制备原理的学习,诊断学生认识物质的水平及对物质转化的认识水平。(孤立水平、系统水平)

(3)通过对氯气生产发展和相关产业发展的讨论与点评,诊断与提升学生解决实际问题的能力水平及对化学价值的认识水平。(学科价值视角,社会价值视角,学科和社会价值视角)

二、教学与评价思路

Ⅰ（课前） 基础知识回顾	Ⅱ（课中） 实验室制备气体	Ⅲ（课中） 工业生产	Ⅳ（课后） 实地调查与展示
• 证据推理与模型认知	• 证据推理与模型认知 科学探究与创新意识	• 科学态度与社会责任 • 科学探究与创新意识	• 科学态度与社会责任
• 初步回顾基本装置、总结基本思维方法	• 设计、改进和实施实验方案	• 讨论工业生产与实验室制备的区别，总结制备物质的一般思路	• 交流氯碱相关产业的发展及对社会的价值
• 诊断对实验制备物质的认识水平	• 提升对物质性质及其转化思路的认识水平，利用实验制备物质的水平	• 提升对物质性质及其转化思路的认识水平，利用实验制备物质的水平	• 提升对化学制备的应用价值的认识水平

三、教学流程

第一部分　课前预习

1. 总结常见的气体发生装置、气体干燥装置、尾气吸收装置。
2. 总结常见气体的制备，尝试归纳制备气体的一般思路。

第二部分　氯气的实验室制备

【情境引入】

（微视频）氯气是一种重要的化工原料，其产品在生活和工业生产中都具有重要应用（图 3-39）。氯气常用于自来水厂的杀菌消毒，生活中常用的漂白粉和 84 消毒液都是以氯气为原料制备的。除此之外，氯气还用于啤酒厂的污水处理。

图 3-39　几种含氯化学制品

【问题驱动 1】

1. 从结构角度分析,氯元素有什么性质?

2. 实验室和自然界中常见的含氯化合物有哪些?

3. 如果要制备氯气,该选用什么药品?

学生:

氯是 17 号元素,原子结构为 (+17) 2 8 7,性质活泼,容易得电子变 Cl^-。自然界中没有游离态的氯存在。自然界中最常见的是氯化钠、氯化钾等,实验室中有盐酸、氯化镁等实验药品。

常见含氯化合物中氯的化合价是 -1 价。要制备氯气,氯元素的化合价要由 -1 价变为 0 价,需要加氧化剂,如常见的高锰酸钾、氧气等。

德 育 发 展 点

① 了解氯气的应用,认识化学物质在生活、生产等方面的应用,增强学生学习化学的兴趣,激发他们的创新精神,提高他们的实践能力。

② 引导学生从多角度、多方面认识事物,能基于物质结构等进行分析推理,增强证据推理意识。

师:

氯气的发现史

1774 年,舍勒在研究软锰矿(二氧化锰)时发现,当将软锰矿和浓盐酸混合加热时会产生一种黄绿色气体。该气体具有强烈的刺激性气味,其水溶液对纸张、花等都有永久的漂白作用。后来许多科学家对氯气进行了研究,氯气一直被当作一种化合物。直到 1810 年,戴维才确认这种气体是单质,并将其命名为氯气。

$$MnO_2 + 4HCl(浓) \xrightarrow{\triangle} MnCl_2 + Cl_2 + 2H_2O$$

这也是实验室制氯气的原理。

【问题驱动 2】

1. 如何制备一瓶纯净干燥的氯气? 小组合作,选择合适的实验装置并进行实验。

① 如何检验装置的气密性?

② 如何检验氯气已经集满?

③ 制备的氯气含有哪些杂质? 如何除去这些杂质?

④ 多余的氯气如何处理?

2. 总结实验室制备气体的一般思路。

生:(学生分析以下氯气的制备实验装置图,见图 3-40)

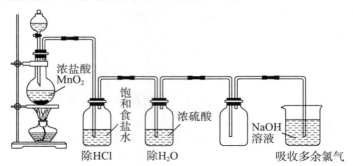

图 3-40　氯气的制备实验装置图

实验室制备气体的一般思路:气体发生—除杂—收集—尾气处理。

德育发展点

① 科学研究需要严谨、认真的科学态度,要敢于质疑、勇于创新。

② 小组合作增强学生的团队意识,使学生认识到团队合作的重要性。通过氯气的制备实验过程,引导学生树立实事求是、敢于创新、严谨认真的科学精神。

第三部分　氯气的工业生产

师:盐酸与其他氧化剂也能发生反应,如与高锰酸钾反应、与氧气反应。

$$4HCl+O_2 \xrightarrow[\triangle]{CuCl_2} 2Cl_2+2H_2O$$

$$MnO_2+4HCl(浓) \xrightarrow{\triangle} MnCl_2+Cl_2\uparrow+2H_2O$$

$$2KMnO_4+16HCl = 2MnCl_2+2KCl+5Cl_2\uparrow+2H_2O$$

氯化钠(其中氯为 -1 价)是否也能与氧化剂反应生成氯气?通过反应的离子方程式可以看出,这一反应需要酸性环境。

【问题驱动 3】

上述制备氯气的方法能不能用于工业生产?工业生产需要注意什么?

生:生产安全,得到的产物纯度好、产量高,经济效益高,成本低等。

工业上可以利用氯化氢与氧气制备氯气,原料易得,成本低廉,但是也存在得到的气体杂质含量较高、反应温度高等缺点。

师:介绍氯气的发现史和电解法制氯气(图 3-41)。

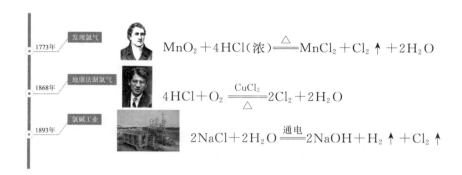

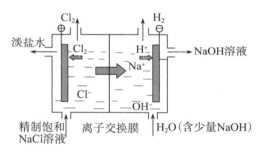

图 3-41　电解食盐水示意图

青岛海晶集团是山东省比较大的氯碱工业生产基地。依托有利的地理条件，青岛氯碱工业发展迅速，联合产业也发展良好，如啤酒厂的污水处理。

（德）（育）（发）（展）（点）

　　科学的发展是螺旋式上升的，社会工业生产的需求催生化学产业的产生和发展，推动化学技术的进步。通过了解本地的化学工业发展，增强学生的爱国情感、民族自信以及安全意识和环境保护意识。

【规律总结】

制备物质的一般思路：找到获得该物质的基本方法—对比分析各种制法的可操作性—根据反应条件、特点、原理选取制取装置—根据产物特点设计产物的提纯、分离、收集及污染处理方法。

【迁移应用】

描述氧气的实验室制法和工业制法及其基本思路。

（微视频）生活中的化学反应应用，如碳酸氢钠做发酵粉、灭火器中的化学反应等，承上启下，引出化学反应利用的第二角度——"能量变化"。

化学与社会、生活、科技息息相关,对人类的生存与发展具有重要意义。

第四部分　课外拓展

参观氯碱工业厂,与工作人员交流,了解氯碱工业的生产流程、对环境的影响、对周边产业的影响等,并撰写论文。

引导学生体会化学科学对促进社会发展的重要作用,增强社会责任感和家乡自豪感。

四、教学反思

本节课主要达成的知识目标是总结中学阶段常见的气体制备知识,包括制备原理、实验装置等,理解工业生产与实验室制备的区别,形成制备物质的一般思路和方法,建立思维模型;学会从价态角度认识、分析物质的基本性质和转化;认识物质制备的重要社会应用价值。课堂实践及课后测验证明以上目标基本达成;除此之外,课堂上学生在实验探究过程中更加关注实验基本技能的训练,完成了知识到实践的学习过程,提高了实验操作能力。

在德育方面,以青岛当地氯碱工业的发展激发学生的学习兴趣;在拓展知识的基础上介绍工业生产的特点与原理,让学生对化工生产有了初步的感知,形成了一定的职业感性认识。本节课所设置的情境的时代感强,不但提高了学生的学习效率,更增强了学生的家乡自豪感和荣誉感。当然,化工生产不是单纯的化学问题,学生在实地考察走访过程中,了解到化工生产对环境、就业、联合产业的影响,更深刻地体会到化学科学在制备物质、环境保护等方面的应用价值。从实验室走向工业生产,是现代化工的必由之路。相信通过本节课的学习,学生对化学化工一定会有更深刻的理解!

14. 饮食中的有机化合物——乙酸

山东省青岛第三中学　秦丽梅

"乙酸"是高中化学必修课程的教学内容之一。乙酸是典型的烃的衍生物,也是学生比较熟悉的生活用品。关于乙酸的教学,可以让学生知道官能团对有机物性质的重要影响,体会"结构—性质—用途"的有机化合物认知模式。

一、教学目标

(1)借助实验、分子结构模型、数据等事实证据认识乙酸这种烃的衍生物的代表物的组成、结构、物理性质、化学性质、用途,初步形成对有机物的组成、结构、性质的认识。

(2)能描述乙酸的主要化学性质及相应性质实验的现象,能书写相关反应的化学方程式,能利用乙酸的主要性质进行有关物质的鉴别。

(3)运用实验探究法认识乙酸的酸性和酯化反应的特点。

(4)根据"同位素示踪法"提供的信息,探究酯化反应的机理。

(5)通过实验,体验科学探究的过程,强化科学探究的意识,促进学习方法的转变和实践能力的提升,体会"结构—性质—用途"的有机化合物认知模式,培养良好的科学精神和求实进取的优良品质。

(6)促进"宏观辨识与微观探析""实验探究与创新意识"及"科学态度与社会责任"等化学学科核心素养的发展。

二、教学重点与难点

重点:乙酸的酸性和酯化反应。

难点:酯化反应的概念、特点和本质。

三、教学过程

【引入新课】

通过讲述生活中的"开门七件事"以及醋的来历,引出这节课要学习的内容。

德 育 发 展 点

　　把学生身边的事物引入教学,让学生感受到化学来自生活;引用黑塔酿酒的典故,使学生在故事中产生情感共鸣并引发思考,激发学习兴趣,提高文化修养。

【实验探究1】

观察试剂瓶中乙酸的颜色、状态,闻其气味,总结乙酸的物理性质。

学生总结:

(一)乙酸的物理性质

无色、有刺激性气味液体,易溶于水。

思考:乙酸的分子式为 $C_2H_4O_2$,通过分子组成推测乙酸可能具有的结构特点。

小组讨论:引导学生讨论用什么简单实验可以检验乙酸的结构特点,用溴水或

KMnO₄ 溶液滴入乙酸中观察是否有颜色的变化来证明结构中存在 C $=$ O 而没有 C $=$ C。

（二）乙酸的分子组成与结构

展示模型：展示乙酸分子的比例模型和球棍模型，通过前面对结构的推测以及结构模型的展示，引导学生书写乙酸的结构式和结构简式、官能团。

教师板书：1. 乙酸的结构式（略）

　　　　　2. 乙酸的结构简式：CH_3COOH

　　　　　3. 官能团：$—COOH$（羧基）

德 育 发 展 点

　　发挥学生的主体作用，通过先思考再观察模型的方式，引导学生对乙酸的结构产生具体的认识，初步建立"结构决定性质"的观念，并且认识乙酸组成与结构的各种表示法。在这个过程中，培养学生"证据推理与模型认知"的化学学科核心素养，使学生学会运用分析、推理等方法来认识、研究物质的组成与结构。

过渡：漫画——乙酸可用来除水垢，推测乙酸可能具有酸性。

德 育 发 展 点

　　创设生活情境，从学生已有经验出发，让他们在熟悉的生活情境中感受化学的重要性，引导他们主动进入乙酸酸性的探究学习。

【实验探究 2】

利用下列药品设计实验方案证明乙酸的酸性。

药品：镁粉、NaOH 溶液、Na₂CO₃ 粉末、乙酸溶液、酚酞溶液、石蕊溶液。

学生讨论：找到可行方案。

方案一：向乙酸溶液中加石蕊溶液。

方案二：向镁粉中加入乙酸溶液。

方案三：向乙酸溶液中滴加 Na₂CO₃ 溶液。

方案四：滴有酚酞的 NaOH 溶液与乙酸溶液混合。

德 育 发 展 点

　　学生根据所学酸的通性进行实验方案的设计，不仅能充分调动学生参与课堂的积极性，而且能增强学生科学探究的意识。

实验改进：此处实验用点滴板代替试管，减少药品用量，但并不影响实验效果,由此增强学生的绿色化学观念。

实验探究:根据讨论的方案进行实验操作,观察现象得出结论,书写乙酸的电离方程式和实验中反应的化学方程式。

学生总结。

(三)乙酸化学性质

1. 乙酸的弱酸性

$$CH_3COOH \rightleftharpoons CH_3COO^- + H^+$$

思考此反应的作用:

$$2CH_3COOH + Na_2CO_3 \longrightarrow 2CH_3COONa + CO_2\uparrow + H_2O$$

德 育 发 展 点

设计开放性探究实验,尽可能多地给学生提供药品,让每个小组做自己感兴趣的实验。这样的设计能激发学生的兴趣和热情,而且分组实验也能充分锻炼学生分工合作的能力,强化学生的参与意识,培养学生的创新精神和实践动手能力。同时,此处做了一个小小的实验改进,就是用点滴板代替试管,减少药品用量,但并不影响实验效果,由此增强学生的绿色化学观念和生态文明观念,发展学生的"科学态度与社会责任"的化学学科核心素养。

展示图片:厨师烧鱼时常加醋和酒,这样鱼的味道就变得无腥、香醇,特别鲜美。猜测一下,乙酸和乙醇是否会反应?

德 育 发 展 点

再次创设生活情境,让学生从化学的视角去进行观察和分析,真正做到理论联系实际,真切感受"真实的化学,有用的知识",认识到生活离不开化学、化学就在我们身边。

2. 乙酸与乙醇的反应

演示实验:

在一支试管中加入 3 mL 乙醇和 2 mL 乙酸的混合物,然后边摇动试管边慢慢加入 2 mL 浓硫酸;连接好装置后(图 3-42),小心加热,观察并记录实验现象。

(学生观察实验现象)

现象:饱和 Na_2CO_3 溶液的液面上有透明的油

图 3-42　乙酸乙酯制取实验示意图

乙醇,浓硫酸,乙酸

饱和 Na_2CO_3 溶液

状液体产生,并散发出香味。

小组讨论实验注意事项:

(1) 装药品的顺序如何?

(2) 浓硫酸的作用是什么?

(3) 如何提高乙酸乙酯的产率?

(4) 得到的反应产物是否纯净? 主要杂质有哪些? 如何去除杂质?

(5) 饱和 Na_2CO_3 溶液有什么作用?

(6) 导管为什么不插入饱和 Na_2CO_3 溶液中?

讨论总结:

① 顺序:往乙醇中加入乙酸再加浓硫酸。

② 催化剂:提高反应速率。

③ 吸水性:浓硫酸可以吸收生成物中的水使反应向正反应方向进行。

④ 加热。

⑤ 含有杂质为乙酸和乙醇。

⑥ 饱和 Na_2CO_3 溶液的作用:一是中和挥发出来的乙酸,生成醋酸钠(便于闻乙酸乙酯的气味);二是溶解挥发出来的乙醇;三是乙酸乙酯在饱和 Na_2CO_3 溶液中的溶解度更小,易于分层析出。

⑦ 位置:在液面上方,防止加热不均匀时使溶液倒吸。

长导管作用:冷凝回流乙酸乙酯。

(学生总结)

(教师板书)

(四) 乙酸的酯化反应

(1) 化学方程式:

$$CH_3COOH + HOC_2H_5 \underset{\triangle}{\overset{浓硫酸}{\rightleftharpoons}} CH_3COOC_2H_5 + H_2O$$
$$乙酸乙酯$$

(2) 酯化反应:酸和醇起作用,生成酯和水的反应叫作酯化反应。

德 育 发 展 点

教师通过演示实验创设教学情境,用问题组不断引导学生进行观察、思考,并通过小组讨论分析、综合、归纳、概括等,最终形成对酯化反应的认识,培养对问题质疑、分析的能力,体验科学探究的魅力,培养创新精神,提高动手能力。

思考:酯化反应中,酸和醇分子内的化学键怎样断裂?

猜想:两种可能。

探究:用同位素示踪法研究反应机理。

结论:反应机理——酸脱羟基醇脱氢,结合生成水。

设问:通过对反应机理的研究,酯化反应属于哪一种有机反应类型?

学生思考、回答:该反应中是烷氧基取代酸中的羟基,属于取代反应。

德 育 发 展 点

　　通过猜想、探究得出结论,让学生再次体会"提出问题—分析问题—解决问题"的科学思维方式和学习方法,培养学生"证据推理"的化学学科核心素养以及从宏观现象到微观本质、从实践到理论的科学思维习惯。

【牛刀小试】

根据酯化反应的机理完成下列反应的化学方程式。

①　乙酸和甲醇　　　②　乙醇和乳酸

【课堂小结】 官能团的结构决定物质的化学性质。

$$CH_3-\overset{\displaystyle O}{\overset{\displaystyle \|}{C}}-O-H$$

断键方式:

(1) 呈酸性(在水溶液中)。

(2) 酯化反应。

德 育 发 展 点

　　通过对有机物的性质是由结构特别是官能团决定的这一观点的认识,引导学生建立"宏""微"结合来认识物质性质的观念。

【课后作业】

　　苹果醋(ACV)是一种由苹果发酵而成的酸性饮品,具有解毒降脂、保健养生等功能,还有一定的解酒、保肝防醉作用。请查阅有关资料,进行解释。

德 育 发 展 点

　　让学生从化学视角对生活、生产问题进行分析,将所学知识用于解决实际问题之中,激发学生的社会责任感。

四、课后反思

1. 注重培养学生的化学学科核心素养

本节课依据学生的认知规律,培养学生的模型认知能力,引导学生根据提示书写乙酸的结构简式、预测其化学性质,发展"宏观辨识与微观探析"化学学科核心素养;通过实验探究与小组合作学习,培养"证据推理的科学探究"的化学学科核心素养,增强团队合作意识。

2. 注重生活中情境的使用,激发学生学习热情

本节课多次设置生活情境,将化学课堂教学融入现实社会生活之中,植根于鲜活的生活实际之中。创设贴近生活、贴近学生、贴近实际的问题情境,不仅能培养学生的问题意识,为学生搭建学习的阶梯,而且能激发学生内在的真实情感体验,强化情感浸润、精神引领,从而让学生体会到化学的巨大价值和神奇魅力。本节课注意引导学生热爱化学科学、学习化学科学、应用化学科学、发展化学科学,树立投身祖国化学化工事业的崇高理想和远大志向。

化学反应原理

1. 化学能转化为电能——原电池

山东省青岛第六十七中学　臧民忠

原电池属于高中化学必修课程中的概念原理类内容,是高中一年级全体学生都要学习的重点知识;在高二的选择性必修模块"化学反应原理"中,部分学生也要对其进行更高层次的学习。"原电池"在生产、生活中的应用十分广泛,与学生的日常生活有着紧密联系。本案例是一个单元教学,分成两部分。第一部分为必修部分课堂探究,通过学习可以使学生对原电池的基本构成和原理建立起基本模型,同时通过宏观现象进一步探究原电池的微观实质;《创新中国》纪录片的插播,能更好地激发学生对我国科学家探索过程关注的热情,使他们为祖国科技事业的快速发展并取得巨大成就而感到骄傲和自豪。第二部分作为课堂的补充,引导学有余力的学生,学习进一步探究原电池的工作原理和形成条件的校本课程,旨在引导学生感受化学反应原理应用于化学电源的重要作用,寻找知识"最近发展区",突破思维屏障,培养"科学探究与创新意识"的化学学科核心素养,加深对对立统一规律的理解。

一、教学与评价目标

1. 教学目标

(1)利用实验探究原电池构成及原理并认识原电池在生活中的应用。

(2)通过对原电池的认识,逐步建立起从单液原电池到双液原电池的认识模型。

(3)通过设计原电池的实验探究,体验科学探究的一般过程,提升实验创新能力。

2. 评价目标

(1)通过对原电池的工作原理和构成的实验操作与交流,诊断并提升学生的实验探究水平。(定性水平、定量水平)

(2)通过深层次的实验设计以及对实验方案的交流、点评和最终实施结果的

呈现,诊断并发展学生对原电池的认识水平(构成元素水平、微粒水平)。[视觉水平(单液双液交换膜)、内涵水平]

(3)通过对原电池的发展史的介绍和对电池处理的讨论和点评,诊断并提升学生对化学价值的认识水平。(学科价值视角、社会价值视角、学科和社会价值视角)

3. 化学学科核心素养

以 $Zn-Cu-H_2SO_4$ 原电池为例,认识化学能可以转化为电能;通过微观粒子——电子及离子的运动与宏观现象的结合,提升透过现象分析本质的认知水平;建立原电池认知模型,参与实验设计、探究及分析,培养探究精神和创新意识;通过原电池发展史的学习,增强社会责任感;通过对电池处理的探讨,培养绿色化学意识;通过应用实例,体会化学对社会进步的推动作用。

二、教学与评价思路

Ⅰ(课前) 课前阅读与交流、实验设计	Ⅱ(课中) 研讨改进和实施	Ⅲ(课中) 概括和提炼	Ⅳ(课后) 问题解决和展示
• 科学探究及创新意识	• 化学探究和创新意识 小组合作探究	• 符号表征和模型认知宏观辨识和微观探析	• 证据推理 科学态度与社会责任
• 预测、设计实验方案	• 汇报、改进和实施实验方案	• 讨论并总结归纳原电池的原理和单液、双液原电池模型	• 电池的绿色处理讨论、实际问题解决方案的设计和交流以及相互评价 • 培养问题解决能力和提升对绿色化学的价值的认识水平
• 诊断实验探究水平及创新能力水平	• 提升实验探究及创新的水平	• 提升归纳和建模的水平	• 提升问题解决能力和对化学价值的认识水平发展绿色化学思维体会化学与生活的关系

三、教学过程

第一部分 "必修"原电池

【课前阅读材料】

科学调查表明,一颗纽扣电池弃入大自然后可以污染 60 万升水,这些水相当于一个人一生的用水量,而我国每年要消耗这样的电池 70 亿只。

据了解,我国生产的电池有 96% 为锌锰电池和碱锰电池,其主要成分为锰、汞、锌等重金属。废电池无论在大气中还是深埋在地下,其重金属成分都会随渗液溢出,造成地下水和土壤的污染,日积月累还会严重危害人类健康。1998 年《国家危险废物名录》上定出汞、镉、锌、铅、铬为危险废弃物。

废电池处理方法:国际上通行的废旧电池处理方式大致有三种:固化深埋、存放于废矿井、回收利用。

1. 固化深埋、存放于废矿井

如法国一家工厂就从中提取镍和镉,再将镍用于炼钢,镉则重新用于生产电池。其余的各类废电池一般都运往专门的有毒、有害垃圾填埋场,但这种做法不仅花费太大,而且还造成浪费,因为其中尚有不少可用作原料的有用物质。

2. 回收利用

(1) 热处理。

瑞士有两家专门加工利用旧电池的工厂。巴特列克公司采取的方法是将旧电池磨碎,然后送往炉内加热,这时可提取挥发出的汞;温度更高时锌也蒸发,它同样是贵重金属。铁和锰熔合后成为炼钢所需的锰铁合金。该工厂一年可加工 2000 吨废电池,可获得 780 吨锰铁合金、400 吨锌合金及 3 吨汞。另一家工厂则是直接从电池中提取铁元素,并将氧化锰、氧化锌、氧化铜和氧化镍等混合物作为废料直接出售。不过,热处理的方法花费较高,瑞士还规定向每位电池购买者收取少量废电池加工专用费。

(2) "湿处理"。

马格德堡近郊区正在兴建一个"湿处理"装置。在这里除铅蓄电池外,各类电池均溶解于硫酸,然后借助离子树脂从溶液中提取各种金属。用这种方式获得的原料比热处理方法纯净,因此在市场上售价更高,而且电池中包含的各种物质有 95% 都能提取出来。湿处理可省去分拣环节(因为分拣是手工操作,会增加成本)。马格德堡这套装置年加工能力可达 7500 吨,其成本虽然比填埋方法略高,但贵重原料不致丢弃,也不会污染环境。

(3) 真空热处理法。

德国阿尔特公司研制的真空热处理法还要便宜;不过,这首先需要在废电池中分拣出镍镉电池。废电池在真空中加热,其中汞迅速蒸发,即可将其回收,然后将剩余原料磨碎,用磁体提取金属铁,再从余下粉末中提取镍和锰。这种加工废电池的方法成本较低。

前景展望:现在,人们的环保意识有了很大提高,比如北京、上海等城市已经安置了废电池投放专用桶。相信不久的将来,废电池回收利用的问题必定会得到很好的解决。

【教学过程】

(师生简单对话略)

(一)创设情境,引入原电池

播放:

(1)"盐水动力小车"视频(截图见图3-43);

(2)纪录片《创新中国》(截图见图3-44)。

图 3-43 "盐水动力小车"视频截图   图 3-44 纪录片《创新中国》截图

（德）（育）（发）（展）（点）

引导学生联系身边的常见物质,感受化学来自生活并为生活服务,了解我国科技的发展,激发爱国主义精神。

师:根据同学们的常识,预测盐水小车的内部结构(图3-45)。

展示图片,引出原电池。

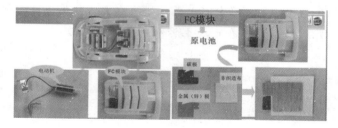

图 3-45 盐水动力车的内部结构

（德）（育）（发）（展）（点）

引导学生学习透过现象看本质、由表及里的分析思路,同时发展学生对问题进行质疑、分析的能力,体验科学探究方法的作用。

（二）进行实验,探究原电池本质

师:盐水小车的原电池的结构十分有趣,我们来探究一下这个装置。

学生实验

实验1:将锌粒放入稀硫酸中。实验现象产生的本质原因是什么? 用单线桥法描述。

实验2:将铜丝放入稀硫酸中。

实验3:将铜丝插入盛有锌粒的稀硫酸中并接触锌粒。

> **德 育 发 展 点**
>
> 　　培养学生设计实验并熟练运用常见的实验探究方法(如分类、对比法)的能力。

师:重新演示实验3,提醒注意观察气泡的出现位置并分析现象产生的原因。

生:观察到的现象为铜丝表面的气泡由下至上逐渐产生,直至到达液面处。

结论:电子由锌粒定向移动到了铜丝上。

有了电子的定向移动,便产生了电流。总结归纳原电池的定义。

> **德 育 发 展 点**
>
> 　　引导学生养成细致入微的观察习惯,提升求真求实的科学探究品质。

（三）归纳总结,建立模型

师:用动画模拟原电池原理。以图片展示原电池原理(图 3-46)。归纳原电池构成要素。

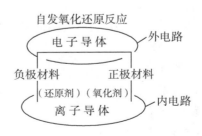

图 3-46　原电池原理示意图

德 育 发 展 点

引导学生通过分析认识原电池的本质特征、构成要素,建立认知模型,并能运用模型解释原电池的构成,同时透过宏观现象分析原电池的微观实质,发展"宏观辨析与微观探析"的化学学科核心素养。

师:请同学们自己设计原电池,动手实验。

实验用品:锌电极、铜电极、铁电极、石墨电极、导线、电流计、反应容器、洗瓶。

药品:稀硫酸、硫酸铜溶液、无水乙醇。

其他:橘子瓣、西红柿。

请利用上述物品进行设计。

学生实验:学生分组讨论,思维碰撞,分工合作,进行实验。

(教师参与小组活动中,但不对学生制订的方案等进行评判,放手让学生进行探究)

(学生根据本组设计的实验方案进行实验)

(相同电极,不同溶液;相同溶液,不同电极;电极在同一容器或者不同容器)

师:请思考:与 Zn—Cu—H_2SO_4 原电池对比,如果指针没有发生偏转,分析原因;如果指针发生偏转,分析原电池的构成条件。

(学生总结归纳原电池的构成条件)

德 育 发 展 点

引导学生学会与人合作,将知识应用于实践,培养探究意识与创新意识;养成严谨求实的科学态度,在实验方案的设计中体会控制变量的思想。

(学生归纳总结实验结果,并自我分析原因与大家共享,同时总结归纳原电池的构成要素)

必备材料:＿＿＿＿＿＿＿＿＿＿＿＿＿＿＿＿＿＿＿＿＿＿＿＿＿＿；

材料要求:＿＿＿＿＿＿＿＿＿＿＿＿＿＿＿＿＿＿＿＿＿＿＿＿＿＿；

材料连接:＿＿＿＿＿＿＿＿＿＿＿＿＿＿＿＿＿＿＿＿＿＿＿＿＿＿。

(四)拓展提升,理论联系实际

(教师回扣本课开始时引入的盐水电池:分析盐水电池的构成,并进行实验)

拓展延伸:展示水果电池图片(图 3-47),播放土豆电池视频(截图见图 3-48)。

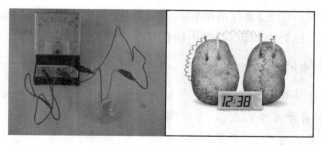

图 3-47　水果电池　　　图 3-48　土豆电池

学生实验:连接一瓣橘子、两瓣橘子、西红柿,进行探究。

提供二极管,电子贺卡进行课堂探究——如何让它们工作?

观看土豆电池串联视频。

德 育 发 展 点

　　给学生提供真实的化学情境,引导学生将知识运用到生活中,并进行创造性设计,培养学生在生活中用化学的眼光来分析问题、解决问题的能力。

(五)回顾历史,提升科学精神

师:电池的发展史,我国电池发展的过去和现在——微视频(截图见图 3-49)。

图 3-49　电池的发展史视频截图

　　师:或许将来,你外出时再也不需要带充电器和电池了,只需要带一片薄薄的太阳能电池,就可以满足手机、相机、电脑甚至冰箱、汽车的供电需求了。

电池让生活更美好,化学让生活更美好。

德 育 发 展 点

　　电池的发展史展现了科学家坚持不懈的探索精神、细心谨慎的科学态度。中间穿插的我国电池发展史,介绍我国电池制造从无到有、从有到强的过程,增强学生的民族自信心和自豪感。同时,通过生活中电池的应用之广泛,引导学生体会化学科学的价值。

师:(布置课后作业)通过网络和调查问卷,研究身边的电池的处理方法,以海报的形式展示电池处理知识,并提出你自己的建议。

引导学生认识电池在对生活提供便利的同时,如果处理不当,也会出现污染问题,培养学生节约资源、保护环境的可持续发展意识,引导他们从自身做起,养成"简约适度、绿色低碳"的生活方式,同时学会用"一分为二"的观点来分析问题。

第二部分 原电池课后延伸(校本课程)

(一) 创设情境,复习单液原电池

师:如图 3-50 装置,思考该装置如何产生电流。

原电池装置的构成要素有哪些?

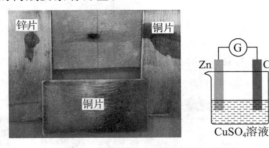

图 3-50 铜-锌原电池及其装置简图

生:(回顾、思考并作答)离子、电子、电解质溶液。

师:如何能够直接"看到"这些要素?

这是一个老师设计的由锌片-铜片-铜片和滴加在滤纸上的 $CuSO_4$ 溶液组成的原电池,一段时间后紫色的高锰酸钾向锌片移动(图 3-51),由此可得出在电解质溶液中离子的移动方向。

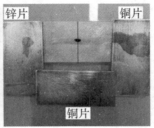

图 3-51 铜-锌原电池

下面其他两个要素由同学们来设计。

德 育 发 展 点

　　引导学生认识微观的变化可以以宏观的现象表现出来,通过设计实验进行科学探究,培养创新意识和探究精神。

(学生自主思考,小组讨论,设计方案,实验验证)

师:导线中离子的移动方向可以通过连接在电路中的电流表的指针的偏转方向得出。

盐水动力装置(图3-52),锌片和石墨,加上水后转盘没有旋转,加入氯化钠固体后转盘转动。

图 3-52　盐水动力装置

小结:回顾原电池装置的构成要素。

原电池装置的构成要素

德 育 发 展 点

　　引导学生在理解原电池的基础上建立认知模型,并在此基础上对实验进行创新设计,培养创新意识。

师:按照图示进行实验,仔细观察实验现象,注意发现异常现象并进行分析。利用已有装置,进行微型化实验。

过渡:通过实验发现异常现象(图3-53)。

电流不稳定　　　锌片表面有红色物
　　　　　　　　质析出

图 3-53　实验异常现象

实验装置的微型化设计（图 3-54）：

图 3-54　实验装置的微型化设计

德 育 发 展 点

　　培养学生认真严谨的科学探究精神，引导学生学会发现有探究价值的问题。利用微型化设计培养学生的绿色化学理念。

师：上述实验中出现异常现象的根源在哪里？如何避免？
生：锌与硫酸铜溶液直接接触，在表面与 Cu^{2+} 直接发生了氧化还原反应。
设计如下：引入盐桥（浸有 NaCl 溶液的滤纸条）（图 3-55）。

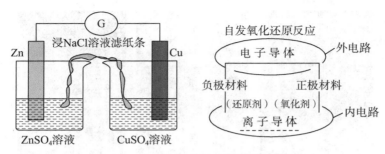

图 3-55　带有盐桥的铜-锌原电池示意图

德育发展点

引导学生认识指针偏转现象，运用微观粒子——离子、电子进行分析解释，找出问题并提出解决问题的方案。

（学生对上述设计进行验证，所有的异常现象消失，进行微型化实验后也都得出了一样的结果）

按上述设计装置进行实验（图 3-56）：

未加滤纸条，表针不偏转　　加滤纸条，表针偏转，　　铜片表面有铜析出，锌片
　　　　　　　　　　　　　　且电流稳定　　　　　　逐渐溶解表面无铜析出

图 3-56　实验装置与实验步骤图

实验装置的微型化设计（图 3-57）：

图 3-57　微型化实验装置与实验步骤图

（教师引导学生组装带有盐桥的双液原电池并构建双液原电池模型）

德 育 发 展 点

引导学生建立绿色化学理念，能认真对待实验异常并能运用化学知识予以正确分析。

（二）引入盐桥（图 3-58）及双液原电池（图 3-59）

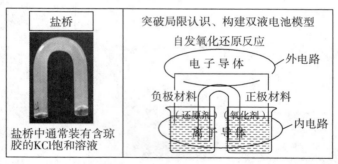

图 3-58　盐桥　　　　　图 3-59　双液原电池模型

演示实验：引入手持技术，使用电流传感器对比单液原电池和双液原电池电流的稳定性（图 3-60）。同时，视频演示教师自制的盐桥（利用熟土豆泥加入氯化钾制作的盐桥代替了传统的琼脂盐桥），本盐桥最大的优点是制作简单、导电性好。

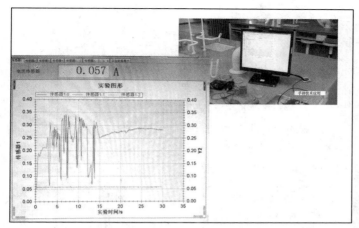

图 3-60 使用电流传感器对比单液原电池和双液原电池

师:但是,这种原电池也有缺点:不易携带,体积较大。

德 育 发 展 点

引导学生将现代技术手段应用于化学中,并以辩证唯物主义哲学观点看待事物,利用其优点、正视其不足并对其改进。

师:实际应用中很少使用带有盐桥的原电池,代替盐桥将氧化剂和还原剂隔离开的是各种的"膜",生活中的膜如橘子瓣上的膜(图 3-61)、锂离子电池中的膜(图 3-62)等。

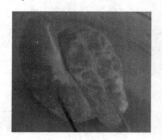

图 3-61 橘子瓣上的膜

图 3-62 锂离子电池中的膜示意图

有了理论基础和现实基础后,本节课进入第三部分。

(三)设计思路,解决问题

设问:根据本节课所学习的知识,你能否将反应 $2H_2 + O_2 \xrightarrow{\quad\quad} 2H_2O$ 设计成原电池?请试着画出装置图。(展示学生的部分设计图,见图 3-63)

(学生展示设计方案)

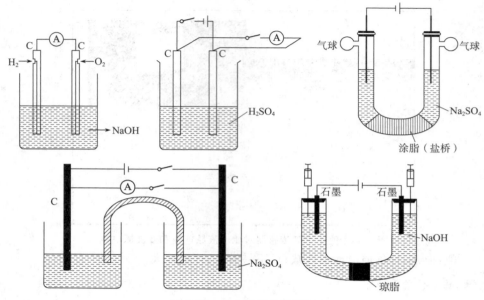

图 3-63　学生的部分设计图

师：大家充满想象力的设计让老师很惊喜。

（展示后，从中选择可操作性强的两组实验，由学生在实验室完成实验）

学生演示实验操作步骤。

图 3-64　学生演示实验操作步骤

（针对学生设计的原电池出现的电流持续时间短、电流不大的问题，经过学生和教师分析、讨论，得出附着在两极上的氢气和氧气量太少导致上述现象出现的结论，于是又设计了一组用纱布包裹着碳棒的原电池装置，见图 3-65）

视频展示。

图 3-65　用纱布包裹着碳棒的原电池装置图

　　引导学生创新设计和改进实验,既增强了学生的探究兴趣,又让学生体会到燃料电池的发展方向,使学生学会了寻找问题和解决问题的一般思路并增强了合作意识。

　　师:展示"我国华为电池研究的最新进展"新闻报道视频(截图见图 3-66)。

图 3-66　"我国华为电池研究的最新进展"新闻报道视频截图

　　借助最新科技的发展,展示我国在电池制造与利用方面的优势,增强学生的民族自豪感。

　　师:(布置课后作业)通过网络查找电池的最新发展状况,了解电池的改进方向;设计自己的原电池,以设计图形式呈现;了解暖宝宝的构成及其发热原理。

四、课后反思

本节课从知识层面上,有以下几点较为成功。

1. "启""承""转""合""散"分配合理,整节课有条理,有生气

本节课的教学中,有用图片、视频等创设的教学情境,有思考模型的总结和实际应用,有学生实验的创新设计,各教学环节相互配合,使整节课既内容丰富又有条有理,很有生气。

2. 教学层次设计合理

针对不同学生群体学习水平的不同,两个教学层次对学生的学习要求也不同。前者注重知识和概念的生成过程,后者更注重思维能力的提升和实验创新。两个部分的设计承接有序,层次分明。

3. 多种教学策略融合

视频插播、合作学习、创新设计、实验探究等多种教学策略的使用,让学生很容易找到自己的定位,积极主动地开展学习活动。

4. 注重学科德育融合

本节课的教学具有较高的化学学科核心素养发展价值和德育价值。

(1)注重生活情境的使用,有利于学生感受化学的作用。

学生可以从中体会到电池对人类生活品质提升的重要推动作用。本节课用了很多贴近学生生活实际的素材,如盐水动力小车、土豆电池、干电池、橘子、电池、暖宝宝等,让学生体会到化学就在身边,有着无穷的魅力。

(2)教学活动的安排有利于增强学生的有关意识。

大量学生实验的设计,让学生主动深入情境或活动之中,深刻体验科学探究过程,有利于学生提高探究能力,增强团队合作意识。从简单的 $Zn—Cu—H_2SO_4$ 原电池的微型化实验设计,到水果电池实验设计、双液原电池模型提炼,再到团队设计原电池实验,加上阅读电池处理的有关材料,这一系列活动渗透了绿色化学理念,有利于学生增强环境保护的意识。

(3)多角度的教学设计,有利于发展学生的化学学科核心素养。

本节课丰富多彩的教学活动,有利于学生发展"证据推理与模型认知""科学探究与创新意识""科学态度与社会责任"的化学学科核心素养。

(4)丰富的教学活动,有利于培养学生的科学精神和激发学生的爱国主义情感。

本节课通过电池发展史的介绍,使学生受到科学精神的熏陶;通过对我国的电池制造与应用现状的介绍,培养学生的爱国主义精神。

(5)增强学生辩证地看待事物的观念。

电池的使用,给人类的生活与工作带来了极大的方便,但如处理不当也会产生环境污染问题,据此可增强学生辩证地看待事物的观念。

(本课例获第四届全国中小学实验说课二等奖)

2. 弱电解质的电离

山东省青岛第十七中学　　刘　娜

教材在化学平衡之后介绍水溶液中的离子平衡。化学平衡理论中的勒夏特列原理和关于平衡常数的知识,对于离子平衡同样适用。教材编写顺序为化学平衡—水的电离和 pH—弱电解质的电离平衡—盐类水解—沉淀溶解平衡,从单一溶剂到单一溶质再到溶质和溶剂相互作用。弱电解质电离平衡占据承上启下的关键地位。本节课可在教学中自然融合"矛盾的对立统一""运动是绝对的,静止是相对的"等哲学思想观念,发挥化学教育的德育功能。

一、教学与评价目标

以醋酸和盐酸为例

1. 教学目标

【知识与技能】

(1)通过实验探究,认识什么是强电解质、什么是弱电解质。

(2)体会微粒观:能描述弱电解质在水溶液中微粒的存在形式及相互作用,能写出电离方程式。

(3)体会平衡观:能将化学平衡原理迁移到电离平衡,理解弱电解质的电离平衡及影响电离平衡的因素。

【过程与方法】

以证明醋酸是弱电解质、醋酸稀释和升温对醋酸的电离平衡产生影响为载体,渗透科学探究方法的教育和数据分析能力的培养。

【化学学科核心素养发展】

学科核心素养可按照"素材→活动→素养"的模式进行培养。选择一定的素材情境,通过一定的活动,使某种核心素养的培养"落地"。证明醋酸是弱酸,证明稀释、加热时醋酸电离平衡要移动,均可渗透化学学科核心素养中的"证据推理及宏微辨识"的培养,引导学生增强证据推理意识,建立微粒观、平衡观等学科观念,如:如何证明醋酸是弱酸,可选择什么证据?引导学生通过实验设计、方案评价、实验操作得出实验结论。笔者将证据推理分解为:选择证据—获取证据—基于证据进行推理。

2. 评价目标

(1)以"证明醋酸比盐酸酸性强"为载体,诊断并提升学生实验探究的水平。(定性水平、定量水平)

(2)以"探究醋酸电离平衡的移动"为载体,诊断并发展学生"变化观念与平衡思想"的化学学科核心素养。

二、教学重点与难点

弱电解质在水溶液中的电离平衡;影响电离平衡的因素。

三、教学思路

环节 1　认识电解质有强、弱之分

学生可以设计出不同的实验方案:同浓度的盐酸和醋酸与镁条反应速率不同,测定 pH、电导率和灯泡亮度,通过观察宏观现象如气泡、pH、电导率等的不同认识到它们的电离程度不同;在感性认识的基础上发展理性认识:同样是电解质,但电离程度不同,分为强电解质和弱电解质;在实验活动的基础上,通过思维建构概念。

环节 2　认识弱电解质电离平衡的移动

醋酸中加醋酸铵后发现:醋酸的 pH 变化,氢离子浓度减小,得出结论:醋酸中加入醋酸根离子平衡左移;盐酸稀释 10 倍,pH 变化 1,而醋酸稀释 10 倍,pH 变化不到 1,说明稀释时电离平衡正向移动。这两个定量实验,可以证明电离平衡的移动。

环节 3　认识影响弱电解质电离平衡的因素

将化学平衡迁移到电离平衡中,通过具体的例子,在感性认识的基础上总结影响电离平衡的因素,认识勒夏特列原理在电离平衡移动中依然适用。影响电离平衡的因素为:

(1)内因:弱电解质本身的性质(不同弱电解质)。

(2)外因:温度、浓度(相同弱电解质)。

环节 4　归纳与延伸——我的收获,我的疑问

【知识储备,课前预习】

1. 电解质:什么是电解质?强电解质、弱电解质各指的是什么?试着对下列物质分类。

HCl　HNO_3　$NaCl$　$NaOH$　Al_2O_3　H_2SO_4　CH_3COOH　$NH_3 \cdot H_2O$　$CaCO_3$　$HClO$　$BaSO_4$　$NaHCO_3$　H_2O　CH_3COONH_4　H_2CO_3

2. 平衡观:"化学平衡"知识结构。

$$\left\{\begin{array}{l}\text{化学平衡状态的建立}\\\text{化学平衡的特征}\\\text{影响化学平衡的因素}\left\{\begin{array}{l}\text{内因} \underline{\hspace{6cm}}\\\text{外因} \underline{\hspace{2cm}},\underline{\hspace{2cm}},\underline{\hspace{2cm}}\end{array}\right.\\\text{勒夏特列原理}\\\text{化学平衡常数}\\\text{判断化学平衡移动方向}\left\{\begin{array}{l}\text{勒夏特列原理}\\Q_c \text{和} K_c \text{比较大小}\end{array}\right.\\\text{（两个抓手）}\end{array}\right.$$

3. 平衡观,微粒观:下列条件改变,微粒如何作用,水的电离平衡如何移动,K_w 变化吗? (见表 3-20)

表 3-20　在不同条件下,水的电离平衡移动方向[H^+]以及 K_w 的情况

改变条件	平衡移动方向	移动后[H^+]	K_w
加盐酸			
加氢氧化钠溶液			
升温			

4. 实验:用 $0.1\ mol \cdot L^{-1}$ 盐酸和 $0.1\ mol \cdot L^{-1}$ 醋酸,其他仪器、试剂自选,设计实验证明醋酸和盐酸酸性强弱。

设计意图:对与本节课学习联系密切的铺垫性知识进行梳理,为知识、方法顺利"生长"找到衔接点。

四、教学过程

(一)实验探究——醋酸与盐酸酸性有何不同

【提出问题】洁厕灵中用的是盐酸,为什么用盐酸比醋酸效果好?

【假设猜想】盐酸酸性比醋酸强。

【核心素养发展】证据推理是重要的核心素养。我们如何证明醋酸的酸性比盐酸弱? 可以选择哪些方法(见表 3-21)?

【方案设计】提供试剂:$0.1\ mol \cdot L^{-1}$ 盐酸,$0.1\ mol \cdot L^{-1}$ 醋酸,镁条,pH 试纸。

方案设计:提出假设→自主设计→组内交流→实验探究→反思交流。

表 3-21　实验方案和实验结果

	实验方案	实验结果
方案一		
方案二		

记录实验数据:盐酸和醋酸的 pH 和 $c(H^+)$(见表 3-22)。

表 3-22　盐酸和醋酸溶液的 pH 和 $c(H^+)$

试剂	pH	$c(H^+)$	结论
0.1 mol·L^{-1}　盐酸			
0.1 mol·L^{-1}醋酸溶液			

实验探究 1:

(1)盐酸和醋酸浓度相同,产生气泡的快慢如何? 为什么?

(2)比较盐酸总浓度和 $c(H^+)$ 的大小,你发现了什么?

(3)比较醋酸总浓度和 $c(H^+)$ 大小,你发现了什么?

实验展示:除了气泡和 pH,还可以采用其他方法证明醋酸酸性弱。请同学展示课前录制的实验视频:比较同浓度的盐酸和醋酸的电导率。

实验评价:这几种方法中,pH 检测是比较方便、直观的方法。

实验探究 2:

设计意图:预测醋酸和盐酸酸性强弱,通过实验验证预测,分析实验现象背后的微观本质,认识电解质有强弱之分;通过同浓度的盐酸和醋酸与镁条反应速率不同,测定 pH,观察宏观现象:气泡和 pH 不同,思考发生的原因:电离程度不同。引导学生在感性认识的基础上发展理性认识:同样是电解质,但电离程度不同,分为强电解质和弱电解质;在实验活动的基础上,通过思维建构概念。

德育发展点

　　思想方法比具体的知识更具有普遍意义,即使将来学生不学化学专业,掌握这一思想方法也有必要。实验是一种实践方式。要重视在实验过程中培养学生"透过现象看本质"的思维方式。

1. 弱电解质的电离

写出 HCl,CH_3COOH 在水溶液中的电离方程式。

HCl：_____　　CH₃COOH：_____

> 核心观念——微粒观
>
> 微粒的形式，微粒的相互作用

2. 实验探究——证明醋酸溶液中电离平衡的移动

【电离平衡的建立】

类比思考：将醋酸溶于水，醋酸电离成离子；同时，离子能结合形成分子。类比化学平衡的建立，可以画出醋酸建立电离平衡的图象（图 3-67）。分析什么是电离平衡、醋酸的电离平衡是怎么建立的。

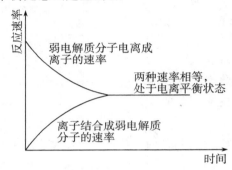

图 3-67　醋酸电离平衡图象

德育发展点

　　强电解质的电离平衡与哲学中的对立统一规律吻合。"正向"——弱电解质电离成离子和"逆向"——离子结合成弱电解质分子，这两者是一对矛盾。"正向"和"逆向"既是对立的又是统一的，处于斗争中：刚开始，"正向"占主导；一段时间后，两者处于平衡状态。

类比思考：类比化学平衡，电离平衡的特征也是"定""等""动""变"。达到电离平衡时，电离过程是不是停止了？

德育发展点

　　运动是绝对的，静止是相对的。达到电离平衡后，电离成离子和离子碰撞形成分子的过程仍然在进行，只不过二者势均力敌而已，因此电离平衡是一种"相对静止"。

　　平衡是有条件的，当条件改变时，正向或逆向的速率发生改变，原有的平衡被破坏，据此引导学生发展"变化观念与平衡思想"的化学学科核心素养。

提出问题:怎样证明醋酸溶液中存在动态的平衡过程? 怎样使平衡正向或逆向移动呢?

实验探究 3：

证明:条件改变,醋酸的电离平衡逆向移动。

测量 0.1 mol·L^{-1}醋酸溶液的 pH,加入少量固体 CH$_3$COONH$_4$(中性),再测定混合后溶液的 pH,将结果记录在学案的相应位置。

醋酸中加入醋酸铵后,pH 的变化
0.1 mol·L^{-1}醋酸溶液的 pH 为 _____
加少量固体 CH$_3$COONH$_4$(中性)后,溶液的 pH 为 _____

(二)自主探究,合作研讨

【实验分析】分析数据,与混合前的 pH 比较,你有什么新的发现?

【追问】pH 增大,这是偶然的还是必然的?

【展示数据】(见表 3-23)

表 3-23　CH$_3$COOH 溶液中 CH$_3$COONH$_4$(固体,中性) pH 变化

测量时间:2015-11-25　　　　　　　测量地点:青岛第十七中学实验室

测量者:青岛第十七中学高二·七班

溶液类型	醋酸浓度/(mol·L^{-1})		
	0.01	0.1	0.05
原溶液	2.84	3.07	3.41
第一次加入固体 CH$_3$COONH$_4$ 后	3.17	4.23	5.30
第二次加入固体 CH$_3$COONH$_4$ 后	4.52	4.44	5.55

$$CH_3COOH \rightleftharpoons CH_3COO^- + H^+$$

【数据就是证据】分析数据,你发现了什么?

【追根求源】

(1)在醋酸溶液中加醋酸铵固体,溶液的 pH 有什么变化? 为什么?

(2)分析醋酸和醋酸铵在水溶液中的微粒有哪些、微粒之间存在怎样的相互作用。

(通过本环节渗透微粒观、平衡观教育)

实验探究 4：

证明:条件改变,若使醋酸电离平衡正向移动,可以怎样设计实验?

实验设计:等浓度的醋酸和盐酸分别稀释 10 倍,测量溶液 pH 的变化(见表 3-24)。

表 3-24 等浓度的醋酸和盐酸分别稀释 10 倍后,溶液 pH 的变化

计算探究	实验探究
将盐酸稀释 10 倍,计算 pH	将醋酸稀释 10 倍,测量 pH
$0.1\ mol \cdot L^{-1}$ 盐酸,$c(H^+) = $ _____,pH = _____	测量 $0.1\ mol \cdot L^{-1}$ 醋酸溶液 pH 为 _____
$0.1\ mol \cdot L^{-1}$ 盐酸稀释 10 倍,得到 $0.01\ mol \cdot L^{-1}$ 的盐酸,$c(H^+) = $ _____,pH= _____	稀释 10 倍后,得到 $0.01\ mol \cdot L^{-1}$ 醋酸,该溶液的 pH 为 _____

【实验分析】分析以上数据,你又发现了什么?

(1) 将盐酸稀释 10 倍,$c(H^+)$ 减小,pH 增大 _____ 个单位。

(2) $0.1\ mol \cdot L^{-1}$ 醋酸 pH 为 _____。如果是相同 pH 的强酸,稀释 10 倍后,$c(H^+)$ 为 _____。

【回扣科学本质】真的是这样吗? 我们看以下数据。

实验目的:探究把不同浓度的 CH_3COOH 溶液稀释 10 倍后 pH 的变化(见表 3-25)。

【原始数据】

表 3-25 不同浓度的 CH_3COOH 稀释 10 倍后,pH 的变化

实验日期:2015-12-01   实验地点:青岛第十七中学实验室

测量者:青岛第十七中学高二·三班

CH_3COOH 溶液初始浓度/$(mol \cdot L^{-1})$	0.1	0.05	0.02	0.01
pH	2.79	3.00	3.23	3.39
稀释 10 倍后 pH	3.39	3.57	3.77	3.94
ΔpH	0.60	0.57	0.54	0.55

以上是 2015 年测的数据。分析数据,你发现了什么?

【分析】为什么醋酸溶液稀释 10 倍后,pH 的变化小于 1?

证明平衡移动的实验,最关键的是对 pH 的精准测定。

(三)动脑思考——哪些因素影响醋酸的电离平衡

【思维延伸】实验 2 说明了什么? 实验 3 说明了什么? 是什么条件改变了?

化学平衡中,影响化学平衡移动的主要因素有浓度、温度、压强;另外,还有哪些条件会影响醋酸的电离平衡?

【问题解决】完成表中 1-3 对应的变化。

【资料查阅】醋酸的电离过程为吸热过程,升高温度,醋酸的电离平衡如何移动?

展示学生测量的数据,通过分析得出温度对电离平衡的影响。

研究温度对溶液 pH 的影响。

【实验数据】

表 3-26　实验数据测定结果

$T/℃$	19.5	30	38	温度传感器
pH	3.87	3.54	3.29	pH 传感器

【实验结论】升高温度、pH 减小、$[H^+]$ 增大。

【探究问题】碳酸和醋酸酸性不同,决定因素是什么?

【归纳总结】影响电离平衡的因素。

① 内因:弱电解质本身的性质(不同的弱电解质)

② 外因 $\begin{cases} 浓度 \quad "越稀越电离" \\ 温度 \quad "越热越电离" \end{cases}$ (相同的弱电解质)

德育发展点

内因是决定电离程度的根本,外在条件(浓度、温度)会影响电离程度。

核心观念——平衡观
平衡的建立,平衡的移动,平衡的定量描述

(四)拓展延伸——我的收获,我的疑问

德育发展点

朗读教师原创的打油诗,体会化学和诗歌融合的美感。化学不仅有实验和习题,也有诗和远方。

虞美人·弱电解质

盐酸、醋酸何时了，

酸性知多少？

气泡、pH有不同，

实验"控制变量"对比中。

浓度、温度应犹在，

只是平衡改。

问君移动几多愁，

却有"勒夏特列"来解忧。

【自我检测】 pH＝3的盐酸和醋酸分别加水稀释相同倍数，$c(H^+)$变化如右图所示。

(1) Ⅰ是_____的变化曲线。

A. 盐酸　　　　　　　　B. 醋酸

(2) Ⅰ是_____。

A. 强酸　　　　　　　　B. 弱酸

解释曲线Ⅰ中$c(H^+)$下降慢的原因。

(3) 两种酸的初始浓度是Ⅰ_____Ⅱ。

A. 大于　　　　　　B. 小于　　　　　　C. 等于

【信息技术】 将填空题改编为选择题，学生利用iPad解答。三个选择题的准确率分别为86％，86％，46％。教师可重点讲解第(3)问，见图3-68。

图3-68　第(3)问的讲解内容

【反思交流】 本节课我收获了什么？

设计意图:外显学生思维的变化。

学生的回答表明学生对证据推理有了一定的认识,说明了实验探究的重要性。当然,核心素养的培养不是一节课所能完成的。

【迁移应用】0.1 mol·L^{-1}氨水中存在下列平衡:

$$NH_3 \cdot H_2O \Longrightarrow NH_4^+ + OH^-$$

完成表 3-27。思考还有哪些条件变化会影响平衡移动以及平衡将如何移动。

表 3-27　实验结果及分析

条件变化	平衡移动方向	平衡移动原因	$c(OH^-)$
1. 加浓氨水			
2. 加 NH_4Cl(固体)			
3. 加 NaOH(固体)			
4. 加少量浓盐酸			
5.			

作业:

1. 整理完善学案和笔记,反思收获和疑问。

2. 利用老师制作的微课"浓度、温度对电离平衡的影响"自主复习。

3. 课外探究:查阅资料了解,酚酞和甲基橙遇酸、遇碱变色的原因是什么?

五、教学反思

1. 教学目的

这节课的准备得到教研组内同事的大力支持。

本节教学依据高中化学课程标准对于弱电解质电离的教学要求,引导学生理解电离平衡的概念,掌握弱电解质电离平衡的影响因素;充分发挥"化学反应原理"课程模块的教育功能,培养学生的"定量观""微粒观""平衡观",发展学生的化学学科核心素养。新课程的教育理念强调培养学生的自主学习能力、探究能力和合作精神。根据学校关于教学改革的要求和学生的实际情况,本节教学注意突出学生的主体地位,强化学生的参与意识,引导学生积极思维,通过实验探究获取有关证据、得出有关结论,从而有效地提高了学生发现问题、分析问题和解决问题的能力,圆满地完成了本节课的教学任务。

2. 活动设计

(1) 设计活动的目的是什么?

教师是教学设计者。设计活动的目的是什么,是为了促进学生的认知发展,是为了教学目标的达成。活动、素材围绕着目标转。教师要围绕目标、基于学生的认知发展,设计各种学生活动。

学生已有的经验是认知发展的前提,也是教学设计的前提。

(2)对探究的"度"如何把握?

人类已经积累了大量的知识,学生不可能对所有的知识都一一进行探究。如何把握探究的"度"?有些探究是全部学生参与,有些探究是部分学生参与,有些探究靠研读资料,有些探究需要小组合作。教师需要根据教学需要和学校实际,思考哪些教学内容要设计成学生活动。

另外,在德育发展层面,本课设计也具有一定的特点。

① 学科思维——宏观现象,微观表征。

毕华林教授认为,化学教学设计应注重观念建构。"宏观现象—微观本质—符号表达"三重表征是化学教学需要建立的观念。本节课,首先观察宏观现象,即同浓度的盐酸和醋酸 pH 不同,然后进入微观世界,思考微观本质。醋酸是部分电离。对于盐酸来说,换算出的氢离子浓度和盐酸浓度相等,因此盐酸中的 HCl 全部电离。在这一实验事实的基础上,进行思维加工,揭示事物本质:两种酸的电离程度不同,溶液中存在的微粒不同,从而概括出强电解质与弱电解质的概念,再用电离方程式表达出它们电离程度的不同。因此,"实验事实""思维加工"是概念建立的两个条件。教学中,为了快,容易忽略实验活动、忽略思维加工,这不利于学生抽象思维能力的发展。

② 证据推理。

醋酸是弱电解质,稀释对醋酸电离平衡的影响、升高温度对醋酸电离平衡的影响都要通过实验获得证据,再经推理得出结论。

③ 哲学观念。

在弱电解质的电离平衡中,"正向"——弱电解质电离成离子和"逆向"——离子结合成弱电解质分子,这两者是一对矛盾。矛盾是对立统一的。"正向"和"逆向"既是对立的又是统一的;刚开始,"正向"占主导,一段时间后两者处于平衡状态。

运动是绝对的,静止是相对的。弱电解质的电离达到电离平衡后,电离成离子和离子碰撞形成分子的过程仍然在进行,只不过二者势均力敌达成了一种"相对静止"状态而已。

3. 沉淀溶解平衡

山东省青岛第九中学 王美荣

沉淀溶解平衡,与弱电解质的电离平衡、盐类水解平衡一样,是水溶液体系中的又一平衡体系。它符合化学平衡的规律,是对平衡体系的拓展延伸和丰富完善。本节课要求学生以平衡的观念,用化学平衡的思维研究一种新的平衡——难溶电解质的沉淀溶解平衡,因此它起着"承上"的作用;同时,通过对难溶电解质的沉淀溶解平衡的学习,学生可以更全面地体会水溶液中离子平衡的相关理论,更好地理解在溶液中发生的离子反应的本质,因此它也起着"启下"的作用。从教学意义来说,本节课可以完善学生的化学平衡思维体系,巩固电解质、离子反应等化学基本概念,从而深化学生的认知结构。另外,从社会意义来说,由于难溶电解质的沉淀溶解平衡在化工生产和实际生活中都有着十分重要的应用,因此非常有必要对这部分内容进行深入的研究。

一、教学与评价目标

1. 教学目标

(1)科学认识:理解难溶电解质存在沉淀溶解平衡,能运用 K_{sp} 定量分析沉淀的溶解、生成和转化。

(2)科学实践:通过 PbI_2 溶解于水的实验,建立沉淀溶解平衡,运用 Q 与 K_{sp} 的关系模型解决沉淀溶解平衡问题。

(3)科学应用:解决医学问题,认识学习沉淀溶解平衡的社会价值。

2. 评价目标

(1)通过对"服用 $BaSO_4$ 是否会中毒"问题的解决,诊断并提升学生对沉淀溶解平衡的认识水平。(宏观、微观、符号)

(2)通过对"能否用 $BaCO_3$ 代替 $BaSO_4$""$BaCl_2$ 中毒怎么办"以及蛀牙形成原因的分析,诊断并提升学生对沉淀溶解与生成知识的结构化水平。(定性、定量)

(3)通过对蛀牙的防治措施的分析以及对溶洞形成原因的探讨,诊断并提升学生对沉淀转化的认知水平及科学探究水平。(理解、应用)

二、教学与评价思路

Ⅰ（课前） 搜集生活中沉淀溶解平衡素材	Ⅱ（课中） 通过实验,建立沉淀溶解平衡模型	Ⅲ（课中） 迁移应用·深化概念	Ⅳ（课后） 联系生活·实际应用
• 科学探究及创新意识 • 发展学生化学平衡观念	• 证据推理与模型认知 • 发展实验水平及归纳能力	• 变化观念与平衡思想 • 发展学生的微粒观和平衡观	• 证据推理科学态度与社会责任 • 理解科学原理在生产生活中的指导意义

三、教学流程

(一)导入新课

播放溶洞景观的图片,指出溶洞里有千奇百怪的石笋、石柱、钟乳石。

师:你知道这些地貌的形成原因吗? 通过本节课的学习,我们一起从反应原理的角度解决这个问题。

> 德 育 发 展 点
>
> 通过设计情境,引入新课。以熟悉的事物激发学生的学习兴趣,调动学生的积极性,使学生认识物质循环的客观规律,培养对大自然的热爱之情。

(二)项目学习

任务 1　创设情境,提出问题

实验情境:取 NaCl 饱和溶液 2 mL 于试管中,向其中滴加浓盐酸。

实验现象:NaCl 饱和溶液中有晶体析出。

问题 1:为什么在加入浓盐酸之前没有晶体析出呢?

问题 2:加入浓盐酸后为何有晶体析出呢?

讨论分析:在 NaCl 饱和溶液中,存在溶解平衡:

$$NaCl(s) \rightleftharpoons Na^+(aq) + Cl^-(aq)$$

加浓盐酸会使 $c(Cl^-)$ 增加,平衡逆向移动,因而有 NaCl 晶体析出。

该实验选取生活中常见的氯化钠及其析出晶体作为课堂教学的引入,既体现了化学与生活的联系,又创设了一个很好的问题情境,引导学生初步从平衡的视角研究物质的溶解问题。

任务2 实验探究,建立模型

合作探究实验:难溶物强电解质 PbI_2(黄色)在水中的行为。

1. 在装有少量难溶的 PbI_2 黄色固体的试管中,注入约 3 mL 蒸馏水,充分振荡后静置。

2. 待上层液体澄清后即得到 PbI_2 饱和溶液,向其中滴加几滴 $0.1\ mol\cdot L^{-1}$ KI 溶液,观察实验现象并予以解释。

归纳总结:让学生自己归纳总结,得出难溶电解质沉淀溶解平衡的概念,结合动态平衡的特点总结难溶电解质沉淀溶解平衡的特征,促进学生对新知识的理解,达到突破教学难点的目的。

在探究环节,学生眼、手、口、脑等多感官参与,对大脑进行多通道的信息输入,符合认知规律,学习效率高,印象深刻。学生体会到探究的快乐和合作交流的喜悦,大脑的社会性特征得到满足。通过鲜明的实验现象与学生已有的认识形成冲突,激发学生思考和探究的欲望,使学生认识到事实和证据对科学研究的重要性以及养成实事求是、耐心细致、严谨务实的行为习惯的必要性。

任务3 迁移应用,深化概念

问题组探究:溶度积常数 K_{sp}。

1. 如何衡量难溶电解质溶解的程度?

2. 写出 PbI_2 溶度积常数表达式,思考影响 K_{sp} 的因素。

3. 一定条件下 AgX 的 $K_{sp}=1.0\times10^{-10}$,Ag_2Y 的 $K_{sp}=4.0\times10^{-12}$。写出二者的沉淀溶解平衡方程式和溶度积表达式,并求出二者在水中的溶解度($mol\cdot L^{-1}$)。
[提示:溶解度(S):难溶电解质达到平衡时溶液的物质的量浓度($mol\cdot L^{-1}$)]

4. K_{sp} 可以反映难溶电解质在水中的溶解能力。K_{sp} 大,电解质在水中的溶解度一定大吗?尝试总结二者的关系(见表3-28)。

表 3-28 难溶电解质 K_{sp} 和溶解度的关系

类型	化学式	K_{sp}	溶解度/$(mol \cdot L^{-1})$
AB	AgCl	1.8×10^{-10}	1.3×10^{-5}
AB	AgBr	5.3×10^{-13}	7.3×10^{-7}
AB	AgI	8.5×10^{-17}	9.2×10^{-9}
AB_2	MgF_2	6.5×10^{-9}	1.2×10^{-3}
A_2B	Ag_2CrO_4	1.1×10^{-12}	6.5×10^{-5}

归纳总结:通过问题组探究,学生交流总结溶度积常数的表达式,得出影响 K_{sp} 的外界因素,探究 K_{sp} 与溶解度的关系。

德育发展点

使学生认识到需要一个平衡常数表示沉淀溶解平衡,再通过原有知识——水的离子积常数及其表达式推出溶度积常数 K_{sp} 及其表达式,通过具体数据求算解决 K_{sp} 与溶解度的关系,使学生认识到提出新问题、想出新思路、找到新办法、发现新规律等创新活动是提高科学认识水平、推动科学不断发展进步的不竭动力。

问题组探究:影响沉淀溶解平衡的因素见表 3-29。

交流讨论:运用平衡移动的原理,小组合作完成饱和 PbI_2 溶液平衡移动情况:$PbI_2(s) \rightleftharpoons Pb^{2+}(aq) + 2I^-(aq)$(按照提出方案、讨论方案、实验探究、分析现象、总结规律顺序进行)。

(依据勒夏特列原理,学生会想到加热、加水等方法,让学生分组进行实验,汇报实验现象并加以解释;然后通过汇总实验现象,总结影响沉淀溶解平衡的因素,培养学生的概括能力、逻辑思维能力和语言表达能力)

表 3-29 实验结果及分析

改变条件	移动方向	$S/(mol \cdot L^{-1})$	Q_c	比较	K_{sp}
升温					
加少量水					
加 $PbI_2(s)$					
加 $KI(s)$					
加 $Pb(NO_3)_2(s)$					

德·育·发·展·点

引导学生从微粒之间的相互作用分析问题,建立微粒观,深入理解反应的实质,对知识进行整体建构、有机整合,认识沉淀溶解平衡的影响因素;培养学生的微粒观和平衡观,使学生意识到物质的变化是有规律的;增强学生对生活和自然界中化学现象的好奇心和探究欲望,使他们主动把化学学习兴趣从对物质变化的好奇转移到深入揭示物质变化的基本规律和内在的化学原理上来。

任务4 联系生活,实际应用

应用1:沉淀的生成。

原理分析:(1) Q_c 与 K_{sp} 关系。

(2)可采取的措施。

实例探究:请结合沉淀溶解平衡解释。

洗涤 $BaSO_4$ 沉淀,用稀硫酸洗涤沉淀可减少 $BaSO_4$ 的损失量,请结合沉淀溶解平衡解释原因。

学以致用:

① 柿子含的鞣酸在人体内易在胃酸作用下与蛋白质结合成难溶于水的鞣酸蛋白,沉淀在胃内形成胃结石。请分析,为防止结石的生成,在食用柿子时应注意哪些问题?

② 宋代《梦溪笔谈》记载:"信州铅山县有苦泉,流以为涧。挹其水熬之,(骤冷)则成胆矾。"请从沉淀溶解平衡角度分析上述制取胆矾的原理。

德·育·发·展·点

通过对"防止生成胃结石""沉淀洗涤""晶体的生成"问题的解决,诊断并提升学生对沉淀溶解平衡的认识水平,使学生体会化学科学与社会的联系,体会化学科学对于生命健康的意义和价值,体会化学科学对提高人类生活质量和促进社会发展的重要作用。

应用2:沉淀的溶解。

原理分析:(1) Q_c 与 K_{sp} 关系。

(2)可采取的措施。

实例探究:请用沉淀溶解平衡原理解释下列现象。

医学上常用 $BaSO_4$ 作为内服造影剂"钡餐"。由于 Ba^{2+} 有剧毒,水溶性钡盐不能用作钡餐,也不能用 $BaCO_3$ 做钡餐。胃酸的酸性很强(pH 为 0.9~1.5)。

溶度积数据如下:

$BaCO_3(aq) \rightleftharpoons Ba^{2+}(aq) + CO_3^{2-}(aq)$ $K_{sp} = 5.1 \times 10^{-9}$ mol^2 · L^{-2}

$BaSO_4(aq) \rightleftharpoons Ba^{2+}(aq) + SO_4^{2-}(aq)$ $K_{sp} = 1.1 \times 10^{-10}$ mol^2 · L^{-2}

交流讨论:

① 为何 $BaSO_4$ 可以做钡餐而 $BaCO_3$ 不可以?

② 将可溶性钡盐(如 $BaCl_2$ 等)当作食盐食用会造成钡中毒。如何解毒?

③ 用 5.0% 的硫酸钠(物质的量浓度近似为 0.4 mol · L^{-1})能否有效除去误食的 Ba^{2+}?请通过计算说明。(化学上认为浓度小于 10^{-5} mol · L^{-1} 即为完全除去)

> **德 育 发 展 点**
>
> 通过对"服用 $BaSO_4$ 是否会中毒"问题的解决以及对"能否用 $BaCO_3$ 代替 $BaSO_4$""$BaCl_2$ 中毒怎么办"的原因分析,诊断并提升学生对沉淀溶解与生成认识的结构化水平,使学生体会到平衡是相对的、暂时的、可移动的,培养学生的科学精神,增强学生的社会责任感。

学以致用:

① 牙齿表面由一层硬的、组成为 $Ca_5(PO_4)_3OH$ 的物质保护着,它在唾液中存在下列平衡:$Ca_5(PO_4)_3OH(s) \rightleftharpoons 5Ca^{2+}(aq) + 3PO_4^{3-}(aq) + OH^-(aq)$,进食后,细菌和酶作用于食物产生有机酸,这时牙齿就会受到腐蚀,请分析原因。

② 石灰岩里不溶性的 $CaCO_3$ 长时间与水、CO_2 反应转化为微溶于水的 $Ca(HCO_3)_2$,形成独特的喀斯特地貌如溶洞。请用沉淀溶解平衡解释溶洞成因。

> **德 育 发 展 点**
>
> 中学生应了解化学应用的双面性,掌握化学科学对于生命健康的意义和应用价值,提高建设社会和改进人类生活质量的能力与技能,减少化学科学对个体生命、人类社会、自然环境等产生的不良影响,坚守做人良知和道德底线,增强社会责任感和伦理道德意识。

【归纳总结】沉淀的溶解与生成——用浓度商和平衡常数的关系分析解决。

$Q > K_{sp}$,生成沉淀,直至达到平衡状态

$Q = K_{sp}$,沉积与溶解处于平衡状态

$Q < K_{sp}$,溶液未饱和,如果有沉淀,沉淀溶解,直至达到平衡状态

德 育 发 展 点

从生活情境中提出问题，激发学生的兴趣，引导他们学以致用，认识科学原理对生产、生活的指导作用。

（三）本节小结

通过学习沉淀溶解平衡，你对复分解反应发生的条件——生成沉淀、气体和水又有了哪些进一步的认识？

归纳提升：帮助学生认识复分解反应的本质涉及沉淀溶解平衡的移动。将酸、碱、盐之间反应发生的条件拓展为生成更难溶或更难电离或更易挥发的物质，这使学生原来的认识又有新的提高。

四、教学反思

（一）知识层面

知识是具体的，思维是抽象的。与知识的学习相比较而言，思维模式的构建更加困难。化学基本观念不是具体的化学知识的简单累积，而是学生基于自己的认知所形成的对化学学科特征的深刻理解。本节课创设真实的情境，在问题解决中，学生在对已有的化学平衡、弱电解质的电离、水的电离与溶液的酸碱性、盐类的水解等知识的高度概括和升华的基础上，通过深入思考和直观体验构建出一种新的平衡——难溶电解质的沉淀溶解平衡。这既是一个构建新的化学模型即化学建模的过程，也是一个运用已有的化学平衡模型解释现象和解决问题即化学解模的过程。这种体验只有在学生有了一定的化学平衡观念、具备了一定的分析能力和探究能力的前提下才能充分展开。

（二）德育层面

新课程倡导通过实现学习方式的多样化来引导学生"主动参与、乐于探究、勤于思考"，更加注重学习和发展的需要，更加关注化学与生活、生产实际的联系。本节教学中充分体现了新课程理念，实验探究与思维探究并重，注重培养学生的自主探究能力，注重联系学生已有认知和个性体验，充分调动学生学习的主动性和积极性。通过探究活动，使学生体验沉淀溶解平衡状态的存在及其移动方向的确定方法，激发求知的兴趣和求真的态度，培养探究、思考、合作、交流、创新的品质，促进知识的主动建构；培养学生的科学素养，使学生的认识视角从宏观到微观、从定性到定量展开，提升学生的电离平衡、水解平衡、沉淀溶解平衡关系的认知思路结构化、模型认知结构化的水平，并及时诊断学生的认识水平，使学生认识的层次从单一的"变化观念与平衡思想"发展深化到多元的"宏观辨识与微观探析""证据推理与模型认知""科学探究与创新意识",促进学生认知水平的全面提升。

4. 实验室重金属废弃物的毒性探究及污染处理

山东省青岛第十七中学 刘 娜

目前高中化学教学注重学科的逻辑结构,注重学生的认知发展过程,也开始注重知识与社会的联系,但缺少在主题活动下对知识的综合应用。

离子反应、氧化还原、配制溶液、电解、沉淀溶解平衡是高中化学的核心知识。中和滴定是氧化还原滴定、沉淀滴定、配位滴定等的基础,因为极具迁移价值,成为中学化学教学中的重点实验。以上知识与技能均为中学化学教材的重要内容。教材对现代实验技术有所介绍,体现了化学教育和现代社会发展的有机结合。

实验室废弃物是化学污染的来源之一。本案例聚焦实验室 Cu^{2+},$Cr_2O_7^{2-}$ 废弃物的处理这一真实的问题,引导学生采用项目学习的方式,在主题引领之下分组开展探究;课前探究重金属离子的毒性、处理方法、检测方法,课堂上进行展示。学生用鱼做载体,证明重金属离子的毒性;用碘量法测定 Cu^{2+} 浓度,对 Cu^{2+} 的处理设计了沉淀法、电解法,对 $Cr_2O_7^{2-}$ 的处理设计了氧化还原法和沉淀法,两类共五种方法。这些处理方法,能用于解决实验室重金属污染问题。我们还到青岛科技大学用原子吸收法测定 Cu^{2+} 浓度,到水务集团用分光光度法测定 $Cr_2O_7^{2-}$ 的浓度。

一、教学与评价目标

1. 教学目标

(1) 应用氧化还原、离子反应、沉淀溶解平衡等知识解决 Cu^{2+} 和 $Cr_2O_7^{2-}$ 废弃物的污染问题。

(2) 整合零散的知识,围绕真实问题的解决,自主设计实验,体验科学探究的程序和控制变量的实验方法。

(3) 培养发现问题、分析问题、解决问题的能力,在活动中发展化学学科核心素养,增强环境保护意识。

(4) 在活动中培养合作精神、劳动意识和严谨求实的科学态度。

（5）了解现代仪器分析在化学检测中的应用。

2. 评价目标

通过对含有 Cu^{2+}，$Cr_2O_7^{2-}$ 废弃物的处理，诊断并提升学生的实验探究水平（控制变量，实验设计与方案评价），诊断并发展学生解决实际问题的能力。

3. 化学学科核心素养发展

对重金属离子毒性的探究，有利于学生认识重金属离子污染的危害，领悟保护环境、建设生态文明的重要性，理性认识正确使用化学品的必要性。设计实验处理重金属离子污染并发现、分析、解决有关问题，有利于发展学生的"证据推理"的化学学科核心素养。对重金属离子浓度的检测，有利于学生认识科学和技术之间的关系，养成严谨求实的科学态度。

二、教学与评价思路

课内和课外相结合，开展四个方面的探究。

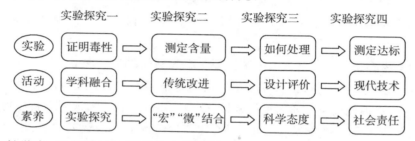

教学中，注意通过各种活动来发展学生的化学学科核心素养。

三、教学过程

【实验背景】

1. 环境问题

教育不仅要面对当下，也要面向未来。环境保护和经济发展之间的矛盾问题需要我们认真思考和解决。

2. 实际问题

我们发现，实验室对 Cu^{2+}，$Cr_2O_7^{2-}$ 的废弃物一般是直接排放。这样做容易污染环境，因此我们想研究一下如何处理更为适宜。Cu^{2+}，$Cr_2O_7^{2-}$ 废弃物的处理是一个现实问题，研究出的方法可用于解决实验室重金属离子污染的问题，学生也可以从中受到绿色生产观念的教育。此外，化工、钢铁、皮革、电镀工业生产中也会产生含有 Cu^{2+} 或 $Cr_2O_7^{2-}$ 的废弃物，对重金属离子毒性的研究是十分有价值的。

3. 实验创新

照方抓药的实验会禁锢学生的思维。实验创新包括新技术、新方法、新材料的创新。

4. 学情分析

学生缺少的不是解题技巧，而是用所学的化学知识分析、解决实际问题的能力。

【实验器材】

凤尾鱼，草鱼，花生，含 Cu^{2+} 和 $Cr_2O_7^{2-}$ 的废水，电解装置，铅笔芯，烧杯，容量瓶，移液管，氧气传感器，比色传感器等。

【实验创新点】

（1）学科融合：用鱼、花生做实验验证 Cu^{2+} 和 $Cr_2O_7^{2-}$ 的毒性，实现化学和生物学科的融合。

（2）现代技术的应用：

① 用原子吸收法测定微量 Cu^{2+} 的含量；

② 用手持技术测定溶解氧的浓度；

③ 用紫外分光光度法和比色传感器测定 $Cr_2O_7^{2-}$ 的浓度。

【教学环节】

采用项目学习的方式，将四个研究任务交给学生，学生自主探究、合作研讨并进行课堂展示汇报。在课堂上分组开展重金属处理实验教学。教师为学生提供资源支持和方法指导，寻求信息技术与化学教学的深度融合。课前学生借助百度、知网、QQ 群，课堂上借助 iPad，录制实验过程，阅读研究报告，分享实验感悟。

（一）创设情境，认识保护水资源的必要性

展示几幅水污染的照片，形成视觉冲击力（图 3-69～3-72）。

图 3-69　一处河面上满是浮藻

图 3-70　一位工人在被污染的河道里

图 3-71　环卫工人在打捞江水中的垃圾　　　图 3-72　沙滩上的小塑料球

水是人类生存与发展必需的资源。我国是一个严重缺水的国家。黄河、长江、珠江等江河水系,均受到不同程度的污染。万里海疆的形势也不容乐观,赤潮年年如期而至。

我国是世界上 13 个贫水国家之一,人均淡水资源占有量不到世界人均淡水资源占有量的 1/4。20 世纪 50 年代,北京的水井在地表下约 5 米处就能打出水来,现在北京 4 万口井平均深度达 49 米。全球地下水资源也十分匮乏。

德 育 发 展 点

　　通过照片、数据形成冲击力,使学生认识到我国是一个严重缺水的国家,也是一个水污染和水浪费比较严重的国家,从而认识到处理有毒物质以防治它们对水资源污染的必要性。

(二)探究重金属离子的毒性

设计实验装置(图 3-73),证明 Cu^{2+} 和 $Cr_2O_7^{2-}$ 的毒性。

1. Cu^{2+} 的毒性

实验 1　采用控制变量的方法,设置一定浓度梯度的 $CuSO_4$ 溶液,将形态接近的草鱼放入其中,观察并记录鱼的死亡时间。

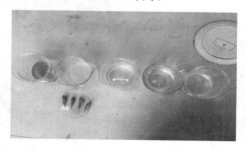

图 3-73　实验装置

（1）实验目的：测定 Cu^{2+} 溶液的安全浓度，认识 Cu^{2+} 的毒性。

（2）实验设计：设定具有一定浓度梯度的一系列 100 mL $CuSO_4$ 溶液，将生长状态相近的草鱼作为实验对象，每个烧杯中投放两条草鱼，观察其死亡时间，并根据死亡时间判断 $CuSO_4$ 溶液毒性的强弱。

（3）实验观察和记录（见表3-30）：

表 3-30　[Cu^{2+}]对草鱼生长的影响

	1	2	3	4	5	6
溶液稀释倍数	原溶液	100	2000	10000	100000	空白对照
溶液浓度/(g·L^{-1})	15	0.15	0.0075	0.00375	0.000375	空白对照
草鱼平均存活时间/h	0.3	1.2	2.5	6	21	

（4）实验结论：随着 $CuSO_4$ 溶液浓度的增大，草鱼存活时间缩短。

（5）实验感悟：从实验过程中可以发现，Cu^{2+} 毒性较大，不可直接排放到下水道中，否则易造成水污染。

2. $Cr_2O_7^{2-}$ 的毒性

实验 2　设置具有一定浓度梯度的一系列 100 mL $K_2Cr_2O_7$ 溶液，将形态接近的凤尾鱼放入其中，观察并记录鱼的死亡时间。

实验材料优化：草鱼（易缺氧），改为凤尾鱼（需要氧气量少）（图3-74）。

图 3-74　实验材料优化

$Cr_2O_7^{2-}$ 毒性的测定

（1）实验目的：为检验 $Cr_2O_7^{2-}$ 的毒性，测定实验室排放 $K_2Cr_2O_7^{2-}$ 溶液的安全浓度。

（2）实验设计：设定具有一定浓度梯度的一系列 100 mL $K_2Cr_2O_7^{2-}$ 溶液，将生长状态相近的凤尾鱼作为实验对象，每个烧杯中投放三条凤尾鱼，观察鱼的死亡时间，并判断溶液毒性的强弱。

（3）实验观察和记录（见表3-31）：

表 3-31 $[Cr_2O_7^{2-}]$对凤尾鱼生长的影响

	1	2	3	4	5	6	7
溶液稀释倍数	原溶液	40	120	400	4000	$2×10^4$	空白对照
溶液浓度/$(mg·L^{-1})$	1200	30	10	3	0.3	0.06	
第一条存活时间/h	2	97	100				
第二条存活时间/h	2	124	102				
第三条存活时间/h	2.6	147	170				
平均存活时间/h	2.2	123.7	124				

（4）实验结论：随着 $K_2Cr_2O_7^{2-}$ 溶液浓度的增大，凤尾鱼平均存活时间缩短。

（5）实验感悟：

① 本实验对观察者的毅力与耐心有一定的要求，若中途放弃，实验结果会出现纰漏。

② 实验现象并不完全符合实验结论，这是因为实验会受到鱼自身因素的影响，而实验结论是基于统计学方法得出的。

③ 将剩余的小鱼放入大烧杯中，并放入水草持续喂食，结果实验用鱼已死亡，而烧杯中有的小鱼长出美丽的尾巴。这说明无机环境对生物生长有着深远影响。

设计意图：实现化学和生物的学科融合。学生分析实验数据可发现，Cu^{2+} 的毒性大于 $Cr_2O_7^{2-}$。通过实验，使学生的认识从定性转向定量。

德育发展点

通过控制变量的实验，使学生认识到重金属离子的毒性，实验结果有冲击力。在活动中，学生感悟到处理有毒废弃物的必要性，认识到构建生态文明的重要性，增强了社会责任感。教学中配制溶液、控制变量的实验过程，有利于促进学生严谨求实科学态度的形成。

（三）测定含有重金属离子溶液的浓度

检测废水中 Cu^{2+}，$Cr_2O_7^{2-}$ 的浓度。

利用滴定法测定铜离子浓度（碘量法）。

$$2Cu^{2+} + 4I^- ==== 2CuI\downarrow + I_2$$

用 $Na_2S_2O_3$ 溶液滴定生成的 I_2，进而测定 Cu^{2+} 浓度，用淀粉做指示剂（图 3-75）。

图 3-75　碘量法测定 Cu^{2+} 浓度

(四) 含有重金属离子溶液的处理

处理含有 Cu^{2+} 和 $Cr_2O_7^{2-}$ 的废水：设计，实验，交流。

Cu^{2+}：沉淀法：$Cu(OH)_2$，CuS（处理效果更好）。

电解法：回收铜（Cu^{2+} 浓度 >1 $g \cdot L^{-1}$ 时有经济价值）。

$Cr_2O_7^{2-}$：

方案 1　$NaHSO_3$ 还原。

方案 2　$FeSO_4$ 还原。

方案 3　$Na_2S_2O_3$ 还原。

方案 4　$BaCrO_4$ 沉淀法。

设计方案，动手实验，互相讨论，解决实验中遇到的问题。

对方案进行优化。

工业废水中 Cu^{2+} 的处理方法

（1）化学法。

① 中和沉淀法：$Cu^{2+} + 2OH^- = Cu(OH)_2\downarrow$（蓝色沉淀）

$$K_{sp} = 2.2 \times 10^{-20} \quad c(Cu^{2+}) \approx 2.802 \times 10^{-7} \text{ mol} \cdot L^{-1}$$

优点：单一含有 Cu^{2+} 的废水在 pH 为 6.92 时，就能去除 Cu^{2+} 而达到排污标准。

一般电镀废水中的 Cu^{2+} 和 Fe^{3+} 共存时，控制 pH 为 8～9，也能使废水达到排污标准。

缺点：对既含有铜离子又含有其他重金属离子及配合物的混合电镀废水去除效果不好。

② 硫化物沉淀法：$Cu^{2+} + S^{2-} = CuS\downarrow$（黑色沉淀）

$$K_{sp} = 1.3 \times 10^{-36} \quad c(Cu^{2+}) \approx 1.14 \times 10^{-18} \text{ mol} \cdot L^{-1}$$

优点：与 $Cu(OH)_2$ 相比，CuS 更易形成沉淀。

可以解决一些弱络合态重金属离子不达标的问题，形成 CuS 沉淀（图3-76）。

③ 电化学法（图3-77）。

优点:更高效,可自动控制,污泥量少。

处理时对废水含有 Cu^{2+} 浓度的适应范围较小,尤其对 Cu^{2+} 浓度大于 $1\ g \cdot L^{-1}$ 的废水进行处理有一定的经济效益。

缺点:低浓度时,电流效率较低。

(2) 其他方法。

① 离子交换法。

② 膜分离技术(反渗透超滤)。

③ 吸附法(沸石、麦饭石、木屑)。

④ 生物法。

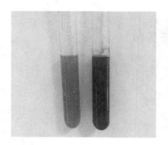

图 3-76　沉淀法除 Cu^{2+},
$Cu(OH)_2$,CuS

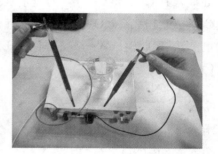

图 3-77　电解法除 Cu^{2+} 并回收铜
([Cu^{2+}]$>1\ g \cdot L^{-1}$ 有经济效益)

工业废水中 $Cr_2O_7^{2-}$ 的处理方法

方案 1　$NaHSO_3$ 还原

(1) 流程:

$$\overset{+6}{Cr_2}O_7^{2-} \xrightarrow{NaHSO_3} Cr^{3+} \xrightarrow[pH=8\sim9]{NaOH} Cr(OH)_3$$

(2) 反应:

① $Cr_2O_7^{2-} + 3HSO_3^- + 5H^+ = 2Cr^{3+} + 3SO_4^{2-} + 4H_2O$($Na_2SO_3 + HCl =$
$NaHSO_3 + NaCl$)

② $Cr^{3+} + 3OH^- = Cr(OH)_3 \downarrow$　$Cr(OH)_3$　$K_{sp} = 6.3 \times 10^{-31}$

$Cr(OH)_3$ 两性:酸性过强:$Cr(OH)_3 + 3H^+ = Cr^{3+} + 3H_2O$

碱性过强:$Cr(OH)_3 + OH^- = [Cr(OH)_4]^-$

发现:① 静置一段时间后产生灰绿色沉淀。

② $Cr(OH)_3$ 沉淀对 pH 的要求比较严格。

方案 2　Fe^{2+} 还原法

（1）反应：$Cr_2O_7^{2-} \xrightarrow{Fe^{2+}} Cr^{3+} \xrightarrow{OH^-} Cr(OH)_3$

$$14H^+ + Cr_2O_7^{2-} + 6Fe^{2+} =\!=\!= 6Fe^{3+} + 2Cr^{3+} + 7H_2O$$

$$Cr^{3+} + 3OH^- \rightleftharpoons Cr(OH)_3$$

$$Fe^{3+} + 3OH^- \rightleftharpoons Fe(OH)_3$$

（2）缺点：因为产生 3 倍于 $Cr(OH)_3$ 的 $Fe(OH)_3$ 沉淀，因此处置费用大大增加。

方案 3　$Na_2S_2O_3$ 还原性

（1）反应：$Cr_2O_7^{2-} \xrightarrow[\quad]{S_2O_3^{2-}\quad H^+} Cr^{3+} \xrightarrow{OH^-} Cr(OH)_3$

$$26H^+ + 4Cr_2O_7^{2-} + 3S_2O_3^{2-} =\!=\!= 8Cr^{3+} + 6SO_4^{2-} + 13H_2O$$

$$Cr^{3+} + 3OH^- \rightleftharpoons Cr(OH)_3 \downarrow$$

（2）现象：混合后溶液由橙色变为黄色，加酸后变为蓝色，加碱后产生大量絮状沉淀。

（3）实验异常现象：$S_2O_3^{2-}$ 在酸性环境下会歧化：$S_2O_3^{2-} + 2H^+ =\!=\!= S\downarrow + SO_2\uparrow + H_2O$。

那么，产生的大量絮状沉淀中是否会有硫单质？

验证：将沉淀过滤，加入过量稀盐酸，发现沉淀只有部分溶解，说明沉淀中有硫单质。$S_2O_3^{2-}$ 自身歧化反应与 $Cr_2O_7^{2-}$ 氧化 $S_2O_3^{2-}$ 的反应之间存在竞争。

（4）思考：可以通过调节 pH、改变药品添加顺序等方式，使 $S_2O_3^{2-}$ 更完全地与 $Cr_2O_7^{2-}$ 反应。

德　育　发　展　点

　　学生在解决问题的过程中发现异常现象，然后提出假设、进行实验、得出结论，体验科学探究的过程。

方案 4　$BaCrO_4$ 沉淀法

（1）反应：$Cr_2O_7^{2-} + H_2O \rightleftharpoons 2CrO_4^{2-} + 2H^+$

① 在废水中加入浓 NaOH 溶液，使上述平衡正向移动，让 $Cr_2O_7^{2-}$ 转化为 CrO_4^{2-}。

② 向废水中加过量 $BaCl_2$ 溶液，生成 $BaCrO_4$ 沉淀。

$BaCrO_4 \rightleftharpoons Ba^{2+} + CrO_4^{2-}$，$K_{sp} = 2.4 \times 10^{-10}$ $mol^2 \cdot L^{-2}$

设 $[CrO_4^{2-}] = x$，有 $x^2 = 2.4 \times 10^{-10}$，

解得 $x \approx 1.55 \times 10^{-5}$ $mol \cdot L^{-1}$，可近似认为沉淀完全。

（2）发现问题：为使 CrO_4^{2-} 沉淀完全，加入过量 $BaCl_2$ 溶液，但 Ba^{2+} 会造成重

金属污染。

可以加入过量 Na_2SO_4 溶液，使 $Ba^{2+} \longrightarrow BaSO_4 \downarrow$。

（3）实验现象：橙→黄→黄色沉淀。

实验方案的优化：从知网下载的文献认为，处理六价铬的经济成本：硫代硫酸钠法＜亚硫酸氢钠法＜钡盐法＜硫酸亚铁法。

设计意图：围绕一个实际问题的解决可以"盘活"很多核心的化学知识，包括氧化还原、离子反应、沉淀溶解平衡等。在这一过程中，对于学生来说，不仅零散的知识得以内化、整合及迁移应用，还学会了实验设计和方案评价。

> **德育发展点**
>
> 在实验中，培养学生利用所学知识解决实际问题的能力、团队合作精神和严谨求实的科学态度。

（五）测定重金属离子是否超标（图 3-78～3-81）

图 3-78　学生到青岛科技大学学习原子
吸收光谱法

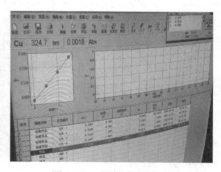

图 3-79　测铜离子浓度

图 3-80　学生到青岛水务集团学习
分光光度法

图 3-81　测重铬酸根浓度

设计意图：使学生认识到常量和微量的检测方法不同。现代技术能解决传统实验无法解决的问题，为此应使学生初步了解原子吸收光谱法、分光光度法的原理。外出考察可以使学生认识到，传统实验技术和现代实验技术并不是相互排斥的而是相互补充的。这个环节的重要价值是使学生的思维提升了一个层次。

昨天我们把教室当作世界，今天我们把世界当作教室。网络资源、社会资源是一个巨大的资源库，应引领学生在更加广阔的空间里学习化学。

德育发展点

渗透 STSE 教育。学生通过亲自感受现代技术的使用，认识到化学检测技术对人类社会的贡献，体会到科学和技术的密切关系。

（六）实验拓展

实验中发生了许多异常现象，通过查阅资料、交流研讨和做实验，学生认识到异常现象发生的原因（图 3-82）。

发现问题：文献认为六价铬的毒性大于三价铬，学生通过实验发现三价铬毒性更大。到底是实验错了还是文献错了，学生对此产生了质疑，这种精神非常可贵。

实验中的三价铬的浓度是用重铬酸根离子和亚硫酸钠反应并用溶解氧传感器来测定的，解决了实验设计不严谨的问题。

图 3-82　加 Na_2SO_3，自来水中的溶解氧下降

【实验顿悟】我们深深体会到了化学教育家傅鹰的话的含义：提出一种机理、解释一种现象是容易的，困难的是用实验证明这种机理是正确的，而且是唯一正确的。

德育发展点

当学生的实验结果与文献不同的时候，不要盲目地否定学生，要保护学生敢于质疑的精神。

（七）汇报展示

学生汇报实验中的收获与感悟。

（八）实验延伸

1. 重金属离子对生物的影响：重金属使生物死亡只是一个表面现象，微观本质是什么，会影响 DNA 吗？重金属离子对植物有什么影响，会通过食物链转移到人体中吗？学生设计实验：将花生放在一定浓度梯度的 $CuSO_4$ 溶液中，后期利用学校的电镜做实验（图 3-83）。

学生思维能力的发展：宏观到微观（分子水平）。

2. 能否用学校的显微镜观察重金属离子对草履虫的运动、分裂有什么影响？

3. 实验室还有其他有毒废弃物吗？如何处理？

图 3-83　Cu^{2+} 对发芽花生生长的影响

四、教学反思

（一）实验教学反思

1. 学习方式

采用项目学习的方式，用对一个实际问题的解决串起一系列的化学知识。本节课应用了氧化还原、沉淀溶解平衡、配溶液、滴定等高中化学重要的基础知识与实验技能，为学生对所学知识的综合应用和实验能力的提升创造了良好的条件。

2. 实验方式

对传统的实验技术不能抛弃，对新的实验技术要敢于尝试。学生的学习应向校外拓展，以便得到更多的资源支持、拥有更广阔的应用空间。教学中，教师要充分挖掘网络资源、学校现有资源和社会资源。

3. 实验价值

用鱼和花生为载体证明重金属离子的毒性，将学科知识融合起来分析、解决问题，能帮助学生构建立体的知识体系和能力体系。实验中，教师和学生的知识、能力、价值观都得以综合提升，共同研究出的重金属离子处理方法可以用于实验室处理重金属污染。

4. 实验效果

本主题涉及十几个实验，实验周期长，学生得到的锻炼机会多。我们将实验任务分配给不同的学生，降低实验难度，让更多的学生获得在实验中成长的机会。

5. 互联网

为了寻求信息技术和化学教学的深度融合，师生共同用手机、电脑、QQ、微信等进行资源共享，并在百度和知网挖掘有价值的化学信息。

（二）德育和学科核心素养培养反思

核心素养培养：不能空谈，要有具体的落地点——在实验、活动、对话中落实化学学科核心素养——"科学探究与创新意识""宏观辨识与微观探析""证据推理与模型认知""科学态度与社会责任"等的培养任务。

在活动中，重金属离子使鱼死亡的现象有冲击力，能给学生带来心理震撼，使他们认识到从源头减少金属离子排放、降低污染的必要性。

实验伦理：教师和学生都对用鱼做实验提出质疑。用小型模拟实验进行警示，以减少无意识或只追求经济利益而造成的对生物的伤害；也就是说，少数小鱼的死亡是为了赢得更多小鱼的存活。

（本案例获得第五届全国实验说课比赛金奖）

物质结构与性质

"化学键与分子间作用力"复习

山东省青岛第三中学　秦丽梅

高中化学选择性必修教材《物质结构与性质》比较系统地讨论了结构与性质的有关问题,内容丰富但比较抽象。本节复习课的目的在于引导学生有效地整合各知识点,建构知识体系,理清知识脉络,建立结构与性质之间的联系,促进"宏观辨识与微观探析""证据推理与模型认知"等化学学科核心素养的发展。

一、教学目标

1. 认识原子间通过原子轨道重叠形成共价键,了解共价键具有饱和性和方向性。知道根据原子轨道的重叠方式,共价键可分为 σ 键和 π 键等类型。

2. 知道共价键可分为极性共价键和非极性共价键,共价键的键能、键长和键角等键参数可以用来描述键的强弱和分子的空间构型。

3. 知道配位键的特点,认识简单的配位化合物的成键特征,了解配位化合物的存在与应用。

4. 结合实例了解共价分子具有特定的空间几何结构,可运用相关理论和模型对其进行解释和预测。知道分子的结构可以通过波谱、X-射线衍射等技术进行测定。

5. 知道分子可以分为极性分子和非极性分子,知道分子极性与分子中键的极性及分子的空间构型相关。能结合实例初步认识分子的手性对分子性质的影响。

6. 认识分子间存在相互作用,知道范德华力和氢键是两种常见的分子间作用力。了解分子内氢键和分子间氢键在自然界中的广泛存在及重要作用。

7. 选用学生熟悉的生活现象、实验事实以及科学研究和工业生产中的相关案例作为素材,激发学生的学习兴趣,帮助学生建立结构与性质之间的联系,发展学生的宏观与微观相结合的认识方式和化学学科核心素养。

二、教学过程设计

【引入】

用"我国全球首次试开采可燃冰成功"的视频导入新课。

【图片展示】（图3-84）

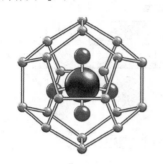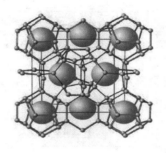

图 3-84　可燃冰结构示意图

【提出质疑】

可燃冰,即天然气水合物 $mCH_4 \cdot nH_2O$,类冰的笼状晶体物质。在这个水合物中存在哪些相互作用?

德　育　发　展　点

　　学生观看视频,了解我国南海可燃冰的开采的重要意义,感受我国现代化研究成果对人类发展和社会进步的贡献,培养学生热爱化学的情感,增强学生的民族自豪感,激发学生的爱国主义精神;同时,也为本节课提供了一个贯穿始终的主题情境和素材,将这个素材设计为推动教学发展的线索并与化学学科内容有机融合,展现化学的学科思想和方法。在对素材的研究和理解过程中,引导学生利用所学学科知识分析、解决实际问题,发展化学学科核心素养。

【学习共价键】

小组讨论问题组1：

储量丰富、价格低廉的天然气可以直接转化为世界上最大宗的化工基础原料乙烯：$2CH_4 \longrightarrow C_2H_4 + 2H_2$。乙烯在一定条件下能与水反应生成乙醇：$CH_2 = CH_2 + H_2O \xrightarrow{\triangle} CH_3CH_2OH$。乙醇可以被催化氧化成乙醛,乙醛可与银氨溶液发生银镜反应：$CH_3CHO + 2[Ag(NH_3)_2]OH \xrightarrow{\triangle} CH_3COONH_4 + 2Ag \downarrow + 3NH_3$。

（1）请分析乙烯和乙醇分子中含有的共价键的类型，并说明你的分类依据是什么。

（2）试分析配合物 $[Ag(NH_3)_2]OH$ 中的化学键类型有哪些。请写出 $[Ag(NH_3)_2]^+$ 的结构式，并计算 1 mol $[Ag(NH_3)_2]^+$ 含有的 σ 键的数目是多少。

（3）根据键能数据（见表 3-32），推测乙烯发生加成反应时断开的是哪种共价键及原因。

表 3-32　键能数据

键的类型	C—C	C=C	C≡C
键能/(kJ·mol^{-1})	347	614	839

学生规律总结 1：

（1）共价键的分类：

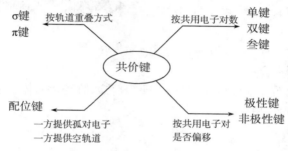

（2）共价键参数：

$$
\text{键参数}\begin{cases}
\text{键能} \\
\text{键长} \\
\text{键角}
\end{cases}
\begin{array}{l}
\text{衡量共价键的强弱} \\
\text{描述分子的立体构型的重要因素}
\end{array}
$$

德 育 发 展 点

　　问题组的问题设置以有机物为载体，与高考方向相契合，构成了一个指向明确、具有适当思维容量的问题链，以此来打通学生的思路，使学生有序地进行思考，在解决问题的过程中自主整理和建立知识体系，实现知识的激活、深化和综合，从而提高复习效果，并培养学生的自主探究能力。

变式 1：C 与 Si 是同族元素，C 原子可以与 O 原子以双键形成 CO_2 分子，但 Si 原子分别与 4 个 O 原子成键，构成 Si—O 四面体而难以形成双键或叁键。从键能角度分析（表 3-33），原因是_____。

表 3-33　键能数据

键的类型	C—O	C=O	Si—O	Si=O
键能/(kJ·mol^{-1})	343	805	466	640

（提示：成键要释放能量，释放的能量越多，形成的键越稳定）

德 育 发 展 点

　　从定量角度设置问题探究，引导学生由表及里地综合运用学科知识和观念，从微观结构角度探究物质构成的特点；让学生认识到物质结构知识是一把钥匙，它能揭示物质的性能与结构之间的关系，帮助我们认识物质、掌握物质发展的规律，创造新物质，促进人类社会发展。

【学习分子间作用力与物质性质】

小组讨论问题组 2：

新制备的氢氧化铜可将乙醛（CH_3CHO）氧化成乙酸。

$$CH_3CHO + 2Cu(OH)_2 \xrightarrow{\triangle} CH_3COOH + Cu_2O + 2H_2O$$

（1）乙烯、乙醇、乙醛及乙酸都是有机物，有机物大都难溶于水，但是乙醇、乙醛都能与水以任意比互溶，其主要原因是 _____。

（2）比较下列各物质的熔、沸点（填">""<"或"="）。

① 乙醇＿＿＿乙醛　　H_2O＿＿＿HF　　邻羟基苯甲醛＿＿＿对羟基苯甲醛

② CO_2＿＿＿CS_2　　N_2＿＿＿CO　　正戊烷＿＿＿异戊烷＿＿＿新戊烷

学生规律总结 2：

比较分子熔、沸点大小的方法：

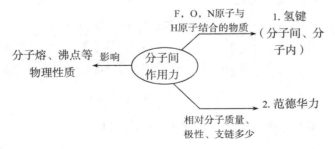

变式 2： 下列物质的结构或性质与分子间作用力无关的是（　　　）。

A. 冰的密度比水小

B. 稀有气体在水中的溶解度从氦到氡依次增大

C. HF 比 HCl 稳定

D. DNA 的双螺旋结构

德 育 发 展 点

　　通过设置问题组任务,使学生沉浸在问题的讨论和解决中,在生生互评、教师点评中开展思维碰撞。恰当的反思归纳和变式练习使学生逐步建构起思维模型,提升思维品质,提高分析问题、解决问题的能力以及知识迁移的能力,强化实践动手能力。

【学习分子的空间构型】

小组讨论问题组 3:

　　磷化硼是一种受到高度关注的耐磨涂料,它可用作金属的表面保护层。磷化硼可由三溴化硼和三溴化磷在氢气中高温反应合成。

$$BBr_3 + PBr_3 + 3H_2 \stackrel{}{=\!=\!=} BP + 6HBr$$

　　(1)分别画出三溴化硼分子和三溴化磷分子的空间结构,并分析中心原子的杂化类型。

　　(2)判断二者在水中溶解度的大小并说明原因。

学生规律总结 3:

　　分子的空间构型和分子的极性的关系如下。

　　(1)用价电子对互斥理论推测分子的空间构型的步骤和方法。

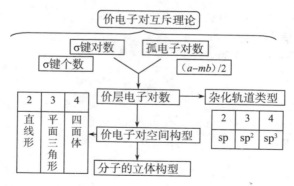

　　(2)杂化类型与分子空间构型的关系(见表 3-34)。

表 3-34 杂化类型与分子空间构型的关系

价电子对数	杂化类型	轨道空间构型	分子空间构型
$n=2$	sp	直线形	直线形（$BeCl_2$）
$n=3$	sp^2	平面正三角形	平面三角形（BF_3） V 形（NO_2^-）
$n=4$	sp^3	正四面体形	正四面体形（CH_4） 三角锥形（NH_3） V 形（H_2O）

（3）非极性分子的判断方法。

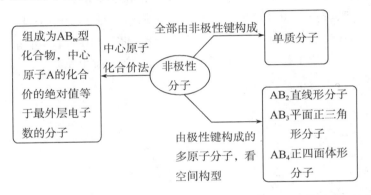

变式 3：$COCl_2$ 分子的结构式为 _____，中心原子的杂化轨道类型为 _____，属于 _____ 分子（填"极性"或"非极性"）。

德 育 发 展 点

　　以化工生产为背景，对反应所涉及的反应物的结构和性质进行考查，属于该部分最基础和最核心的内容，帮助学生建立结构与性质之间的联系，促进学生的"宏观辨识与微观探析""证据推理与模型认知"等化学学科核心素养的发展，并培养学生的创新精神。

【课堂小结】
用思维导图表达你的收获。

　　通过构建思维导图来表达思维成果，可以帮助学生更好地构建知识体系，帮助教师检查学生对知识的理解情况，提高学生反省自己认知过程的能力，最终使学生学会学习。

三、课后反思

　　本课以我国可燃冰开采视频引出教学内容并作为复习的线索，让学生了解我国化工生产的一个现代化成果，帮助学生认识化学科学与生产实践的密切关系，引领学生关注与科学进步相关的化学问题，关心国家的发展，对学生进行爱国主义情感教育，增强学生的主人翁意识，强化学生为国家发展和社会进步而努力学习化学的责任感和使命感，落实化学核心素养的培养要求。

　　通过设置问题组，引导学生深度参与到问题解决的互动中，实现知识的激活、深化和综合，在解决问题的过程中构建思维模型、提升思维品质；充分认识到化学是在原子、分子层次上研究物质的组成、结构、性质以及相互关系的学科，培养创新精神，促进自主发展。

有机化学基础

1. 重走"探苯"之路

山东省青岛第三十九中学　顾喜阅

《普通高中化学课程标准（2017 年版）》指出，要重视开展"以素养为本"的教学，发展学生的化学学科核心素养。在高中化学教学中，这主要表现为通过多元的教学方式使学生形成正确的价值观、必备品格和关键能力。正确的价值观和必备品格对应"科学态度与社会责任"素养，这是高层次的化学教育，德育是其中的重要组成部分。

化学史是高中化学重要的教学资源，化学史故事中体现的科学精神、人文素养、爱国主义精神、哲学思想等具有很强的德育功能。高中化学德育应以提高学生的科学素养为宗旨，将德育有机地寓于化学知识与基本技能的教学之中。化学史故事更容易被设计成德育发展点，通过化学史进行德育是高中化学德育的重要途径。

HPS 是科学史、科学哲学和科学社会学的英文缩写。它以建构主义为指导思想，提升学生对科学本质的理解，促进其科学素养提高，是一种新的教学模式。HPS 教育模式的基本程序包括：① 素材呈现任务；② 引发观点；③ 基于科学史的学习；④ 设计实验；⑤ 科学观点与实证；⑥ 回顾与评价。HPS 教学模式可以将化学史、化学哲学、化学社会学有机地渗透到学科教学中，使学生更好地理解什么是科学探究、如何进行科学探究，引导学生通过体验前人的科学探究过程来把握科学探究的本质、发展科学素养。

本节课基于关于苯的丰富的化学史教学资源，结合化学实验，参考 HPS 教学模式，在展现苯的相关性质知识点的基础上，通过化学史故事，引导学生初步感知研究有机物的一般程序和方法，领悟科学精神、哲学思想，发展"宏观辨识与微观探析""证据推理与模型认知""科学探究与创新意识"和"科学态度与社会责任"等化学学科核心素养。

本节课是一节以"苯的结构式的发现"为线索,重走科学家"探苯"道路的课。本节课的教学,重在强化苯的结构、性质等相关知识的教学,同时通过化学实验、研读材料等教学活动培养学生的化学学科核心素养。本节内容包括三部分——"苯的物理性质""苯的结构式的发现"和"苯的化学性质",其中"苯的结构式的发现"是重点内容。

一、教学与评价目标

1. 教学目标

(1)了解苯分子中碳原子的成键特点,了解苯的分子结构、主要性质和重要应用。(宏观辨识与微观探析)

(2)通过重走探苯之路的化学史学习,了解有机物结构的多种研究手段,初步感知研究有机物的一般方法和程序。(科学探究与创新意识)

(3)通过对苯的结构式的探究和化学性质的学习,体验确定苯结构式的推理过程,初步认识"结构—性质—用途"的关系。(宏观辨识与微观探析、证据推理与模型认知)

(4)培养科学思维能力和科学精神,能客观地看待科学的发展过程、了解化学学科思想的发展过程以及化学科学与其他科学领域的关系。(科学态度与社会责任)

2. 评价目标

(1)通过阅读材料、看微视频等方式学习苯的相关知识,诊断学生通过对实验现象的观察,对图形、图表的阅读来接受、吸收、整合化学信息的能力。(学习能力)

(2)通过对苯的性质的实验探究与交流,诊断并提升学生的设计水平及对物质的结构与性质关系的认识水平。(孤立水平、系统水平)

(3)通过学生对苯的结构式的猜想、实验、否定后再猜想、再实验后再否定的过程,诊断并提升学生对科学探究方法和思路的认识水平以及对科学探究思维方法的认识水平。(学科能力)

(4)通过了解现代仪器核磁共振仪、红外光谱仪和质谱仪的使用以及苯在现代社会中的应用,诊断并提升学生研究陌生物质的能力及对这种研究的化学价值的认识水平。(学科价值角度)

二、教学与评价思路

Ⅰ物理性质	Ⅱ结构探究	Ⅲ化学性质
• 科学探究与创新意识	• 证据推理与模型认知宏观辨识与微观探析	• 科学探究与创新意识
• 归纳总结物理性质	• 对结构式进行预测、实验、否定、再预测、再实验	• 推测化学性质、实验验证
• 诊断发展接受、吸收、整合化学信息的能力和实验探究水平	• 诊断并提升接受、吸收、整合化学信息的能力,实验探究水平,科学探究的思路和知识关联结构化水平	• 诊断并提升认识物质的思路结构化水平

三、教学流程

【情境驱动】

(微视频)19 世纪初,欧洲城市的照明已经普遍使用煤气,当时通常用鲸鱼和鳕鱼的油滴到已经加温的炉子里以产生煤气,然后再将这种气体加压到 13 个大气压,储存在容器中备用。在加压的过程中容器底部产生了一种副产品——油状液体。物理学家法拉第(图 3-85)对煤气桶底残留的油状液体产生了兴趣,这个兴趣使他发现了苯。

苯在现代的科研和工业生产中有重要应用。苯是一种常见的有机溶剂和有机化工原料,广泛用于生产合成橡胶、合成纤维、塑料、农药、医药、染料、香料等(图 3-86)。

图 3-85　法拉第　　　　　　图 3-86　苯

【问题驱动 1】

根据以往的学习经验思考从"苯的发现"到"苯的应用"经历了哪些过程,在这些过程中可能会用到什么样的研究方法。

学生:

对于苯的物理性质、化学性质、结构,可以通过实验法、观察法等进行探究。

教师：

以对元素周期律的回顾强化学生对"结构决定性质"观点的认识，确定先探究结构再探究性质的研究步骤。

德育发展点

科学无学科界限。科学的发现来源于生活、归于生活，重在观察与探究。

第一部分　苯的物理性质

【阅读材料】

法拉第发现苯之后又经过 5 年的时间将制备煤气后剩余的油状液体进行蒸馏，最后在 80 ℃左右分离得到了一种新的液体物质。1825 年，他宣布自己发现了一种新的有机物，这种有机物是带有特殊香味的无色透明液体。当把这种有机物降低到 0 ℃时，它会结晶出树枝状的晶体。将晶体的温度慢慢上升，在 5.5 ℃它会熔化。如果将熔化后的液体暴露在空气中，最后它会完全挥发。

【问题驱动 2】

1. 化学物质的物理性质通常应从哪几个方面进行归纳？阅读材料并归纳苯的物理性质。

2. 设计并实施实验探究苯与汽油在水中的溶解情况，补充苯的物理性质（见表 3-35）。

学生：

表 3-35　苯的物理性质

	颜色	气味	熔点	沸点	液态时密度	溶解性
苯	无色	特殊香味	5.5 ℃	80 ℃	$<1\ \mathrm{g \cdot cm^{-3}}$	与水不互溶，与汽油互溶

实验对比图（图 3-87）。

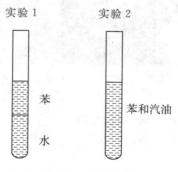

图 3-87　对比实验

引导学生掌握研究物质物理性质的基本方法和程序。

第二部分　苯分子结构式的确定

【情境在线】

　　材料 1　德国科学家米希尔里用加热苯酸钾和碱石灰的方法在实验室中制得并命名了"苯",为以后苯的研究提供了物质支持。

　　材料 2　法国化学家日拉尔经过测定,发现苯的密度是同温同压下乙炔的 3 倍,其中碳的质量分数为 92.3%。

　　材料 3　德国化学家凯库勒原来是一名建筑师,在化学家李比希的影响下走向化学研究的道路。得益于扎实的化学知识和建筑师的经历,他善于站在建筑学的角度去思考化学问题,开创了用原子组合搭建分子大厦的先河,提出了"碳四价学说"(1857 年)和"碳链学说"(1858 年)。这些学说在当时的化学界被广泛认可。

【问题驱动 3】

结构式(链式)的预测。

1. 从材料 2 中,能得知苯的分子式吗?

2. 基于苯的分子式和材料,小组进行讨论,猜测苯的结构式,设计实验进行验证。

学生:

1. 苯的分子式 C_6H_6。

2. 苯的结构式可能有多种,如:

$$CH \equiv C-CH_2-CH_2-C \equiv CH \qquad CH_3-C \equiv C-C \equiv C-CH_3$$

$$CH_2 = CH-CH = CH-C \equiv CH \qquad CH_2 = C = CH-CH = C = CH_2$$

$$CH_2 = C = C-CH-CH = CH_2$$

实验验证:

表 3-36　实验现象及结论

实验	现象猜测	实验现象	实验结论
向试管中加入少量的苯,再加入少量 $KMnO_4$ 溶液,振荡	$KMnO_4$ 溶液褪色	溶液分层,上层无色,下层紫色	苯与乙烯的化学性质不同,其分子内有特殊的化学键
向试管中加入少量苯,再加入少量溴水,振荡	溴水褪色	溶液分层,上层橙色,下层无色	

德 育 发 展 点

① 材料1、材料2、材料3依次递进,展示陌生有机物确定结构式的基本过程——依次确定实验式、分子式和结构式。

② 科学的发展之路是曲折的,需要多位科学家共同努力。法拉第发现苯、米希尔里制得苯、日拉尔得知苯的分子式、凯库勒确定苯的结构式,这说明"只有站在巨人的肩膀上才能看得更远"。

③ 他山之石,可以攻玉。学科之间是相互联系、相互渗透的,做学问,既要精深又要广博。

【质疑驱动】

"碳链学说"(1858年)是否成立? 能从其他的角度猜测苯的结构式吗?

学生:(选择部分展示,见图3-88)

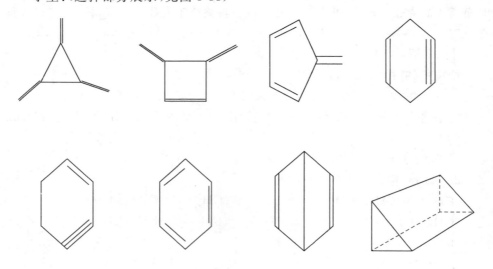

图 3-88 苯的部分结构式展示

学生质疑:为什么当时没有找到一种能够解释苯的化学性质的结构?

德 育 发 展 点

通过对结构式的猜想,培养学生思维的全面性和有序性。

【证据支持】

1. 苯与液溴反应(见表 3-37)。

表 3-37　苯与液溴的反应实验

实验	实验现象	实验结论
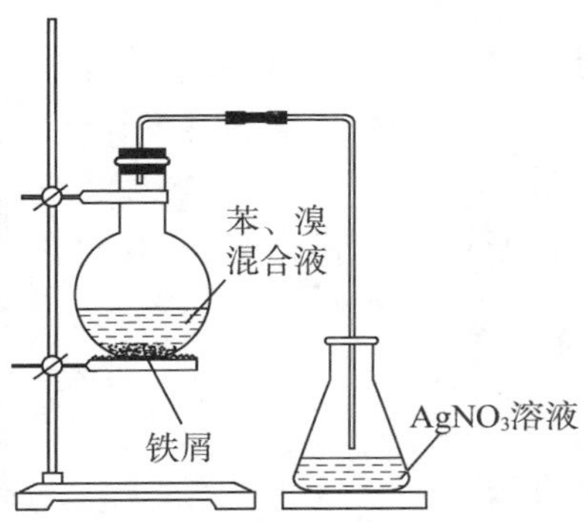	烧瓶中的混合物呈微沸状态	此反应是放热反应
	导管末端有大量的白雾产生，锥形瓶中的 $AgNO_3$ 溶液中有淡黄色沉淀产生	反应生成溴化氢
	反应完成后的混合液倒入水中，得到一种比水重、不溶于水的褐色液体	生成溴苯因溶有溴而呈褐色 溴苯是无色液体，密度比水大

2. 在镍做催化剂的条件下，1 mol 苯可以与 3 mol 氢气发生加成反应。

3. 经测定，邻二甲苯只有一种结构。

学生：上述证据支持苯的结构式是一种稳定的正六边形结构。

【历史重现】

(微视频)18 世纪 60 年代，苯的高含碳量使当时的化学家感到困惑。根据当时盛行的“碳链学说”，无法写出符合实验事实的结构式。德国化学家凯库勒日思夜想。一天在睡梦中他看到了 6 个碳原子连成一条“蛇”，每个碳原子上都带有一个氢原子。突然，“蛇”被激怒了，一口咬住了自己的尾巴，形成一个环。凯库勒将梦中的环记了下来，提出了苯的环状结构。这种结构式后来被称为“凯库勒式”。

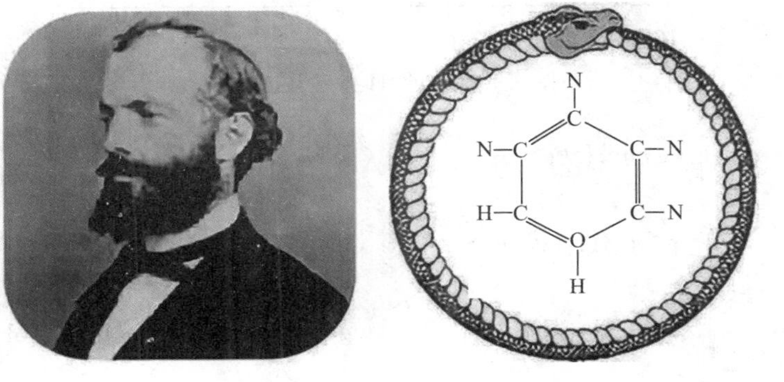

图 3-89　德国化学家凯库勒与凯库勒式

其中,凯库勒式与苯的化学性质并不吻合。1872 年,凯库勒修正了自己的理论,提出了苯分子的互变振动观点,论述了苯分子中的 6 个氢原子应当具有完全等同的性质。自此,芳香族化学开始了惊人的发展。虽然现代化学对凯库勒式有所争议,但是凯库勒提出的苯的环状结构依然是对有机化学研究的一大贡献。

德 育 发 展 点

① 凯库勒对"碳链学说"的否定和凯库勒式的不完善,说明科学是通过不断的否定之否定来发展进步的,体现了"实践—认识—再实践——再认识"的科学认识观。

② 在科学研究过程中,要注意认识物质的本质(如"碳四价学说"),从多角度、多层次对物质进行研究,坚持辩证唯物主义的认识观。

【问题驱动 4】

1. 查阅资料,调查现代有机化学结构的研究方法。

2. 走进实验室,利用现代仪器探查苯的结构。

学生:经调查,可以通过核磁共振等现代实验技术直接测定物质结构(图3-90),如测量键长、比较反应热等来确定物质的结构。

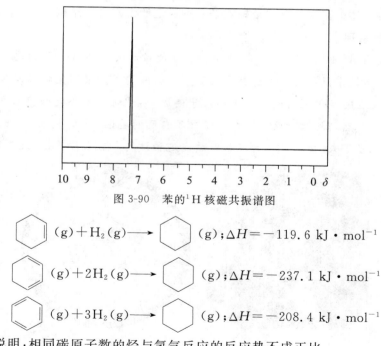

图 3-90 苯的 ^{1}H 核磁共振谱图

这说明:相同碳原子数的烃与氢气反应的反应热不成正比。

键长测量结果：

碳碳单键键长：1.54×10^{-10} m。

碳碳双键键长：1.34×10^{-10} m。

苯分子中碳碳键键长：1.40×10^{-10} m。

苯分子中的键角均为 $120°$。

德育发展点

① 对事物的研究是多手段、多角度、多层次的。

② 近代化学仪器的出现大大减小了有机物结构测定的难度，科技的发展对社会的进步有着重要的影响。

教师：

（微视频）苯分子中不存在一般的碳碳双键，其中 6 个碳原子之间的键完全相同，是一种介于碳碳双键和碳碳单键之间特殊的键（图 3-91）。

图 3-91 苯分子结构示意图

第三部分 苯的化学性质

教师：我们知道"结构决定性质"，那么苯的性质又是怎样的呢？

【问题驱动 5】

1. 归纳苯的结构特征。

2. 结合苯的结构特征和第一部分中的某些内容进行实验，归纳苯的化学性质。

（学生总结见表 3-38）

表 3-38 苯的化学性质

取代反应	卤代反应、硝化反应	易取代
加成反应	与氢气加成	难加成
氧化反应	燃烧——火焰明亮，伴有黑烟	难氧化
	不能使 $KMnO_4$ 溶液褪色	

师:苯的特殊结构决定了苯的特殊性质,苯的特殊性质也反映出苯的特殊结构。

四、教学反思

本节课是以化学史为线索教学的典型课例,教学的主要内容集中在第二部分。第二部分几乎包括了第三部分的内容,体现出了"结构决定性质、性质反映结构"的化学学科思想;其中,蕴含的德育发展点比较多,包括科学探究精神、科学思维方法、科学研究方法、发展观、认识论等。同时,本节课以学生为教学主体,采用"问题驱动"教学。学生在情境和问题的驱动下,调用已有的有机化学知识分析问题、解决问题,其中遇到的认知冲突、知识盲区等更能帮助学生发展化学学科核心素养。苯的结构式的确定经历了不断地否定与证伪、证实的过程。这个环节展现了本节课最重要的德育发展点——科学是通过不断的否定之否定而发展和进步的,体现了"实践—认识—再实践—再认识"的认识观和螺旋上升的发展观,以及"发现问题—分析问题—实验证明—推理突破—再验证正确性"的科学思维方法。笔者认为,这节课以此为德育发展点取得了良好的德育效果。

本节课的亮点在于尽可能地还原苯的结构式的探究过程,所以支持材料比较多。进行教学设计时,教师应注意材料的给予方式,无论是研读材料、微视频还是实验方案等都要适时地、有计划地提供给学生,避免学生因接收过多信息而产生疲怠感,提升学生的信息处理能力。

2. 饮食中的有机化合物——乙醇

青岛西海岸新区胶南第一高级中学　夏修双

乙醇既是大家日常生活中较为熟悉的物质,又是典型的烃的衍生物。它是学习有机物分子中氧原子成键特点的一个重要载体,是可用于对比碳氢键和氢氧键活性的典型素材,是建立"结构→性质→用途"的有机物学习模式的重要途径。另外,乙醇在有机物的相互转化中处于核心地位。因此,本节内容是全章乃至有机化学模块教学的重点内容之一。

本节教学的目的在于,借助乙醇分子成键方式和性质的关系,强化学生对"结构决定性质"观念的认识;通过对乙醇性质的实验探究,提高学生的安全意识,使他们树立起严谨求实的科学态度;引导学生从问题和假设出发,依据探究目的设计探究方案,勤于实践,善于合作,勇于创新。

一、教学与评价目标

1. 教学目标

(1) 了解乙醇的物理性质及主要应用。

(2) 掌握乙醇的分子结构,熟悉乙醇的化学性质:置换反应、氧化反应等。

(3) 实验探究乙醇分子的结构与乙醇性质之间的关系。

2. 化学学科核心素养发展

(1) 通过引导学生关注酒文化,激发他们对乙醇组成、结构、性质等知识的学习兴趣,进而总结学习化学的基本规律和方法,形成化学学科的核心观念。

(2) 通过拼装乙醇的球棍模型,培养学生的动手能力,进而使他们学会运用模型解释化学现象、揭示现象的本质和规律。

(3) 通过"实验探究",引导学生依据探究目的设计并优化实验方案,完成实验操作,记录实验信息并进行加工从而获得结论;能和同学交流实验探究的成果,提出进一步探究或改进的设想。

(4) 引导学生体会科学探究的艰辛与乐趣,认识化学科学与人类生活的密切联系,激发学习化学的积极性。

(5) 引导学生认识化学科学对社会发展的重大贡献,运用已有知识和方法综合分析、解决生活中的化学问题,强化社会责任意识,积极参与有关化学问题的探索。

二、教学过程

【课前材料阅读】

古代中国是怎么酿酒的

早在 3000 多年前,古代中国人就做出了一种叫作酒曲的原料,用它酿出来的酒甘甜芳香、回味绵长。几千年来,酒曲一直是中国酒酿造的秘诀。现今,并没有多少人真正了解我们的祖先究竟是怎样酿造出美酒的。

1999 年 3 月,水井坊的考古发掘让人们第一次清晰地看到了古代中国人酿酒的全过程。

蒸煮粮食,是中国人酿酒的第一道程序。在粮食中拌入酒曲,经过蒸煮后更有利于发酵。在传统工艺中,半熟的粮食出锅后,要铺撒在地面上,这是酿酒的第二道程序,也就是搅拌、配料、堆积和前期发酵的过程。晾晒粮食的地面有一个专门的名字,叫作晾堂。水井坊遗址一共发掘了 3 座晾堂,依次重叠。晾堂旁边的土坑是酒窖遗址,就像一个个陷在地里的巨大酒缸。水井坊发掘出了8口酒窖,内壁和底部都用纯净的黄泥土涂抹,窖泥厚度8厘米到25厘米不等。

酒窖里进行的是酿酒的第三道程序,对原料进行后期发酵。经过窖池发酵老熟的酒母,酒精浓度还很低,需要经进一步的蒸馏和冷凝才能得到较高浓度的白酒。传统工艺采用俗称天锅的蒸馏器来完成。

人们在清代层面上发现了一个奇怪的圆形遗存。乍一看,它有点像水井。考古学家最后定论,这是目前可以确定的中国最早的生产蒸馏酒的实物。当年在基座上架着巨大的天锅。天锅分上、下两层,下面的锅里装酒母,上面的锅里装冷水,基座上柴火旺盛,蒸煮酒母。含有酒精的气体被上面的冷水冷却凝成液体,从管道流出,这就是蒸馏酒。

人们以此推断,在清代,这里生产的就是蒸馏酒,而且技术已经和现代酿酒技术十分接近。专家对水井坊几口老窖池的微生物进行了检测,分离得到红曲和根霉。水井坊考古证实,中国最晚在元末明初就已经有了非常成熟的蒸馏酒酿造技术。

中国的蒸馏酒分为浓香型、清香型和酱香型等。水井坊酿造的酒属于浓香型白酒,是中国蒸馏酒中分布最广泛的一种。它在酿造技术上最大的特点是用泥窖酿酒,成为中国酿酒工艺中一个特殊的门类。它的发源地就是成都平原和四川盆地,只有这里才能生产出非常好的浓香型的酒。

【课堂教学环节】

(师生具体对话略,仅体现关键环节及关键词)

(一)阅读、观察与总结

阅读资料,鉴赏诗词,观察实物,总结性质。

投影展示图片并配以古诗词吟诵。

1. 煮酒论英雄、李白斗酒诗百篇。

2. 俗语:酒香不怕巷子深。

3. 酒精用途的图片:消毒酒精,燃料酒精,饮用酒,做溶剂的酒精。

德 育 发 展 点

借我国酿酒技术与酒文化,使学生感受诗意的美,激发学生的爱国主义感情;引导学生感受化学与文化的密切关系,激发学习化学的兴趣。

师:乙醇俗称酒精,是酒类的主要成分。请大家结合刚才的诗词及图片,利用手中的乙醇试剂以及生活经验,总结乙醇的物理性质及用途。

（学生交流讨论，归纳乙醇的颜色、气味、状态、密度、溶解性及熔沸点等）

（教师给予适当的提示，观察学生闻气味的方法是否规范）

课堂小结：

1. 乙醇的物理性质：乙醇俗称酒精，是一种无色、透明且具有特殊香味的液体，易挥发，能跟水以任意比混溶。

2. 做燃料，如酒精灯、乙醇汽油等；做有机溶剂；做消毒剂——医用 75%（体积分数）的酒精溶液；制造饮料和香精等。

德 育 发 展 点

让学生学会运用分类、比较、归纳等学习化学的基本方法搜集和整理各种信息，学会与他人合作，了解化学科学与经济发展、社会文明的关系，明确化学科学在现代科学中的重要地位。

（二）分析结构与实验探究

拆插模型，分析结构，设计实验，探究性质。

师：展示乙醇分子的球棍模型和填充模型，引导学生分析结构、寻找熟悉的原子团。

生：动手拆插模型，熟悉成键方式；写出乙醇的结构式，分析 6 个氢原子的异同。

$$\begin{array}{c} \ \ \ \ H \ \ H \\ \ \ \ \ | \ \ \ | \\ H-C-C-O-H \\ \ \ \ \ | \ \ \ | \\ \ \ \ \ H \ \ H \end{array}$$

师提出问题：你能否设计实验来验证乙醇的结构式？

提示：水分子（H—O—H）与金属钠反应时断开氧氢单键，从而被置换出氢气。

探究实验 1

将一小块金属钠分别投入盛有 2 mL 乙醇、2 mL 水的小试管中，观察现象。

（两名学生分别操作，放在一起对比，实验结果见表 3-39）

表 3-39　对比实验结果

实验	钠与乙醇	钠与水
钠是否浮在液面上		
钠的形状是否变化		
有无声音		
有无气泡		
剧烈程度		
反应方程式		

课堂小结：

1. 乙醇能与钠发生置换反应生成氢气。

2. 通过上述实验,确定乙醇的结构式为

$$H-\overset{\overset{\displaystyle H}{|}}{\underset{\underset{\displaystyle H}{|}}{C}}-\overset{\overset{\displaystyle H}{|}}{\underset{\underset{\displaystyle H}{|}}{C}}-O-H$$

3. 水与钠的反应比乙醇与钠反应更剧烈。

4. 羟基与氢氧根的比较。

德 育 发 展 点

　　学生依据探究目的完成实验操作,对观察记录的实验现象进行加工并获得结论,培养实验探究能力。

师:上述实验说明乙醇分子中的 O—H 键易断裂,那么其他共价键能否断裂呢?

探究实验 2

乙醇的燃烧——点燃酒精灯,观察实验现象。

小结:

1. 乙醇在空气中燃烧,火焰呈淡蓝色,放出大量的热。

2. 乙醇燃烧的化学方程为 $C_2H_5OH + 3O_2 \longrightarrow 2CO_2 + 3H_2O$。

师:乙醇为绿色能源,作为新型能源具有很大的开发前景。例如,现代的汽车有很多就是用添加乙醇的汽油做燃料。另外,人们还利用原电池原理设计出乙醇燃料电池。

　　引导学生关注与化学有关的社会热点问题,认识环境保护和资源合理开发利用的重要性,增强绿色化学观念和可持续发展意识。

　　师:人喝酒后乙醇在体内会发生什么变化,也会被氧化为 CO_2 和 H_2O 吗?

探究实验3

　　模拟人体内乙醇的变化。取少量乙醇加于试管中,把光亮的细铜丝绕成螺旋状,在酒精灯的外焰上加热烧红,然后迅速插到盛有乙醇的试管底部,观察实验现象。重复操作 $3\sim4$ 次,闻试管内液体气味,记录实验现象,并分析实验结论(见表3-40)。

表 3-40　实验现象和实验结论

实验步骤	实验现象	实验结论
1. 铜丝在火焰上加热		
2. 在试管中加入 2 mL 乙醇,将加热后的铜丝插入乙醇中		

　　思考,交流:

　　1. 铜丝变黑是什么变化,又变红是什么变化? 你怎样看待铜丝的作用?

　　2. 乙醇被氧化成什么物质?

　　课堂小结:

　　铜丝由红色变黑色是因为:

$$2Cu + O_2 =\!=\!= 2CuO$$

　　后又变红色是因为:

$$2CuO + 2CH_3CH_2OH \longrightarrow 2Cu + 2CH_3CHO + 2H_2O$$

　　总反应为:

$$O_2 + 2CH_3CH_2OH \longrightarrow 2CH_3CHO + 2H_2O$$

　　铜在反应中起催化剂的作用。

　　师:人在喝酒后,乙醇在体内发生的变化和上述实验过程类似,但是血液中高浓度的乙醛能致癌,并且容易导致心血管病急性发作,因此不能过量饮酒。

德 育 发 展 点

学生从问题和假设出发,依据探究目的设计探究方案,学会团队合作,运用分类对比等方法进行实验探究并获得结论,体验科学探究成功的喜悦。

(三)实践应用与拓展提高

联系生活,实践应用,拓展提高,巩固所学。

师:1. 在焊接铜漆包线的线头时,常把线头放在火上烧一下,以除去漆层,并立即在酒精中蘸一下再焊接。这是运用了什么原理?

2. 交通警察是怎样检查驾驶员是否酒后驾车的?

资料阅读:

交警查酒驾

交警检测酒驾仪器的原理为重铬酸钾能被乙醇还原而变色。交警用经硫酸酸化处理的三氧化铬(CrO_3)(与重铬酸钾原理类似)硅胶检查司机呼出的气体,根据硅胶颜色的变化(硅胶中的+6价铬能被酒精蒸气还原为+3价铬,颜色发生变化,喝得越多颜色越深,橙黄变灰绿),可以判断司机是否酒后驾车。其反应的化学方程式如下。

$$3CH_3CH_2OH+2K_2Cr_2O_7(橙红)+8H_2SO_4 =\!=\!=$$
$$3CH_3COOH+2Cr_2(SO_4)_3(暗绿)+2K_2SO_4+11H_2O$$

(学生思考,交流,回答)

德 育 发 展 点

注重化学知识的生活化,培养学生应用化学知识分析、解决生活问题的意识,提高学生分析、解决实际问题的能力。

(四)课堂总结

1. 乙醇的物理性质及用途。

2. 乙醇的结构式、结构简式。

3. 乙醇的化学性质(断键位置)。

① 置换反应(能被活泼金属反应)。

② 乙醇的氧化反应(能燃烧,能被氧化成醛)。

(五)课后作业

1. 完成课后习题。

2. 研究性学习。

组织学生合理分组,充分利用周末时间查阅资料,了解过度饮酒对人体造成的危害;分析白酒、啤酒、红酒的特点,设计合理饮酒的方案,撰写研究报告。

> **德育发展点**
>
> 引导学生关注与化学有关的社会热点问题,认识化学对社会发展的重大贡献,能运用已有化学知识和方法解决生活中的实际问题,强化社会责任意识。

三、教学反思

(一)知识层面

(1)整节课目标明确,按照"生活→化学→生活"的学习线路有序推进。在化学部分,以乙醇反应时的断键位置为探索方向,设置资料阅读、交流讨论、实验探究等环节,让不同层次的学生均获得了成功的体验。

(2)本节课知识讲解全面到位,符合课程标准的要求;将乙醇结构特点、物理性质、化学性质、在生活和生产中的应用都呈现出来,体现了"结构—性质—用途"之间的关系,给学生以清晰的认识思路并引领学生成功地构建起知识体系。

(二)德育层面

(1)本节课遵循学生的认知发展规律,注重培养学生的化学学科核心素养。例如,通过乙醇化学性质的实验探讨,引导学生通过交流讨论,发现和提出有探究价值的问题,并能从质疑和假设出发,依据探究目的设计探究方案,运用化学实验、调查等方法进行实验探究,培养"科学探究与创新意识"的化学学科核心素养。

(2)本节课将乙醇与生活紧密联系在一起,引导学生关注与化学有关的社会热点问题,认识化学在社会生产和生活中的重要地位,培养社会责任意识,树立投身祖国化学化工事业的崇高理想和远大志向。

3. 饮食中的有机化合物——乙醇

山东省青岛第六十八中学 王秀娟

这节课选取了日常生活中有机物代表——乙醇,主要介绍乙醇的物理性质、分子结构、化学性质及用途。乙醇是连接烃和烃的衍生物的桥梁,在有机物的相互转化中处于重要地位。学好本节课的内容对学习其他烃的衍生物知识具有指导性作用。通过乙醇的学习，学生不仅能巩固前面学习的烃的知识，又能为后面其他烃的衍生物的学习打下坚实的基础，因此本节在本章的教学中起到了承上启下的作用，是本章教学的重点之一。此外，学生在学习知识的同时，可以丰富生活常识，自觉形成良好的饮食习惯，正确对待卫生、健康等日常生活问题，以及增强酒后不驾车的社会责任感。

一、教学与评价目标

1. 教学目标

（1）通过已有认知及实验探究了解乙醇物理性质、分子结构及乙醇在生活中的存在。

（2）通过实验探究及结构分析，初步形成从官能团和化学键的角度掌握乙醇的化学性质及反应机理的思路。

（3）通过对过度饮酒和酒后驾车的危害性的讨论分析，感受化学对社会发展的推动作用以及与人类生命、营养、健康的密切联系，进一步增强合理对待和使用化学品的意识。

2. 评价目标

（1）通过实验探究乙醇的主要化学性质，提升基于物质性质分析问题的能力，诊断并提升学生实验探究的水平。（定性水平、定量水平）

（2）通过对乙醇与其他物质转化关系的认识，建立物质性质与用途之间的关联，诊断学生对乙醇性质的认识水平。（孤立水平、系统水平）

（3）通过对乙醇在人体内转化及酒后驾车的危害性的讨论和分析，诊断并提升学生分析、解决实际问题的能力及对化学价值的认识水平。（学科价值视角，社会价值视角，学科和社会价值视角）

3. 化学学科核心素养发展

通过对乙醇结构和性质的探究，对比乙醇及其反应产物的结构，概括不同类型反应中结构变化的规律，发展“科学探究与意识创新”的化学学科核心素养；结合模型，了解宏观现象和物质变化的微观本质，发展“宏观辨识与微观探析”的化学学科核心素养；通过对乙醇的探究，总结归纳探究有机物的基本程序和方法；在实验探究中，培养严谨求实的科学态度和增强安全意识；通过对酒文化以及甲醇、乙醇汽油、酒驾等的了解，增强安全意识和绿色低碳意识，增强民族自豪感以及对化学的认同，形成辩证地看待事物的科学认识。

二、教学与评价思路

Ⅰ 宏观现象	Ⅱ 微观本质	Ⅲ 符号表征	Ⅳ 问题解决
• 化学科学实践	• 化学科学思维	• 化学科学表征	• 化学价值体现
• 证据推理与模型认知科学探究意识	• 宏观辨识与微观探析证据推理	• 宏观辨识与微观探析	• 科学态度与社会责任
• 观察实验现象诊断实验探究水平	• 结构官能团决定性质 提升认识思路的水平	• 讨论分析、总结规律的准确性	• 提升问题解决能力和对化学价值的认识水平 • 发展绿色化学思维,体会化学与生活的密切联系

三、教学过程

【课前阅读材料】

1. 酒文化

传说周朝时期的杜康是酿酒名师,于是后世把"杜康"作为酒的代名词。曹操名句"何以解忧,唯有杜康",指的就是美酒。汉朝那位勇于追求爱情,与才子司马相如自由结合的佳人卓文君也是一名酿酒好手,曾在四川临邛故里当垆卖酒,后世传为佳话。历代文人墨客如刘伶、陶潜、李白、白居易、欧阳修、苏轼……无不与酒结下不解之缘。连女词人李清照也少不了"三杯两盏淡酒""浓睡不消残酒"。穷乡僻壤中有"水村山郭酒旗风"的乡村小酒店,繁华都市有"三十六家花酒店,七十二座管弦楼"的热闹酒馆。

黄酒是我国古老的酒种,酒精含量在 $10\sim20$ 度之间。古代李白"斗酒诗百篇",武松过景阳岗前十五大碗,喝的就是这类平和、香醇的美酒。黄酒最著名的有浙江绍兴老酒、福建龙岩沉缸酒、山东即墨黄酒和兰陵美酒等。其中,历史最悠久的是绍兴黄酒。2000 多年前,越王勾践在绍兴誓师伐吴,将父老乡亲敬献的美酒投入河中,与士卒共饮河水,这故事说明绍兴黄酒由来已久。绍兴风俗,生了女儿满月时酿制加饭酒,储存在雕有五彩花纹的陶坛中,窖藏到女儿出嫁时才取出款待客人或作陪嫁,因此叫作"女儿酒"。

白酒酒精含量相对较高。著名的白酒有贵州茅台酒、董酒、山西汾酒、四川五粮液、泸州特曲、剑南春、江苏洋河大曲、双沟大曲、陕西西凤酒、安徽古井贡酒等。山西杏花村汾酒是酿制历史最长的酒,始于1500年前的南北朝。到唐代杏花村有酒坊70多家,出现了"处处街头揭翠帘"的盛况,吸引了无数骚人墨客。杜牧名句"借问酒家何处有,牧童遥指杏花村",使酒和村一起传诵千古。

果酒以葡萄酒为主。2000多年前的汉代就有关于葡萄酒的记载。葡萄酒是在葡萄从西域传入中原以后出现的。三国时魏文帝曹丕曾赞美葡萄酒"甘而不饴,酸而不酢"。唐诗人王翰诗曰:"葡萄美酒夜光杯,欲饮琵琶马上催。"美酒与名诗同传千古。

啤酒在中国是最年轻的酒,近代才从欧洲传入。1900年在哈尔滨出现第一家啤酒厂。

很多家庭在烧鱼时喜欢加些酒,主要是为了除去腥味。鱼腥味来自鱼体内分泌的一种叫作"三甲胺"的有机物。做鱼时加些黄酒,酒精可以溶解三甲胺,与之一起挥发出来。而且,黄酒中富含酯和氨基酸,浓郁的香味也可以掩盖鱼腥味。

（选自白建娥、刘聪明《化学史点亮新课程》,清华大学出版社,2012年9月）

2. 假酒（甲醇）的危害

所谓的假酒即是用化学试剂与酒精勾兑后的物质,然后仿制包装、销售,最终就流通到我们的身边,变成了我们口中常说的假酒。其中,用于假酒勾兑的多为甲醇等,故喝完假酒之后的不适感都是由于喝了这些化学试剂引起的现象。假酒也就是甲醇喝下去之后会发生什么?

甲醇被大众所熟知,是因为其毒性。工业酒精中大约含有4%的甲醇,被不法分子当作食用酒精制作假酒,而人饮用后就会产生甲醇中毒。

甲醇有较强的毒性,对人体的神经系统和血液系统影响最大,人经消化道、呼吸道或皮肤摄入它都会产生毒性反应。甲醇蒸气能损害人的呼吸道黏膜和视力。急性中毒症状有头疼、恶心、胃痛、疲倦、视力模糊以至失明,继而呼吸困难,最终导致呼吸中枢麻痹而死亡。慢性中毒反应为眩晕、昏睡、头痛、耳鸣、视力减退、消化障碍等。

甲醇摄入量超过4 g就会出现中毒反应,误服一小杯超过10 g就能造成双目失明,饮入量大会造成死亡,最低致死量为30 mL甲醇在体内不易被排出,会发生蓄积,在体内氧化生成的甲醛和甲酸也都有毒性。在甲醇生产工厂,我国有关部门规定,空气中允许的甲醇浓度为5 mg·m^{-3}。在有甲醇气的现场工作须戴防毒面具,废水要处理后才能排放,允许浓度应小于200 mg·L^{-1}。甲醇的中毒机理是甲醇经人体代谢产生甲醛和甲酸（俗称蚁酸）,对人体产生伤害。常见的症状是先产生喝醉的感觉，数小时后头痛、恶心、呕吐以及视线模糊；严重者会失明，乃至丧命。失明的原因是甲醇的代谢产物甲酸会累积在眼睛部位，破坏视觉神经细胞；脑神经也会受到破坏，产生永久性损害。甲酸进入血液后，会使组织酸性越来越强，损害肾脏导致肾衰竭。

甲醇中毒，此时已不是简单的酒精中毒了。甲醇中毒后的解救方法——乙醇解毒法。其原理是，甲醇本身无毒，而代谢产物有毒，因此可以通过抑制代谢的方法来解毒。甲醇和乙醇在人体的代谢用的都是同一种酶，而这种酶和乙醇更具亲和力。因此，甲醇中毒者，可以通过饮用烈性酒（酒精度通常在 60 度以上）的方式来缓解甲醇代谢，进而使之排出体外。而甲醇已经代谢产生的甲酸，可以通过服用小苏打（碳酸氢钠）的方式来中和。

（摘自网易"假酒的危害到底有多大？"2018-06-23）

3. 乙醇汽油

乙醇汽油是一种由粮食及各种植物纤维加工成的燃料乙醇和普通汽油按一定比例混配形成的新型替代能源。按照我国的国家标准，乙醇汽油是用 90% 的普通汽油与 10% 的燃料乙醇调和而成的。

乙醇属于可再生能源，是由高粱、玉米、薯类等经过发酵而制得的。它不会影响汽车的行驶性能，还能减少有害气体的排放量。乙醇汽油作为一种新型清洁燃料，是当前世界上可再生能源的发展重点，符合我国能源替代战略和可再生能源发展方向，技术上成熟安全可靠，在我国完全适用，具有较好的经济效益和社会效益。

乙醇汽油是一种混合物而不是化合物。在汽油中加入适量乙醇作为汽车燃料，可节省石油资源，减少汽车尾气对空气的污染，还可促进农业的生产。

汽车用乙醇汽油作为一种清洁的发动机燃料油具有以下优点。

（1）辛烷值高，抗爆性好。乙醇含氧量高达 34.7%。

（2）在汽油中含 10% 的乙醇，含氧量就能达到 3.5%。

（3）车用乙醇汽油的使用可有效地降低汽车尾气排放，改善能源结构。国内研究表明，E15 乙醇汽油（汽油中乙醇含量为 15%）比纯车用无铅汽油碳烃排量下降 16.2%，一氧化碳排放量下降 30%。

（4）燃料乙醇的生产资源丰富，技术成熟。当在汽油中掺兑少于 10% 时，对现用汽车发动机无须进行大的改动，即可直接使用乙醇汽油。

汽车用乙醇汽油在燃烧值、动力性和耐腐蚀性上的不足如下。

（1）乙醇的热值是常规车用汽油的 60%。据有关资料的报道，若汽车不做任何改动就使用含乙醇 10% 的混合汽油时，发动机的油耗会增加 5%。

— 251

（2）乙醇的汽化潜热大，理论空燃比下的蒸发温度大于常规汽油，影响混合气体的形成及燃烧速度，导致汽车动力性、经济性及冷启动性的下降，不利于汽车的加速性。

（3）乙醇在燃烧过程中会产生乙酸，对汽车金属特别是铜有腐蚀作用。有关试验表明，在汽油中乙醇的含量在 $0\sim10\%$ 时，对金属基本没有腐蚀，但乙醇含量超过 15% 时，必须添加有效的腐蚀抑制剂。

（4）乙醇是一种优良溶剂，易对汽车的密封橡胶及其他合成非金属材料产生轻微的腐蚀、溶胀、软化或龟裂作用。

（5）乙醇易溶于水，车用乙醇汽油的含水量超过标准指标后容易发生液相分离。

4. 酒后驾车危害大

2008 年世界卫生组织的事故调查显示，$50\%\sim60\%$ 的交通事故与酒后驾驶有关，酒后驾驶已经被列为车祸致死的主要原因。在我国，每年由于酒后驾车引发的交通事故达数万起，而造成死亡的事故中 50% 以上都与酒后驾车有关。酒后驾车的危害触目惊心，已经成为交通事故的第一大"杀手"。

酒后驾车会对驾驶者造成哪些影响呢？

（1）车辆操作能力降低：饮酒后驾车，因酒精麻痹作用，行动笨拙，反应迟钝，操作能力降低，往往无法正常控制油门、刹车及方向盘，一旦出现紧急情况，事故的发生就是必然。

（2）路况的判断能力和反应能力降低：饮酒后注意力分散，判断能力降低。酒后的人对光、声的反应时间延长，无法正确判断安全间距与行车速度，不能准确接收和处理路面上的交通信息，从而容易导致事故的发生。

（3）视觉障碍：血液中酒精含量超过 0.3%，就会导致视力降低。在这种情况下，人已经不具备驾驶能力。如果酒精含量超过 0.8%，驾驶员的视野就会缩小，视像会不稳，色觉功能也会下降，导致不能发现和领会交通信号、交通标志标线，对处于视野边缘的危险隐患难以发现。

（4）心态不稳：喝酒后，在酒精的刺激下，感情易冲动，胆量增大，过高估计自己，具有冒险倾向，对周围人的劝告不予理睬，往往做出力不从心的事情。

（5）易疲劳：酒后易犯困、疲劳和打盹，表现为驾车行驶不规律、空间视觉差等疲劳驾驶行为。

酒后驾车所造成的交通事故给受伤者的家庭所带来的伤害是不言而喻的。

酒后驾车处罚是怎样的呢？

（1）饮酒后驾驶机动车的，暂扣 1 个月以上 3 个月以下机动车驾驶证并处

200元以上500元以下罚款;醉酒后驾驶机动车的,由公安机关交通管理部门约束至酒醒处15日以下拘留和暂扣3个月以上6个月以下机动车驾驶证并处500元以上2000元以下罚款。

(2)饮酒后驾驶营运机动车的,暂扣3个月机动车驾驶证并处500元罚款;醉酒后驾驶营运机动车的,由公安机关交通管理部门约束至酒醒处15日以下拘留和暂扣6个月机动车驾驶证并处2000元罚款。

(3)一年内有前两款规定醉酒后驾驶机动车的行为被处罚两次以上的吊销机动车驾驶证,5年内不得驾驶营运机动车。

(根据有关网络资料及公安部下发的《关于公安机关办理醉酒驾驶机动车犯罪案件的指导意见》整理)

【教学过程】

(一)创设情境,引入课题

在王菲的歌曲"但愿人长久"中,开始"飞花令"。

师:以小组为单位,开始"飞花令",请说出与"酒"有关的诗句。

生:"明月几时有,把酒问青天""借问酒家何处有,牧童遥指杏花村""葡萄美酒夜光杯,欲饮琵琶马上催""花间一壶酒,独酌无相亲""白日放歌须纵酒,青春做伴好还乡""劝君更尽一杯酒,西出阳关无故人"……

师:投影与酒有关的画作、书法的图片,引入本节课的主角——乙醇。

德育发展点

通过诗词书画反映酒文化,让学生了解中国文化的源远流长,体会中国传统文化蕴含的丰富情感。

(教师投影生活中各种酒制品图片)

师:这些酒制品的用途不一样,但其中的主要成分都是乙醇。我们青岛的青岛啤酒已经成为青岛乃至中国的一张名片。

德育发展点

化学来源于生活、服务于生活,引导学生认识到化学对创造物质世界和满足人民日益增长的对美好生活的需求的重要作用,增强学生对家乡的自豪感,加深他们对故乡的热爱之情。

师:观察实验盒里的无水乙醇,结合生活常识归纳乙醇具有哪些物理性质。

(学生做完溶解性实验后进行归纳、总结)

(二)研究乙醇的物理性质

【归纳总结】

乙醇是无色透明、有特殊香味的液体,密度小,熔点和沸点低,与水任意比互溶,是优良的有机溶剂。

　　培养学生的观察能力、实验能力以及严谨的实验操作态度,使学生了解科学探究的一般流程和方法,提高学生的归纳总结能力。

　　(学生探究乙醇的分子结构和化学性质,结合已知的乙醇的分子式 C_2H_6O,用球和棍组装乙醇的球棍模型并展示模型)

德 育 发 展 点

　　将宏观物质的结构用球棍模型表示出来,并结合碳原子的四价键理论探究不同组合方式,培养学生"宏观辨识和微观探析"的化学学科核心素养。

师:同学们组装出了两种模型,咱们通过实验探究到底是哪一种。

实验探究 1:

> 实验卡
> 1. 取两个小烧杯,向其中分别加入 30 mL 水和 30 mL 无水乙醇。
> 2. 用镊子取用两小粒黄豆大小的金属钠,并用滤纸吸干表面的煤油。
> 3. 将钠分别放入两个烧杯中。
> 4. 小组内分工合作,及时记录实验现象(见表 3-41)。

表 3-41　实验现象、结论或相关化学方程式

种类	钠与水	钠与乙醇
实验现象		
结论或相关化学方程式		

师:对比上述实验现象的异同点并思考原因。如何通过实验检验产生的气体?

已知 4.6 g 乙醇与钠反应产生标准状况下气体体积为 1120 mL,请通过计算分析判断乙醇的结构。

生:通过球棍模型搭建,可得乙醇的结构简式:CH_3CH_2OH 或 CH_3OCH_3;通过爆鸣实验,可知气体为氢气;通过计算,可得 1 mol 乙醇可生成氢气 0.5 mol,所以乙醇的结构简式为 CH_3CH_2OH。

归纳总结一：分子结构。

乙醇的分子式＿＿＿＿＿＿；乙醇的结构式＿＿＿＿＿＿。

结构简式：＿＿＿＿＿＿；"—OH"叫作＿＿＿＿＿＿。

归纳总结二：化学性质。

1. 乙醇与金属钠的反应；

羟基—OH 中的 H 原子的活泼性：乙醇＿＿＿＿＿水。

德 育 发 展 点

　　通过乙醇能与钠反应生成氢气且钠与氢气的物质的量之比为 2∶1，使学生学会从宏观和微观相结合的视角，运用定量和定性相结合的分析方法来解决实际问题。通过对两个实验现象异同点的对比，进一步强化学生的"结构决定性质"的观念，培养学生严谨、求实的科学态度。学生有目的地进行实验并不断提出假设进而通过实验得出结论，实际上是对科学探究过程的一种体验。小组之间的交流合作有利于学生合作能力的培养。

　　师：乙醇分子可以看作乙烷分子中的一个氢原子被羟基所替代而衍生出的物质，也可看作水分子中的氢原子被乙基所替代的物质。—OH 所连基团的不同使得—OH 的活性有所不同。同种官能团在不同环境中活性不同。

　　演示实验：将提前加入少量水的烧杯中加入乙醇并用其将手帕浸湿，点燃手帕——表演"烧不坏的手帕"魔术。

　　思考：为什么手帕"烧不坏"？这体现了乙醇的什么性质？

　　（教师归纳总结）

　　2. 乙醇的氧化反应

　　（1）燃烧（写出化学方程式）

德 育 发 展 点

　　培养学生细致观察的思维习惯，引导他们从实验现象中提炼出化学知识。

　　师：加油站的乙醇汽油由 90% 的普通汽油与 10% 的乙醇燃料调和而成，结合课前阅读材料区的乙醇汽油的资料，了解其组成及优点和缺点。

德 育 发 展 点

　　结合身边物质，引导学生用化学知识分析物质的性质及应用，建立可持续发展观念。在这一过程中，要注意引导学生用辩证思维的方法来分析问题。

教师引入新情境:湘西苗族的传统银头饰打造银器的图片。高温焊接银器、铜器时,表面会生成黑色的氧化物。师傅说,把这样的铜、银器具趁热蘸一下酒精,铜、银器具便会光亮如初!

(学生思考上述操作依据的是什么原理,并进行实验探究)

实验探究 2:

实验卡
1. 取一支试管,向其中加入 3～4 mL 无水乙醇。
2. 取一根光洁的铜丝绕成螺旋状,放在酒精灯外焰上加热,趁热迅速伸入无水乙醇中,反复几次。观察并感受铜丝颜色和乙醇气味的变化。
3. 请注意闻气体的正确操作,不要吸入较多。

问题组:

① 铜丝变黑发生什么变化? 请写出反应的化学方程式。

② 伸入乙醇中的铜丝变红又说明什么?气味发生变化说明了什么?

③ 本实验中铜丝的作用是什么? 请写出反应总的化学方程式。

生:Cu(红色)+O₂——CuO(黑色)

CuO(黑色)+乙醇——Cu(红色)+乙醛+水

整个过程中,在铜的催化下乙醇转化为乙醛,铜做催化剂;乙醇燃烧,试管口有具有刺激性气味的气体生成(图3-92)。

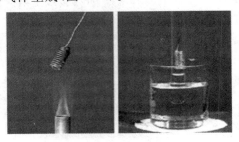

图 3-92　乙醇氧化实验

德育发展点

引导学生将宏观的化学现象用化学符号表示出来;在实验中,向学生渗透实验的严谨性和安全性(闻气体味道)教育,引导他们用发展的眼光认识催化剂。

师:已知乙醛的结构式为 $H-\overset{\overset{\displaystyle H}{|}}{\underset{\underset{\displaystyle H}{|}}{C}}-\overset{\overset{\displaystyle O}{\|}}{C}-H$,对比乙醇和乙醛的结构,从结构角

度分析是如何断键的。

（学生归纳总结）

（2）催化氧化。

乙醇分子中不同的化学键如下：

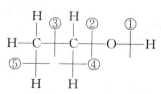

在不同反应中，乙醇分子中化学键的断键位置不同。

钠和乙醇反应，断键位置_____;催化氧化，断键位置_____。

德 育 发 展 点

　　引导学生从宏观现象辨析过渡到微观化学键分析,再用化学语言和化学符号将其表达出来,建立用"三重表征"思维模型来学习物质及其性质的化学思维模式,培养"宏观辨识和微观探析"的化学学科核心素养。

〔教师展示乙醇在生活中各种应用的图片（图 3-93）,介绍查酒驾的原理并结合课前阅读材料对学生进行安全教育〕

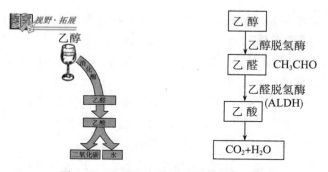

图 3-93　乙醇在人体中代谢过程的示意图

德 育 发 展 点

　　对学生进行自身安全和健康教育,使他们了解乙醇对自身健康的危害和酒后驾车给社会造成的危害,帮助他们树立正确的价值观,促进他们的品德水平和对社会责任感认识水平的提升。

师:对于某一种有机物,如果你是一位化学家,你研究这种有机物的思路是什么?

① 物理感知:颜色、气味、状态、密度、熔点、沸点、溶解性等。

② 分子组成:燃烧法→最简式→分子式。

③ 分子结构:元素成键原则→可能结构式→实验验证→确定结构式。

④ 物质性质:分析官能团→预测性质→实验验证→提出新问题。

⑤ 物质用途:分析性质→预测应用→实践论证。

德 育 发 展 点

引导学生总结归纳本节课内容,同时利用角色扮演,通过本节课的学习过程,归纳科学研究的一般思路和方法,提升科学素养。

四、课后反思

本节课是继烷烃、烯烃、炔烃和芳香烃后,向学生介绍的第一种烃的含氧衍生物。本节课有助于让学生更好地理解有机物的成键特点和反应机理,更好地掌握官能团的结构和性质这一学习重点,更好地利用结构决定性质这一观点分析和解决问题,并对后续学习乙酸、糖类、油脂和蛋白质打下坚实的基础。因此,本节课起着承上启下的作用。

为了让学生能够顺利地掌握结构与性质的关系,本节课从以下几个方面进行突破。

1. 增强化学与 STSE 的联系,提高学生的学习兴趣

本节课中引用了大量的 STSE 实例,如生活中的各种酒(白酒、黄酒、啤酒等)、乙醇汽油的成分与优缺点、假酒的组成及危害、酒后驾车的危害及交警查酒驾的原理、湘西苗族的传统银头饰的制作工艺等。这些情境贴近学生生活,能够激发学生的学习兴趣和动机,促使其积极参与探究活动。这样做,教师不再局限于有机物的分子式、结构式、结构决定性质等空泛和枯燥的知识介绍,而是让学生在生活氛围中学习化学,进一步认识化学学习的重要性。

2. "宏""微"结合地让学生掌握结构、了解性质,通过结构掌握反应断键机理

通过动手拼装分子模型,让学生从微观的碳、氢、氧这三种原子出发,对它们构成一个乙醇分子的过程有一个深入的了解,最后用化学式、结构式、结构简式、化学方程式等表示乙醇的组成和性质。宏观世界才是学生认知中最真实、最可靠的依据,而微观世界对学生来说,似乎是真实存在又遥不可及的。因此,在教学过程中,教师需要采用一些手段如模型展示与构建,让学生把宏观与微观联系起来;此时,教师再引导学生把上述内容用化学符号表征出来,学生学习起来便会事半功倍。

3. 实验探究,合作实验,体验科学探究过程,探究事物本质

让学生参与多种类型的实验,通过在实验过程中的实验规范操作、实验安全分析及小组成员的思维碰撞,发展学生的实验能力和创新意识,在最能体现化学学科特征的实验中潜移默化地提升学生的化学学科核心素养。

4. 全方位融合德育内容

本节课在德育层面上,遵循学生的认知规律,从培养全面发展的人的角度出发,以立德树人为教育的根本任务,在授课过程中充分地将德育因素融入本节课的知识传授过程中。

(1)多角度地提升学生的化学学科核心素养。宏观物质与微观模型相结合,从原子和化学键的角度认识物质;建立认识有机物的一般程序和方法,为将来进行科学探究打下良好基础;通过化学实验、小组探究提高实验能力和动手能力,并提升安全意识,树立严谨求实的科学态度;利用辩证思维,认识乙醇汽油优缺点,学会辩证地认识和分析事物。

(2)弘扬人文精神。利用古诗词,引导学生回顾我国文化长河中的瑰丽诗句,了解祖国传统文化;了解故乡青岛的特产,增强对故乡的热爱之情。

(3)培养学生的社会责任感。利用假酒的危害、酒后驾车的危害及处罚、乙醇汽油对环境保护的益处等,引导学生增强可持续发展意识和社会责任感。

4. 苯　酚

山东省青岛第九中学　　王美荣

苯酚是一种和生产、生活联系紧密的有机物,也是有机化学部分需要学习的一种重要有机物。本节课充分体现了有机化学的学科思想:结构决定性质、性质反映结构,具体体现在有机物的官能团决定性质上,而且有机物分子中基团之间是相互影响的。

学生已经学习了芳香烃和醇的知识,而苯酚是这两部分知识的结合体。本节课安排在"乙醇"之后,学生通过学习乙醇的知识已初步掌握了官能团在有机物性质中起的决定性作用,对乙醇中羟基的结构特点与可能出现的断键情况有了一定的理解和掌握。在此基础上安排苯酚知识的学习,学生既能联系已学过的知识,又能为后面醛、酸的学习做好铺垫。有关图片和实验为学生提供了丰富的感性材料,使他们获得了对苯酚性质的感性认识。类比假设与实验探究的有机结合,不仅可以帮助学生形成完整的知识体系,而且可以培养学生的推理能力、实验能力、观察能力、应用知识分析、解决问题的能力。本节课的教学体现结构与性质的关系、增强"结构决定性质,性质反映结构"的观念,在整个有机化学教学中处于举足轻重的地位,为学生学习后续的有机化合物知识奠定了良好的基础。

一、教学与评价目标

1. 教学目标

(1)通过苯酚的结构特点、物理性质和化学性质的探究,加深对"基团之间相互影响"化学观念的理解,提高实验探究能力。

(2)通过苯酚的发现和应用逐步认识苯酚的性质。通过实验探究认识苯酚具有弱酸性;学以致用,学会设计处理含酚废水的方案,学会比较的学习方法。

(3)通过官能团之间的相互影响,体会辩证地看待化学物质的重要性;感受化学问题与社会实际问题的紧密联系,增强社会责任感;建立"事物是普遍联系的"哲学观念。

2. 化学学科核心素养发展

(1)通过问题驱动的自主实验探究过程,培养类比推测能力、分析和解决问题能力、观察能力以及实验能力。

(2)通过对苯环和羟基的相互影响的学习,强化对"事物是普遍联系的"哲学观念的认识。

(3)通过苯酚的用途与毒性的学习,学会辩证地看待化学物质,培养关注化学与环境、化学与健康、化学与生活的意识。

二、教学与评价思路

Ⅰ(课前) 生活中的酚类材料搜集	Ⅱ(课中) 分任务处理	Ⅲ(课中) 建模	Ⅳ(课后) 问题解决和展示
• 考查收集有效信息的能力	• 证据推理与实验探究 探究苯酚的性质	• 证据推理与模型建构 小组合作探讨	• 科学态度与社会责任
• 诊断获取有效信息的水平及类比归纳的能力	• 汇报、改进和实施实验方案	• 在任务处理中不断完善模型	• 含酚污水处理 提升对绿色化学价值的认识水平
	• 提升实验水平及创新水平	• 提升证据推理及模型建构的水平	• 发展绿色化学思维 体会化学与生活息息相关

三、教学过程

【课前阅读材料】

苯酚消毒剂的发现

随着物质生活水平的提高,人们对卫生安全也越来越重视,消毒剂在我们日常生活中慢慢占有了举足轻重的地位。无论是对衣物、瓜果、蔬菜、餐具、手和皮肤的一般性消毒,还是对家具、门窗、楼梯等物体表面消毒,都会用到消毒剂。人们最初发现,一种叫作石炭酸(又名苯酚)的物质具有消毒作用,于是将石炭酸的溶液应用到医学手术当中,作为医院里常用的消毒剂。让我们了解一下石炭酸消毒剂是怎么发现的吧!

19世纪60年代,医院里有些病人常因手术后刀口感染化脓而不幸死亡。医生们千方百计想寻找一种能防止刀口感染的消毒药水,可是一直未能如愿。当时法国的著名生物学家巴斯特已经揭开病菌侵入生物体后会引起机体腐败变质现象的秘密,并发现用加热法可以灭菌。可是,在病人身上不可能通过加热来消灭病菌,因此加热法无法运用于医院的手术中。

正当医生们为此苦苦探索时,英国的外科医生李斯特却偶然发现了一种可以用于临床的消毒药水。一天,李斯特正在爱西堡市郊外的一条林间小道上散步,他突然被眼前的一个奇怪现象吸引住了。路旁一条满是污水的沟里,长着许多青翠碧绿的水草和浮萍,那污水看上去显得清亮,也没有臭味。"这不可能!"李斯特真不敢相信自己的眼睛,污水沟里怎么能长出这样鲜艳碧绿的水草呢?他认为这其中一定有秘密。作为外科医生,他深知细菌繁殖及感染的厉害。尽管他挽救过不少人的生命,可也有些病人因为手术后刀口被细菌侵入感染化脓而不幸死亡。李斯特想,污水里是细菌最活跃的地方,如果能长满青翠碧绿的水草,那么其中一定有一种专门杀死细菌的物质。

他立即着手调查,结果发现污水是从一家提炼煤焦油的化工厂里排出来的。经化验,污水中含有大量的石炭酸。原来在这家化工厂里,露天堆放着许多石炭酸,经雨淋,石炭酸溶入污水中一起流出厂外,流到郊外的污水沟里。因石炭酸有很强的杀菌作用,结果就使污水中的许多细菌被杀死了,从而使植物能够正常生长。石炭酸可以溶于水中并消灭细菌的现象给李斯特以极大的启示。于是,李斯特就把石炭酸用于外科手术中,用它来清洗手术器具和病人的刀口,或用经石炭酸浸泡过的绷带包扎病人的刀口,取得了明显的治疗效果,有效地防止了手术后刀口的感染,成功地救活了许多人。石炭酸溶液因而成为医院最常用的消毒药水。

【课堂教学环节】

（一）新课引入

展示茶多酚、葡萄酚的结构式后,再展示药皂、苯酚软膏。

设计意图:展示生活中的酚类的结构式,引导学生初步构建酚类物质的定义。通过情境问题激发学生学习酚类物质的兴趣;再通过展示药皂、苯酚软膏,从生活走向化学,让学生对代表物苯酚有一个感性认识,为学习新课创设饶有趣味的意境。

德 育 发 展 点

> 选材来自食品、生活用品、化妆品,它们都含酚类物质,充分体现化学课堂教学的"生活味",说明酚的用途非常广泛。展示各种酚的结构,为"结构决定性质"观点的渗透做好铺垫。

（二）项目学习

任务 1　认识苯酚的结构

学生观察苯酚模型,结合多媒体动画演示,分析该分子结构,并与乙醇、芳香醇等醇类结构做比较,通过结构比较产生认知冲突:同样含有羟基,为什么要划分为羟基的酚和醇两类物质? 在性质上它们会有哪些共性? 苯环代替烃基与羟基联手,使得羟基的化学性质产生了怎样的变化?

德 育 发 展 点

> 通过对熟悉物质乙醇中乙基与苯环的互换获得全新物质苯酚,表面上看似教授组合思想,实际教给学生的是一种拆分思想。学生将陌生物质苯酚拆分后便能得到熟悉的基团——苯环与羟基。对于学生来说,拆分思想的建立为苯酚溶解性的学习埋下伏笔,更为对苯酚化学性质的学习做了铺垫。通过"预测—分析—实验—结论"的方式呈现知识,学生能感受到化学是一门非常有逻辑、重实验的学科。

任务 2　初识苯酚——苯酚的物理性质

过渡:苯酚是一种重要的化工原料,主要用于制造酚醛树脂等,还广泛用于制造合成纤维、医药、合成香料、染料、农药等。那么,苯酚是一种什么样的物质呢?

问题驱动:观察苯酚结构,预测并设计实验探究苯酚的溶解性有什么特点。

（学生汇报实验方案）

【实验探究】苯酚的溶解性,见表 3-42:

表 3-42　苯酚溶解性实验的现象和结论

实验方案	实验现象	结论
① 向试管加入少量苯酚晶体,加入 2～3 mL 蒸馏水,振荡试管		
② 把步骤 1 中溶液加热,观察现象,然后放入冷水浴中		
③ 另取一支试管加入少量苯酚晶体,加入 2～3 mL 无水乙醇,观察现象		

学生分组实验:

（1）学生观察苯酚的色、态,并小心地闻它的气味。

（2）溶解性实验（溶剂分别为冷水、热水和乙醇）。

重点归纳出苯酚的色、态、味和溶解性。

归纳:苯酚的物理性质。（思考:苯酚不慎滴在皮肤上应如何处理?）

德 育 发 展 点

　　通过观察和实验感知苯酚的色、味、态、溶解性等物理性质,学生的观察能力能得以提高。通过溶解性的探究,学生能体会到化学科学提供了从微观到宏观认识物质的独特视角,认识到由于构成宏观物质的微观粒子之间存在组成、结构及其相互作用上的差异,不仅要认识物质外在的宏观属性,还要探究其内在的微观本质,要透过现象看本质,从分析物质的微观组成和结构来推知其宏观属性。这有助于培养学生见微知著的科学思维习惯。

任务 3　苯酚的化学性质

【性质预测】分析苯酚的结构,预测苯酚化学性质。

学生讨论推测:依据羟基和苯环的结构预测:

① 可被氧化（苯酚的氧化是对学生观察苯酚物理性质中提出的粉红色的解释,可以简略带过）;

② 可能具有酸性;

③ 苯环上能发生取代反应;

④ 羟基可能和金属钠反应;

......

德 育 发 展 点

　　引导学生掌握有机物性质的研究方法:分析结构,预测性质,帮助学生建构物质体系内各微观粒子之间的相互作用、相互影响的基本观念,用系统的、联系的、相互作用的观点分析自然与社会中的其他事物,从而更准确、有效地找到事物发展变化的原因与条件,控制变化的路径与进程,把握变化的规律与结果。

　　新闻在线:暴雨天气运输苯酚的大货车相撞,部分泄漏苯酚流入水库。事故发生后,有关部门启动了环境应急预案,上游水库紧急放水,稀释被污染的水体,在现场投放石灰和活性炭减少苯酚,同时加强沿线水体的检测。

　　问题 1:处理苯酚污染采取了哪些措施,体现了苯酚的哪些性质?

　　(学生交流讨论得出苯酚具有酸性)

　　问题 2:如何设计实验证明苯酚具有酸性?

　　第一次:设计实验,验证苯酚的酸性。

　　第二次:设计实验,比较苯酚、碳酸酸性的强弱。

　　(学生分组实验:苯酚的弱酸性)

　　方案 1:在苯酚水溶液中滴加石蕊溶液。

　　方案 2:在浑浊苯酚溶液中滴加 NaOH 溶液。

　　(教师指导学生分组完成探究实验。学生观察到苯酚中滴加紫色石蕊溶液后并不显红色,浑浊的苯酚溶液滴加 NaOH 溶液后变澄清,通过组内讨论、组间交流得出苯酚显酸性并且酸性很弱的结论)

　　问题 3:苯酚酸性有多弱呢? 设计实验比较苯酚、H_2CO_3、HCO_3^- 酸性的强弱。

　　实验药品:苯酚乳浊液,Na_2CO_3 溶液,$NaHCO_3$ 溶液、苯酚钠溶液、碳酸钙、稀盐酸。

　　(学生根据自己设计的方案进行实验,然后汇报结论)

　　教师小结:酸性 $H_2CO_3 >$ 苯酚 $> HCO_3^-$。

　　(投影"温馨提示":电离平衡常数)

德 育 发 展 点

　　引导学生联系所学知识进行实验设计,提高分析问题和解决问题的能力;认识结构与性质之间的联系,对有机物基团之间的相互影响进行深入的思考,提高分析和推理的思维能力;提高实验操作、观察和表达能力,培养合作精神;认识到提出新问题、想出新思路、找到新办法、发现新规律等创新活动是提高科学认识水平、推动科学不断发展的不竭动力。

　　问题 4:为什么苯酚和乙醇都存在官能团羟基,乙醇分子的羟基难电离,乙醇不呈酸性,而苯酚分子里的羟基可电离出 H^+,苯酚呈弱酸性? 这说明了什么问题?

　　学生交流讨论:比较乙醇和苯酚的结构,得出苯环影响了羟基的活性使苯酚显弱酸性的结论,并产生进一步探究羟基能否影响苯环的兴趣。

　　问题 5:苯环会不会受到羟基的影响? 苯酚分子里苯环的性质跟苯有什么不同?

　　(学生分析预测,并自然过渡到苯酚的取代反应)

　　(学生回忆苯和液溴发生取代反应的条件和产物,为接下来进行与苯酚和溴水反应的对比做好铺垫)

　　探究实验:苯酚与溴水的取代反应。

　　对比分析:苯与液溴、苯酚与浓溴水的取代反应。

　　生:苯和苯酚都能发生溴代反应,但是条件和产物都不同,说明在羟基作用下,苯环上羟基邻对位的氢原子更活泼了。受甲基的影响,甲苯中甲基邻对位的氢原子更活泼,比苯更易发生取代反应;同时,受苯环的影响,甲基容易被氧化。这说明基团之间是相互影响的。

　　归纳:苯酚的化学性质不是醇和苯的性质的简单加和,而是基团之间相互影响的结果。

德 育 发 展 点

　　通过实验探究,使学生认识到实验事实对于验证假说、证实猜想、发现规律、得出结论等理性认识活动的重要意义,养成耐心细致观察、如实记录信息数据、反对弄虚作假的实验习惯和依靠事实说话、重视逻辑推理的科学品质,强化尊重事实、相信事实、依靠事实、大胆假设、小心求证的实证意识。

　　过渡:苯酚泄露后工作人员做了处理,如何确定处理后的水是否达到排放标准?

　　探究实验:显色反应。

（学生做三氯化铁与苯酚显色反应的实验。此实验操作简便、现象明显，常用于苯酚的定性检验，这也是苯酚区别于醇的另一种性质）

学以致用：群众举报某省河水受酚类物质污染，假设同学们是环保局的工作人员，面对这种情况该采用什么试剂进行检测，又如何治理呢？

德育发展点

通过本环节，引导学生从化学走向生活，认识到化学科学技术是一把"双刃剑"：化学科学技术既可以造福人类，也可以给人类造成灾难，因此要坚守做人良知和道德底线，增强社会责任感和伦理道德意识，在面临和处理与化学有关的社会问题时能做出理性、科学的思考和判断，努力成长为爱国、敬业、诚信、友善的社会公民。

任务 4　苯酚的用途

苯酚在工业上有着重要的用途，如生产酚醛树脂用来制作厨房用的防火板和电器插座，生产锦纶制作登山服，还可以用作医药、染料、农药的重要原料。有人评价说苯酚改变了世界：苯酚消毒减少了细菌感染，酚醛树脂让生活变得更加舒适……

德育发展点

化学科学不仅可以缓解人类面临的一系列资源匮乏问题，促进经济社会发展，也可以给人类文明发展造成巨大危害甚至是灾难。中学生应了解化学应用的双面性，掌握化学科学对人体健康的意义和应用价值，提高运用化学知识分析、解决问题的能力，减少化学对个体生命、人类社会、自然环境等产生的不良影响，坚守做人良知和道德底线，增强社会责任感和伦理道德意识。

四、教学反思

（一）知识层面

本节课教学中，精心设计提出的每个问题都有利于引导学生通过认真思考得出结论，充分体现了新课程理念：学生才是学习的主体，教师是学习活动的组织者和引导者。苯酚结构与乙醇结构的相同点（都有羟基），为学生对苯酚性质的探究提供了基础；苯酚结构中与乙醇结构的不同点（羟基与苯环相连），又为学生的进一步探究提供了空间。采用"创设情境—探究实验—理论推导—反思应用"的教学方法，并充分利用实物感知、演示实验和现代教学手段，充分调动了学生的参与欲望，给学生提供了更多的"动脑想""动手做""动口说"的机会，体现了新课程倡导的自主、合作、探究等学习理念。

（二）德育层面

情境教学引导学生"从生活走向化学，学化学服务生活"。在本节课的教学中,教师从生活中的酚类引课,从一张学生熟悉的苯酚软膏说明书出发,引导学生探究苯酚的性质;通过创设情境启发学生的思维,培养学生的思维能力、实验设计能力、分析推理能力和类比分析能力,取得良好的教学效果。学生对有毒的苯酚制成的苯酚软膏的使用和如何检验自来水水源有没有被含苯酚的废水污染表现出极大的兴趣,这自然激发了他们思考和探究苯酚性质的动机,使他们能够在了解性质的基础上辩证地看待这些化学药品的使用。本节课从学科与生活的结合、学科与社会的结合入手,利用问题探究、认知矛盾来创设教学的一系列真实情境,努力在整个教学过程中激发、推动学生的认知活动、情感活动,让学生在学习中体会学习化学的意义,增强科学服务于社会和生活的理念,最终达到"从生活走向化学,学化学服务生活"的目标。

5. 乙 醛

山东省青岛第三十九中学 邢瑞斌

醛类是分子中含有羰基的一类重要有机物,在官能团的转化和有机合成中占有核心地位,可以形象地称之为"有机合成的中转站"。它连接了醇与羧酸之间的合成"高速"路线,在人类生产和生活中有着非常广泛的应用。通过对乙醛的学习,让学生认识到醛类有机物的官能团是醛基,进而从官能团和化学键角度掌握乙醛的组成、结构、性质以及转化关系,构建完整的结构分析模型和性质预测模型,形成对有机物分析的一般思路,使认识角度系统化,更深刻地理解其在有机物合成和有机化工中的重要应用。

在学习和探究的过程中,重点培养学生"宏观辨识与微观探析""证据推理与模型认知""科学探究与创新意识"及"科学态度与社会责任"等四个方面的化学学科核心素养,实现知识教学与素养发展的统一。

有机化合物种类繁多,性质更是易混;化学方程式琳琅满目,书写和记忆较为困难。这些都会造成学生学习上的困难。所以,对于有机化学的学习,重点应放在反应机理上,要在合成新物质分子的过程中,从旧键断裂和新键形成的角度对有机物进行分析,学会透过宏观现象从微观层次看待问题、分析问题。

本节教材内容的编写,是按从认识简单的物质开始循序渐进地认识更复杂的物质的线索进行的。在《烃的衍生物》一章中,有机物官能团由少到多,由简单到复杂,由键的极性到键的不饱和性再到羧酸的官能团中各原子或原子团之间的相互影响,无不与有机化合物的微观结构有关。对乙醛性质的研究包含了多个方面的分析探究,是学生认识角度系统化、形成认知模型的最好载体。下一节课关于羧酸的教学,可用于检测学生对本节课的学习情况,巩固他们对本节课的学习成果。

基于以上分析,我们选择以对"醉酒脸红"原理分析作为德育素材、以有机化合物分析模型构建为任务的乙醛项目学习,包括社会调查、元凶追查,结构分析、性质预测,实验求证、模型构建与应用等驱动性任务。对于学生的学习来说,任务完成的过程,既是对已有认知的总结与提升过程,又是化学学科核心素养培养与发展的过程。

整堂课的教学任务主要靠学生自主探究和与他人合作来完成。例如,学生通过乙醛分子中含有碳氧双键,则会预测到乙醛能发生加成反应。对于碳氢键断裂发生的反应又如何用实验验证呢?学生看到醛基 α-碳后,结合卤代烃的消去反应便会想到 α-氢的活性增强,然后设计实验;从对醛基结构的微观探析,预测乙醛的化学性质,然后自主选择试剂设计实验进行探究,进一步落实"宏观辨识与微观探析""科学探究与创新意识"的化学学科核心素养的培养任务。对性质预测的验证及进一步推理是十分关键的环节。比如,分析乙醛的还原性则主要从"显性试剂"开始,先是氧气氧化到高锰酸钾等强氧化剂氧化,再到弱氧化剂(银氨溶液和新制氢氧化铜)氧化,层层递进推理,最终让学生总结完成"结构分析"和"性质预测"两种思维模型的构建,培养"证据推理与模型认知"的化学学科核心素养。

一、教学目标

(1)认识醛类有机物的组成、结构、性质、转化关系及其在生产、生活中的重要应用。

(2)能够基于官能团、化学键特点、反应规律分析和推断含有典型官能团有机化合物的化学性质。

(3)通过任务驱动的学习,掌握从对生产、生活中典型物质性质的研究中提炼出完整的结构分析模型和性质预测模型,然后利用这些思维模型分析陌生有机物的方法,提升化学学科核心素养。

二、教学重点

从物质结构分析得出分析模型,形成有机物性质的预测模型,进而总结出研究有机物的一般思路。

三、教学难点

利用乙醛性质学习,使对有机物官能团的学习深入到化学键水平,实现"三维"认识(宏观到微观、孤立到系统、记忆到探析结构)。

四、教学过程(见表 3-43)

表 3-43　教学过程一览表

教学环节	驱动问题与任务	教师活动	学生活动	德育发展点
项目引导调查展示	生活中你肯定认识这样的人,他们不能喝酒,一喝就脸红,如果强灌,很快就会醉倒在地甚至呕吐不止。他们为什么会这样呢?原来,酒精(乙醇)进入人体后会迅速转化成乙醛,乙醛又会转变成乙酸,这个过程需要"醛脱氢酶"(ALDH)来催化。人体内有 19 种 ALDH,其中,$ALDH_2$ 活性最强,承担了大部分工作。有将近一半的东亚人人体内的 $ALDH_2$ 有缺陷,不能迅速把乙醛转变为无害的乙酸。于是,这些人只要一喝酒,体内的乙醛含量就迅速升高,甚至能达到正常值的 20 倍之多。乙醛能加速心跳频率、扩张血管,于是饮酒者的脸就红了。那么,这些人为什么更容易喝醉呢?请你分析一下乙醇是不是让人醉酒的主要原因	引导学生提出任务,开展目标研究	查阅·研究 请根据表格内的问题,采取随机采访、问卷调查、查阅资料(含网络)等形式对青岛市居民进行一项调查,并把获得的信息填入下列表格(任务单中)。2019 年饮酒有害健康调查任务单　学校:青岛 39 中　年级:2017 级 2 班　姓名:　　活动时间: | 时间	形式	具体内容
---	---	---
	查阅资料	部分人为什么更容易喝醉呢?为什么说乙醇并不是让人醉酒的主要原因?请你解释。
	调查采访	青岛居民对饮酒有害健康的认识,各种观点的比例是多少(调查照片)。
	随机采访	你是如何看待抽烟、酗酒和空气污染是危害人类健康的主要因素的,这三大杀手危害人体健康是同一原因吗?你认为应如何控制?		从实际生活出发,以人们最为关心的健康问题——"喝酒脸红""过量饮酒有害健康"开始,帮助学生开展对真实问题的探究。通过实验活动,让学生真正了解喝酒有害健康的原因

（续表）

教学环节	驱动问题与任务	教师活动	学生活动	德育发展点
项目引导调查展示	（1）部分人为什么更容易喝醉呢？为什么说乙醇并不是让人醉酒的主要原因？请你解释。 （2）青岛居民对饮酒有害健康的认识如何？各种观点的比例是多少？ （3）你是如何看待抽烟、酗酒和空气污染是危害人类健康的主要因素的，这三大杀手危害人体健康是同一原因吗？说说你的控制措施	倾听，追问，仲裁	活动·展示 对课前任务单内容——调查研究的情况进行展示与说明，小组展示并利用所学的知识进行原因分析	
项目活动1 认识乙醛——危害健康的元凶追查	【问题驱动1】 （1）酒精（乙醇）进入人体后如何转化成乙醛？具体的原理是什么？ （2）乙醛又是如何危害人体健康的？请解释其危害原理以及主要原因	倾听，追问，仲裁，记录，板书	活动·研讨 需要同学们畅所欲言，小组合作，讨论交流。明确原理，分析结构，大胆预测	新课标背景下的课堂教学不再只是重视知识传授，更加重视的是提高学生的思维能力和培养学生的核心素养，尤其是培养科学态度和社会责任感
项目活动2 分析结构，推测断键部位	【问题驱动2】 （1）在我们身边，你了解哪些物质属于醛类？试列举并说出它们的用途。 （2）通过观察各种各样醛的结构特点，分析醛类有机物的碳骨架和官能团（醛基）特点	板书学生列举的物质的名称，展示各类醛的结构	小组讨论，代表发言，相互质疑，相互完善	
	【问题驱动3】 （1）回顾乙烯、乙炔的断键机理及对应的化学性质。 （方法引导） 当A和B两个原子以共价键结合时，电负性大的原子带有较多的负电荷（用 δ^- 表示），电负性小的原子带有较多的正电荷（用 δ^+ 表示），如 $\overset{\delta^+}{H}—\overset{\delta^-}{Cl}$。两个原子的电负性相差越大，键的极性就越强。在一定条件下，键的极性越强，键就越容易成为反应的活性部位 （2）分析醛基结构，推测醛类有机物反应时可能的断键部位，并说明原因	展示方法引导，追问，倾听，仲裁，纠正，记录	组内交流，展示汇报，相互补充，总结提升	本环节是在小组合作的基础上开展探究讨论，不仅丰富了学生对有机物的认识，也结合具体问题深入培养了学生的"微观探析与模型认知"的化学学科核心素养

（续表）

教学环节	驱动问题与任务	教师活动	学生活动	德育发展点
项目活动2 分析结构，推测断键部位	【思考交流】 （1）对于一个陌生的有机物，如何分析它的结构？ （2）试总结分析有机物结构的一般思路，指出应分为哪几个步骤。 （思路模型提示） 	倾听，追问，仲裁，纠正，记录	组间交流互评，汇报探究过程和所得结论，总结收获，相互补充	
项目活动3 证据探寻，实验求证	【问题驱动4】根据断键部位推测反应类型，预测反应试剂及产物，开展实验探究。 实验台上药品（用品）或仪器：显性试剂：5%的乙醛溶液，$AgNO_3$溶液（硝酸酸化），5%过氧化氢（酸化），浓氨水，银氨溶液，KI溶液，$KMnO_4$溶液（酸性），溴水，新制$CuSO_4$溶液，稀硫酸，蒸馏水，酒精灯，烧杯，玻璃棒，试管，胶头滴管。隐性试剂（仪器）：催化剂，氧气，氢气，氢氰酸，氯气，核磁共振仪器，蛋白质，等等。【提示：核磁共振仪可以检测物质结构中不同环境的 H】	教师巡视，指导，与学生讨论实验方案，解决学生的疑问，提供理论支持	活动·探究 请各组展开讨论，根据断键部位推测反应类型，预测反应试剂及产物，设计实验方案。方案形成后汇报，经老师批准再利用实验台上的试剂或仪器进行实验探究，以小组为单位完成实验	本环节是在分析化学键的基础上，对性质进行大胆预测并设计实验开展探究，属于多方面、多途径寻找证据的过程，既让学生认识到客观事实是论证依据之一，又让学生养成实事求是的科学精神
	实验过程及记录 | 预测实验方案	实验步骤	实验现象	实验结论
---	---	---	---
			| 【问题思考】 （1）展示每一种实验探究的基本思路及所依据的反应机理。	倾听，追问，仲裁，纠正，记录	实验结果。各小组实验展示，汇报结果	通过探究实验设计，引导学生体会项目学习过程中探究实验设计的一般步骤与方法，依据实验结果证实结构分析的正确性，建立起"猜想—结论—证据"之间的逻辑关系，进一步体会"结构决定性质"的有机化学的核心思想

（续表）

教学环节	驱动问题与任务	教师活动	学生活动	德育发展点
项目活动3 证据探寻，实验求证	（2）写出每一个探究实验所发生反应的化学方程式，并说出其实验现象（或事实证据）与性质的对应关系。 （3）甲醛、乙醛有毒，福尔马林（甲醛水溶液）防腐又如何解释？说明其理论依据	倾听、记录，探讨，追问，使思维外显	小组内部讨论，代表发言，组间交流互评	使"证据推理与模型认知"的化学学科核心素养的发展得到落实
项目活动4 总结提升，模型构建	【问题驱动5】 （1）交流讨论：根据以上结构分析、性质预测、实验核证，你认为研究有机物性质的一般思路和方法是什么？试归纳之。 （思路模型提示） （2）通过以上实验探究与资料查阅，我们应如何远离人类健康杀手——乙醛？谈一谈本节课你有哪些收获	倾听、记录，归纳总结提升，模型构建	小组合作，讨论交流，代表汇报，相互补充——我有话说	小组合作，讨论交流，相互补充，总结研究有机物的一般思路，在培养学生合作意识的同时，进一步发展他们的"证据推理与模型认知"的化学学科核心素养；通过对远离健康杀手——乙醛措施的讨论，进一步增强学生的社会责任感
课后作业	1. 办手抄报：请制作一个主题为"乙醛：人类健康的隐形杀手"的海报，告诫人们要注意保健。 2. 模型应用：下节课，我们将进入羧酸的学习。下图是羧酸的结构式，根据已有知识对其进行分析。 （1）分析羧酸的结构及可能发生的反应，并说明理由。 （2）你是如何研究羧酸的化学性质的，又是怎样获得证据的？多交流一下		通过设计海报、小组合作进行实验探究，引导学生科学合理地给饮酒者以提醒；体会问题驱动学习方式与传统学习方式的不同，学会积极主动思考问题、与同学分工合作解决问题，培养创新精神，提升合作探究能力。模型的应用使学生学会从微观角度分析乙酸的性质，推测并寻找事实（或实验证据）进行验证，进一步证明预测的正确性	

五、教学反思

（1）本节课采用问题驱动式教学方式，属于有机物性质研究课；从对日常生活中常见的"醉酒脸红"现象的分析开始，研究危害健康的元凶——乙醛，引导学生认识乙醛,从官能团与化学键角度掌握醛类物质的组成、结构、性质以及转化关系,构建完整的结构分析模型和性质预测模型,形成分析有机物的一般思路,使认识角度系统化,更深刻地理解有机物在有机物合成、有机化工及在生产生活中的重要应用。在制作海报呼吁人们呵护健康的同时,学生在生活实践任务的驱动下质疑、探究,在小组合作中学习、互助,在任务完成中实验、探索,在成果展示中归纳、提高,很好地落实了发展化学学科核心素养的任务。

(2)通过本节课的学习,学生在认识上,从官能团深入到化学键水平,实现了从宏观角度到微观角度的转变,从孤立地认识双键加成、碳卤键极性、卤素原子对相邻基团的影响到系统分析和自主地形成结构分析模型,并将其应用于分析陌生有机物,促进了能力的提升;在知识的获取上,从以前采取的以记忆为主到逐渐以探析结构进行推理为主,学习不再那么单调,增强了学习化学的兴趣;在化学学科核心素养的发展上,通过以"醉酒脸红"现象探究为任务的问题学习、社会调查、元凶追查、结构分析、性质预测、实验求证、模型应用等一系列活动,促进了基于乙醛知识学习的化学学科核心素养的提升,并把这种素养的提升渗透到教学的每一个环节中,实现了知识、能力、素养三者之间的融合发展。

6. 羧酸的衍生物——酯

山东省青岛第一中学　慕晓腾

本节通过对含氧衍生物——酯的学习,引导学生进一步建立并巩固有机物结构决定其性质及分子中基团之间存在着相互影响的观念,进而掌握有机化学的学习方法。对于羧酸的衍生物的代表物——酯,必修化学课程已经简单地介绍了它的一些性质。

本节课的教学是本章教学的重点之一;同时,本节课的知识既是对前面知识的延伸,又是后续将学习的知识的基础,如酯化反应是后续将学习的知识中油脂水解反应及油脂的氢化,葡萄糖、麦芽糖的性质,聚酯的合成等知识的基础。因此,本节课具有承前启后的作用。

对于本节课,我主要先是通过多媒体引导学生复习、回顾已学过的知识,再开展新课教学。学完本节内容,学生将能够综合运用烃及烃的衍生物知识解决一些常见的学习热点问题,提高综合运用知识分析、解决问题的能力,增强创新意识。

一、学生要求、重点与难点及设计思路

【新课标学业要求】

能判断羧酸衍生物以及酯的结构特点、主要性质及性质应用；能写出羧酸及其衍生物的官能团、简单代表物的结构简式和名称；能够列举羧酸的主要物理性质；能描述和分析羧酸的重要反应，能书写相应反应的化学方程式。

【重点与难点】

酯水解反应的机理及其应用。

【设计思路】

本节课主要讲授羧酸的衍生物——酯，这是对上节课教学的延伸。首先是让学生通过乙酸可以转化为乙酸乙酯并发生气味的改变，很直观地感受酯类物质，继而通过自然界中各种含有酯类物质的实物以及投影展示来感受酯是无处不在的。

课前学生已经观看过微视频，对酯的概念、分类、命名等内容有了大体的了解。课堂上，教师首先对课前预习检测的内容进行反馈订正，让学生通过小组讨论解决预习中所遇到的问题。本节课的教学有两个重点内容。第一个重点内容的教学由教师带领学生完成；第二个重点内容的教学是对第一个重点内容教学的深化，由学生自主完成。整节课充分运用微视频等技术手段提高课堂效率，体现了翻转课堂模式的特点，以学生为主体进行讨论，并引导学生积极参与课堂教学活动，提高学生学习化学的兴趣。

二、教学过程

课前阅读材料

1. 白酒"越陈越香"

俗话说"酒需三分，七分藏"，白酒的质量风味与贮存老熟程度密切相关。因为在适宜的储藏的过程中，白酒会发生三种变化。

挥发：随着储藏时间的延长，白酒发酵过程中所含的硫化物等低沸点物质会自然挥发，降低白酒入口的刺激性。

缔合：乙醇分子的活性会随着时间推移而降低，酒体分子间相互进行缔合与重排，口感会变得绵软柔和。

化学变化：新酒中的某些分子不太稳定，在储藏过程中酒体发生某些化学反应，产生新的酯类物质，使白酒增香。

这些变化促进酒体老熟；口感更醇厚，香气更舒适，所以储藏白酒，确保其储存条件理想是一件重要的事情。

2. 自制手工皂

手工皂的做法非常简易，只要购买市面上已经制作好的皂基，添加自己喜欢的材料，很容易就可以做出成品；而且制作手工皂没有绝对的方程式，只要知道基本步骤，自行变化，添加不同的材料，便可制作出天然、独特的手工皂。

肉桂甜橙手工皂：活化抗忧

肉桂有促进血液循环、改善手脚冰凉的作用，并有发汗的功效。甜橙精油很适合痘痘或油性肌肤者使用，能改善忧郁，使人心情愉快。两者搭配在一起，对于生理期的女性适用。

材料：透明皂基 300 克，肉桂精油，甜橙精油各 3～5 滴，肉桂叶适量。

做法：1. 将材料准备齐全，皂基先放入微波炉中加热融化。

2. 将肉桂精油和甜橙精油加入融化的皂基中。

3. 然后将肉桂叶撕碎，也加入皂基中搅拌均匀。

4. 最后装模放凉后可取出使用。

玫瑰蜂蜜手工皂：唤肤保湿

玫瑰精油对于老化肌肤和干性肌肤有活化作用和抗皱的功效，能有效提升女性的魅力。蜂蜜具有极佳的亲肤性，有良好的保湿效果，两者皆是女性保养肌肤最好的天然材料。

材料：干燥玫瑰花少许，蜂蜜少许，玫瑰精油 3～5 滴，透明皂基 300 克。

做法：

1. 将皂基放入微波炉中加热溶解，然后加入玫瑰精油。

2. 然后加入蜂蜜搅拌均匀。

3. 将玫瑰花瓣压碎后放入模型中。

4. 再将调好的皂基液倒入模中，放凉后取出即可使用。

柠檬手工皂：亮白美肌

柠檬素有"美容水果"之称，因富含维生素 C，对美白肌肤很有效。柠檬精油是从柠檬皮中萃取而来的，可消除皮肤中的油脂。将柠檬皮加入手工皂中，除了美观之外，还能起到去角质，杀菌和美白等功效，并且能提振精神。

材料：透明皂基 300 克、柠檬 1 个、柠檬精油 5～10 滴。

做法：

1. 将材料准备齐全，皂基先放入微波炉中加热融化。

2. 将柠檬精油加入融化的皂基中。

3. 将柠檬皮切成小丁或细丝,放入各式模型中。

4. 最后将调好的皂基倒入模型中,放凉后取出即可使用。

绿茶手工皂:抗氧抗菌

绿茶受到很多人的青睐。绿茶含有茶多酚,抗氧化力非常强,能减缓衰老,并且可预防自由基损害肌肤。绿茶中亦含有维生素C及维生素E,具有不错的美白效果。

材料:绿茶 15 g,绿茶粉 15 g,透明皂基 200 g,白色皂基 100 g。

做法:

1. 将材料准备齐全,皂基先放入微波炉中加热融化。

2. 将绿茶粉先溶解于水中,再加入皂基中。

3. 再将绿茶加入皂基中搅拌均匀;若绿茶叶梗太粗,可先压碎再使用。

4. 然后将搅拌的皂基倒入模型中,放凉后即可取出使用。

课前预习成果检测

课前观看"酯的性质"微视频,结合课本内容完成预习检测,并记录下你的疑惑。

1. 下列物质属于羧酸的衍生物的是_____,属于酯的是_____。

A

B

C

D

E

F

羧酸衍生物的结构特征：_____；

酯类结构特征：_____；

2. 饱和一元酯的组成和结构。

（1）组成通式：_____

（2）饱和一元酯的结构可表示为_____,官能团是_____。

3. 命名：

（1）$CH_3COOCH_2CH_3$

（2）$HCOOCH_2CH_3$

（3）$CH_3CH_2O—NO_2$

4. 请写出分子式为 $C_4H_8O_2$ 的所有酯的结构简式并命名。

我的疑惑：_____
_____。

德 育 发 展 点

　　引导学生回忆上一节课所学的羧酸和醇的酯化反应过程,复习上节课所学内容,为本节课的学习做好铺垫;通过复习酯类物质的形成过程,讨论并总结酯类物质的结构特征,从而培养类比推理与观察事物的能力。

课堂互动区

【预习成果反馈】

对预习检测中出现的问题通过小组讨论予以解决。请记录下你已解决的问题。

　　1. _____。

　　2. _____。

　　3. _____。

　　……

小组讨论课前预习区的内容,对学生课前预习出现的问题进行反馈与矫正。

［引入］

反应中,形成的新物质叫作酯,也就是我们本节课所要学习的酯类物质。

投影:酯类物质在自然界中的存在形式。学生观看图片,感受自然界中的酯。让学生闻水果、香水的气味等,认识本节课所学的物质在自然界里和生活中广泛存在。

从身边常见物质入手，让学生感受到"化学从生活中来、化学为我们所用，化学之美就在身边"，同时引发学生探究化学物质的兴趣。

【课堂自主探究】

课题1　酯的水解

观看微视频，回答下列问题。

1. 以乙酸乙酯为例，写出其分别在酸、碱性条件下水解的化学方程式。

2. 酯类物质发生化学反应时一般断裂_____，酯类水解的通式为_____
_____。

3. 总结酯类水解相关的反应规律。

提示：(1) 酯的水解和酸与醇的酯化反应是_____的。

(2) 酯在酸(或碱)存在的条件下，水解生成_____和_____。

(3) 在有碱存在时，酯的水解趋近于完全，水解生成_____和_____。

(4) 酯化反应与酯水解反应的比较(见表3-44)：

表3-44　酯化反应与酯水解反应的比较

	酯化反应	酯水解反应
反应关系		
催化剂		
催化剂的其他作用		
加热方式		
反应类型		

引导学生通过观看视频，先自己解决问题，后小组讨论，培养对问题进行质疑、分析的能力以及小组合作学习的能力；掌握科学探究的方法，培养严谨的科学态度。

课题2　肥皂的制备

过渡：酯的水解在生活、生产中的应用也是十分广泛的，如用于肥皂生产。

肥皂的主要成分是高级脂肪酸盐(钠盐或钾盐)。高级脂肪酸盐可通过油脂在碱性条件下水解制得,所以油脂在碱性条件下的水解反应又称为皂化反应。

$$
\begin{array}{l}
\text{C}_{17}\text{H}_{35}\text{COO—CH}_2 \\
| \\
\text{C}_{17}\text{H}_{35}\text{COO—CH} \quad +3\text{NaOH} \xrightarrow{\triangle} 3\ \text{C}_{17}\text{H}_{35}\text{COONa}+ \\
| \\
\text{C}_{17}\text{H}_{35}\text{COO—CH}_2
\end{array}
\qquad
\begin{array}{l}
\text{CH}_2\text{—OH} \\
| \\
\text{CH—OH} \\
| \\
\text{CH}_2\text{—OH}
\end{array}
$$

硬脂酸甘油酯 　　　　　　　　　　硬脂酸钠　　　　甘油

实验室中,按照如下方法制备肥皂。

① 在 250 mL 烧杯中加入约 10 mL 乙醇和约 30 mL 油脂,搅拌并观察二者的互溶情况;继续加入约 22 mL 30% NaOH 溶液观察现象,用玻璃棒搅拌并加热。

② 当液面出现泡沫后加强搅拌;当整个液面覆盖泡沫时,立即停止加热。

③ 向烧杯中加入适量饱和食盐水搅拌,冷却后用药匙将上层析出的高级脂肪酸钠转移入 100 mL 小烧杯中。

④ 向分离出的高级脂肪酸钠中加入 4 g 松香搅拌,然后倒入模具中,冷凝固化。

(学生先了解原理,后观看同学们的实验视频)

观看化学兴趣小组的实验视频,讨论下列问题。

① 烧杯中加入无水乙醇和油脂并搅拌后有何现象(图 3-94)？据此推测加入无水乙醇的目的。

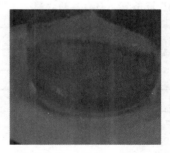

图 3-94　烧杯中加入无水乙醇和油脂并搅拌

② 加入饱和 NaCl 溶液有什么作用(图 3-95)？

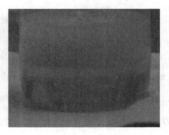

图 3-95　烧杯中加入 NaCl 饱和溶液

③ 实验过程中采用什么方法可以证明油脂已水解完全？有的同学制出的肥皂中仍含有油脂，原因是什么（图 3-96）？

图 3-96　实验现象

德 育 发 展 点

由化学兴趣小组学生提前实验、录制视频、做好展示用的 PPT。展示过程中，学生观看并讨论视频中的问题。教师引导学生利用这样的方式提高化学学习兴趣，通过化学知识的生活化来培养分析、解决生活中实际问题的能力。

【知识整合】

完善下列物质间的转化关系。

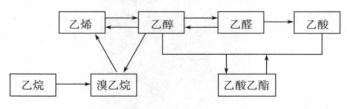

【课堂小结】

请记录下你的收获：_____

_____

课外延伸

甘油三酯

引起肥胖症的主要化学物质——油脂（甘油三酯），是贮能物质。目前不少人在节食减肥，但不合理的节食可能带来的危害如胆结石、骨质疏松或骨质流失、反应迟钝、精力难以集中、脾气不好、暴饮暴食、进食障碍等。国际通行的食物指导金字塔阐明了健康饮食的重要性。

氢化植物油

氢化植物油是一种人工油脂,包括为人熟知的奶精、植脂末、人造奶油、代可可脂,是普通植物油在一定温度和压力下加氢催化其中的不饱和脂肪酸形成的产物。因生产工艺、技术、成本等原因,某些氢化植物油未达到完全氢化的标准,因而含有一定的反式脂肪酸,但氢化植物油并不等同于反式脂肪酸。氢化植物油不但能延长糕点的保质期,还能让糕点更加酥脆;同时,由于熔点高,室温下能保持固体形状,因此广泛用于食品加工。氢化过程使植物油更加饱和。由于某些氢化工艺的缺陷,使天然植物油中的顺式脂肪酸变为反式脂肪酸。这种油存在于大部分的西点与饼干里头。氢化植物油还是良好的润滑剂。

德育发展点

引导学生认识食品中对人类健康有重要意义的常见有机化合物及其在人体中的作用,了解合理摄入营养物质的重要性,认识营养均衡与人体健康的关系;了解化学在促进人类健康、提供生活材料和保护环境等方面的重要作用,感受化学对人类生活的影响,认识化学科学的发展对提高人类生活质量的积极作用,形成科学的生活态度和生活观念,发展"科学态度与社会责任"的化学学科核心素养。

三、教学反思

本节课的教学基本收到了预期的效果。课前,学生对基础知识有了基本的了解。课堂上,学生从一开始就表现出较高的积极性,主动投入到课堂讨论当中。课堂教学的时间分配也比较合理,充分运用了小组合作学习的模式,让学生积极地参与到讨论中。教师在最后的教学环节引导学生对以前所学到的知识进行整合,促进了学生知识体系的形成。

(1)这节课教学目标制订全面、具体、适宜,目标包含知识与技能、过程与方法、情感态度与价值观三个维度,且对每个维度都有具体要求,体现了化学学科教学的特点;以普通高中课程标准为指导组织教学内容,教学内容安排符合学生的认知规律,难易适度。教学过程中教学目标明确且体现在每一个教学环节中,所有教学手段都紧紧围绕着目标为实现目标服务。课堂教学中,重点内容的教学时间得到保证,学生的知识和技能当堂得到了巩固和强化。

(2)课堂结构严谨、环环紧扣,从课前预习反馈到课堂互动区的活动再到最后的知识整合,时间分配合理,过渡自然,整堂课的教学较为完整。

(3)充分利用小组合作模式研究、讨论并解决问题,注意引导学生交流分享、合作强互动。

　　这节课注重良好课堂气氛的培育，课堂气氛宽松、和谐，学生能够积极地参与到讨论中；注重课堂文化的植入与培育；注重运用微视频等手段，提高学生对于化学学习的积极性。教学中，教师注意引导学生积极参与合作学习，培养合作意识。

　　（4）本节课还有一些不足之处，如课前微视频预习的内容不够完善，对于课堂第一部分的重点内容教师讲授过多，使得第二部分学生的活动时间不太够用。今后，我将不断地加强教学研究；解决教学中存在的问题，进一步提高教学水平。

参考文献

1. 陈泽河,戚万学.中学德育概论[M].济南:山东教育出版社,1991.

2. 黄向阳.德育原理[M].上海:华东师范大学出版社,2000.

3. 郑航.学校德育概论[M].北京:高等教育出版社,2007.

4. 胡久华.化学课程与学生认识素养发展[M].北京:北京师范大学出版社,2011.

5. 洪燕芬.基于高中化学实验的科学素养的实践与研究[M].上海:华东师范大学出版社,2016.

6. 教育部基础教育司.中小学德育工作指南实施手册[M].北京:教育科学出版社,2017.

7. 中华人民共和国教育部.普通高中化学课程标准(2017年版)[S].北京:人民教育出版社,2018.

8. 洪盛志.在化学实验教学中的德育渗透[J].理工高教研究,2004,23(6):91-92.

9. 郑红东.中学化学校本课程的实施及教育价值[J].甘肃教育,2007(7):52-53.

10. 顾明远.积极开展中小学校本德育研究[J].基础教育参考,2009,(12):1.

11. 刘雨华.浅析元素化合物知识教学中的素质教育[J].江苏科技信息(科技创业),2009(9):141-142.

12. 张俊华,王澜,王磊.引导学生运用元素化合物认识模型解决实际问题的教学研究:以"菠菜补铁是真的吗"探究教学为例[J].化学教育,2015,36(5):22-25.

13. 葛雪霞.借助化学实验培养核心素养[J].中学化学教学参考,2017,(8):47.

14. 陈木兰,汤又文.化学教学中培养学生合作学习能力的实验研究[J].化学教育,2007(4):22－25.

15. 张紫屏.论问题解决的教学论意义[J].课程·教材·教法,2017,37(9):52－59.

16. 杨翠香.立足核心素养的化学基本概念课的教学实践与思考:以"离子反应"教学为例[J].中学化学教学参考,2018(8):53－54.

17. 黄义强.高中化学教学中实施德育教育[J].中学化学教学参考,2018(24):13－14.

18. 杨兆华.立德树人,打造化学文化课堂:论德育教育在高中化学教学中的渗透[J].课程教育研究,2018(52):174.

19. 许文学.促进学生建立思维模型的有机合成复习教学研究[J].化学教与学,2018(4):51－53.

20. 陈艳梅.基于化学学科核心素养理念下的校本课程开发[J].化学教与学,2018,(12):34－36.

21. 赵一明.中学化学教育与德育[J].中学化学教学参考,2018(16):7－8.

22. 王平林.新形势下高中化学教学中如何渗透德育教育[J].课程教育研究,2019(30):70.

23. 胡小勇.高中化学课堂中渗透德育的路径刍探[J].成才之路,2019(18):11.

24. 牛晓旭.如何在高中化学教学中渗透德育教育[J].中国农村教育,2019(5):7.

25. 法浩,姚斌.普通高中化学课堂教学价值取向的定位研究[J].化学教与学,2017(12):14－15.

26. 赵林洁.浅谈教育的本质[J].才智,2017(33):80.

27. 邱兵.化学教学中渗透人文精神教育[J].中学生数理化(教与学),2014(11):28.

28. 赵文超.德育在中学化学教学中的渗透[D].苏州:苏州大学,2011.

29. 龚魏魏.文化视野下化学校本课程开发的行动研究[D].苏州:苏州大学,2008.

30. 李迎.中山市实验高级中学"校本德育"与特色发展探索[D].重庆:重庆师范大学,2012.

31. 陈媛.微课在化学概念原理知识教学中的应用研究[D].南昌:江西师范

大学,2017.

32. 徐畅.中学化学"氧化还原反应"核心概念及其学习进阶研究[D].武汉:华中师范大学,2017.

33. 王磊.基于学生核心素养的化学学科能力研究[M].北京:北京师范大学出版社,2018.

34. 王于杨."素养为本"的高中化学课堂提问评价研究:以元素化合物为例[D].武汉:华中师范大学,2018.

35. 胡丽霞.高中化学元素化合物教学策略研究[D].烟台:鲁东大学,2018.

36. 豆佳媛.基于化学学科核心素养培养的高中实验教学策略研究[D].汉中:陕西理工大学,2018.

37. 李东栋.启发式科学写作策略在中学化学概念教学中的应用研究[D].无锡:江苏师范大学,2018.